国家社科基金
后期资助项目
GUOJIA SHEKE JIJIN HOUQI ZIZHU XIANGMU

U0382774

环境公共治理与环境传播：
理论与实践

Public Environmental Governance and Environmental
Communication: Theories and Practice

李異平　著

科学出版社

北　京

内 容 简 介

中国生态文明建设由党和政府总揽全局，对国家政治、经济、文化发展及环境保护纲领进行战略调整，为全社会走上生态文明建设的理性发展之路提要钩玄；大众媒介作为环境公共治理的一支社会力量，通过揭示环境污染事件背后的生态价值冲突，凸显产业资本逻辑与生态伦理思想、经济发展与可持续性发展思想之间的价值背离现状，从而开启了广阔的环境公共治理"话语实践场域"，为优化社会资源配置机制、解决自然资源过度耗竭等问题提供公共治理方略；同时，民间环保组织、社会教育机构在传播公民环境权、公共利益、多元参与等环境公共治理理念的基础上，从实践的维度演绎"环境公共治理"的协商模式和话语体系，促进了全体社会对于国家生态文明建设制度和政策的价值认同与遵从意愿。总体而言，我国环境公共治理与环境传播是一场根除困扰社会稳定与和谐的环境冲突问题、致力于推进人与自然和谐共生现代化事业的伟大历程。

本书读者对象为高等院校环境公共管理、环境保护、环境传播专业学生及环境管理机构相关人员。

图书在版编目（CIP）数据

环境公共治理与环境传播：理论与实践/李异平著. —北京：科学出版社，2022.7

　ISBN 978-7-03-071694-1

　Ⅰ. ①环…　Ⅱ. ①李…　Ⅲ. ①环境综合整治-研究-中国 ②环境保护-传播学-研究-中国　Ⅳ. ①X322 ②X-12 ③G206

中国版本图书馆 CIP 数据核字（2022）第 034245 号

责任编辑：王　丹　赵　洁 / 责任校对：贾伟娟
责任印制：李　彤 / 封面设计：蓝正设计

科学出版社 出版
北京东黄城根北街 16 号
邮政编码：100717
http://www.sciencep.com

北京中石油彩色印刷有限责任公司 印刷
科学出版社发行　各地新华书店经销
*

2022 年 7 月第　一　版　开本：720×1000　1/16
2022 年 7 月第一次印刷　印张：16 1/2
字数：286 000
定价：98.00 元

（如有印装质量问题，我社负责调换）

前　言

兼论环境公共治理与环境传播的辩证统一关系

公共管理创造的公共价值，"是政府通过服务、法律法规和其他行动所创造的价值"，政府通过经济繁荣、社会凝聚和文化发展等途径创造最终的公共价值——更好的服务、增强的信任或社会资本、减少或避免社会问题，公众通过参与和协商等民主过程而不仅仅是通过投票箱来决定。[①]

党的十八大报告指出："建设生态文明，是关系人民福祉、关乎民族未来的长远大计。面对资源约束趋紧、环境污染严重、生态系统退化的严峻形势，必须树立尊重自然、顺应自然、保护自然的生态文明理念，把生态文明建设放在突出地位，融入经济建设、政治建设、文化建设、社会建设各方面和全过程。"[②]报告总结了生态文明建设的传播任务即"加强生态文明宣传教育，增强全民节约意识、环保意识、生态意识，形成合理消费的社会风尚，营造爱护生态环境的良好风气"[③]。从公共治理的视角来看，习近平总书记也提出"坚持人与自然和谐共生""绿水青山就是金山银山"[④]等生态文明建设原则，指明了政府环境管理的新思维和实践模式，旨在借助市场部门的责任制管理导向、明确的绩效评估机制和专业化管理途径来完善和提升政府的现代化管理理念，在公共治理的实践层面明确了公共部门的政策职能与管理职能，引入了以公民诉求为取向的服务观点；从公共治理本身的定位和价值追求来看，政府提出的环境治理原则是环境治理主体随着社会发展需要的变化而调整其治理战略的实践活动。它包括，在政府新治理理念引领下实行的环境治理制度变革，从政府主导到多元

[①] 尹文嘉：《公共价值管理：西方公共管理理论发展的新动向》，《领导科学》2009 年第 9Z 期，第 17-19 页。

[②] 《胡锦涛在中国共产党第十八次全国代表大会上的报告》，http://cpc.people.com.cn/n/2012/1118/c64094-19612151-8.html，（2012-11-18）[2021-09-17].

[③] 《胡锦涛在中国共产党第十八次全国代表大会上的报告》，http://cpc.people.com.cn/n/2012/1118/c64094-19612151-8.html，（2012-11-18）[2021-09-17].

[④] 《习近平:决胜全面建成小康社会 夺取新时代中国特色社会主义伟大胜利》http://cpc.people.com.cn/19th/n1/2017/1027/c414395-29613458.html，（2017-10-27）[2021-09-17].

治理，经过了逐步放权、逐步由社会自主治理的过程。尤其是十八届三中全会《中共中央关于全面深化改革若干重大问题的决定》对"社会治理"作出了全新的阐释："激发社会组织活力。正确处理政府和社会关系，加快实施政社分开，推进社会组织明确权责、依法自治、发挥作用。适合由社会组织提供的公共服务和解决的事项，交由社会组织承担。支持和发展志愿服务组织。限期实现行业协会商会与行政机关真正脱钩，重点培育和优先发展行业协会商会类、科技类、公益慈善类、城乡社区服务类社会组织。"①随后，环境公共治理成为由多元主体参与协商、合作、满足公众集体偏好的社会治理路径，它以鲜明的公共价值范式推进了环境公共治理的现代化步伐。如非营利组织在督促地方政府针对过去的管理失灵现象而进行机制调整、运用新的环保法维护自然与生态的平衡发展等方面已成为社会应对生存环境挑战的"主力军"。

本书根据公共价值的管理原理，分析和总结我国生态文明建设中公共管理机制形成的历程、特质、话语传播及实践所取得的价值绩效。本书首先运用理论与实践、质化与量化相结合的研究方法，系统地阐述：①我国环境公共治理的目标——增强公众政治信任和积累社会资本，减少或避免社会冲突问题；②环境公共管理的发展历程——第一阶段，政府提供的制度改革"元治理"及其推动的环境法律法规等制度建设；第二阶段——由政府主导的，由公共服务的生产者或使用者，包括公共部门、媒介和社区社会组织进行的协商与民主参与的公共治理模式。其次，运用社会资本理论、公共治理价值绩效评估模型对我国环境公共价值治理的不足进行深入剖析。最后，通过阐述联合国污染物排放与转移登记制度在环境风险沟通、防范和预防环境突发事件、完善环境公共治理机制等方面产生的"外溢效应"，提出在我国建立一套由多元环境主体——政府、媒介和社会组织进行利益协调、采取联合行动的环境信息公开机制，以构筑一道环境风险防范的"堤坝"，使多元治理主体之间职责分明、相互依赖，引领我国环境公共治理向法治建设和公民赋权的方向发展。

一、多元环境传播主体对环境公共治理的意义建构

环境传播的多元主体对于环境公共问题的意义建构，开启了环境公共治理的议程"序幕"。在环境公共治理的动员阶段，处于不同利益方的

---

① 《中共中央关于全面深化改革若干重大问题的决定》，http://cpc.people.com.cn/n/2013/1115/c64094-23559163.html，（2013-11-15）[2021-09-17].

话语主体运用特定的修辞方式、叙事策略和话语逻辑来强调环境治理的不同面向，赋予环境事件特定的意义框架，以此影响或者"诱导"受众按照传播者的逻辑理解环境治理的价值取向和发展趋势。

话语是一种来自权力而又具有赋予权力和产生认同功能的传播"工具"。首先，政府以推崇生态文明建设的发展观和生态伦理观，确立了环境公共治理的准则与目标，以此而获得社会机构和公众的政治认同。中国共产党从 2003 年 10 月召开的十六届三中全会明确提出坚持以人为本，树立全面、协调、可持续的发展观，促进经济社会和人的全面发展，到 2005 年初发布《国务院关于落实科学发展观加强环境保护的决定》，对未来 5～15 年环保事业发展的宏伟蓝图进行规划和部署；从《中华人民共和国国民经济和社会发展第十一个五年规划纲要》提出落实节约资源和保护环境的基本国策，建设"资源节约型""环境友好型"社会，到党的十七大首次将"生态文明"写进党代会政治报告之中，再到十八大将"生态文明"提到中华民族永续发展战略的新高度，使得生态文明建设成为政治传播体系中高频率出现的话语类别和社会治理焦点。随后，中国环境管理制度发生了巨大的变革，国家出台了"史上最严格的环境保护法"。政府提出的人与自然和谐共生方略及其关于各级官员对辖区"绿色发展、循环发展、低碳发展"的个人职责和环境破坏问责制度等行政管理话语迅速融入各级政府管理理念和决策过程中，成为制约企业高耗能生产行为、刺激产业技术更新换代、减少环境负外部效应的环境治理"导航系统"。同时，主流媒体推行"低碳、低耗能、去产能过剩"等经济政策话语亦为公共管理部门营造了践行党中央新思想、新部署和新战略的舆论监督平台，确立了导向明确的生态伦理观和环境建设评价系统，在现实的环境保护运动中发挥着重要的作用。2017 年中国共产党第十九次全国代表大会在全面建成小康社会决胜阶段、中国特色社会主义进入新时代的关键时期召开，会议报告向世界宣告，"我们要建设的现代化是人与自然和谐共生的现代化，既要创造更多物质财富和精神财富以满足人民日益增长的美好生活需要，也要提供更多优质生态产品以满足人民日益增长的优美生态环境需要"①。自此，加快生态文明体制改革，基本实现美丽中国目标的话语体系成为中国环境治理体系实现环境公共价值的指导思想和行动导向。

其次，环境学者通过对"如何构建人类与维持其生存的自然环境基

---

① 《习近平：决胜全面建成小康社会 夺取新时代中国特色社会主义伟大胜利》，http://cpc.people.com.cn/19th/n1/2017/1027/c414395-29613458.html，（2017-10-27）[2021-09-17].

础间适当关系进行理论探索与实践应对"①，如创办各类环境科学期刊和
环境媒体，推动政治学、公共管理学、行政学等众多学科的专家学者将环
境公共治理作为国家发展政策的优先议程；环境传播学者也以关注传播对
环境事务产生的作用、影响以及环境传播所运用的技术②，利用报纸和广
播、电视掀起对经济发展和环境保护之间的平衡关系及环境污染现状的
"再现报道"，对环境知情权与公民健康生存权以及环境监控、环境污染
责任追究制等环境保护议题进行了全方位的话语重构，意图建立畅通有序
的诉求表达、心理干预、矛盾调解、权益保障机制，使群众问题能反映、
矛盾能化解、权益有保障，为实现环境公共治理搭建了舆论交流平台；与
之相配合，环保组织则尽力将环境公共治理议题置于国家治理的核心议
程，使生态文明建设的伦理道德与法制精神成为上至决策者下至社区市民
共同认同和期待的公共治理目标。主要动员步骤是，"从公众对环境信息
的接受和认知特性出发，揭示人与自然之间内在关系的实用主义驱动模
式和建构主义驱动模式"③。如对人们背离人类生存原则，受利益驱使
破坏环境的行为进行归因分析，然后通过传递、接收和制作与环境治理
有关的信息和反馈模式，再现环境问题背后的政治制度和文化因素，探
讨人类在开发自然和利用自然过程中的社会心理，督促地方政府以国家
利益为出发点，兼顾国家安全和公民环境权与健康权，推动环境公共治
理机制在生态文明建设实践中的运用。在以上各阶段中，各类媒体运用
新闻框架设置、修辞等方式建构环境治理的政治命题、文化命题和哲学
命题，在全社会营造了环境公共治理的"绿色公共空间"，有效地传授
了环境自治技能，吸引社会组织或社会精英参与对环境污染事件的干预
和防范，使其逐步凝聚成一股能够参与环境决策、协助制定与自然相协
调的经济发展政策和法律约束制度、遏制环境污染的社会力量，从整体
上推进了国家"环保社会化"的进程。

二、环境公共治理理念的内化路径

如上述，环境传播主体从三个方面推进公共治理理念的内化效应，
其具体步骤是：①解释、界定和呈现环境治理的"核心"内容，突出伦理

---

① 郇庆治：《环境政治学：理论与实践》，济南：山东大学出版社，2007 年，导言第 1 页。

② Robert Cox. *Environmental Communication and the Public Sphere*. London: Sage Publications, 2009, p. 12.

③ Robert Cox. *Environmental Communication and the Public Sphere*. London: Sage Publications, 2009, p. 12.

规范、施加限制，引导基层政府合理恰当地改革生态资源分配制度，强化政府管理职能，关注基层领导和管理者个人的环境责任；②强化社会机构对环境法规的遵从，制约并对反环境的生产方式和排污行为实行问责制；③整合、协调环境公共治理的社会资本，维护公众对环境治理的话语权，及时回应公众环境偏好，充分发挥民间组织和社区公众在环境公共治理过程中的监控作用。

首先，公共治理主体围绕"重塑政府职能""再造公共部门"的"生态责任"，强调"新公共管理运动"中出现的"信任、服务、合作"等核心理念，从实践和理论层面廓清公共部门的政策职能与管理职能，引入以服务社会为取向的行政定位作为环境治理的价值追求。约翰·德赖泽克（John Dryzek）在《地球政治学：环境话语》一书中概括了过去四十多年中主导环境公共治理事务讨论的议题。其中，生存主义政治哲学、民主实用主义、可持续性发展、绿色激进主义话语体系对社会机构和公民产生了巨大的内化效应，改变了人们对传统发展方式和管理制度的思维和立场。如生存主义政治哲学观认为，"公地滥用、资源挥霍和环境掠夺在很大程度上是由于个人和其他行为者在分散化的系统中追逐各自的物质利益"[①]；与此相对应，可持续性发展的话语体系思考如何构建一种生态现代化的系统理论，以"增长极限"的提法取代"无限增长"理论，代之以"更少污染的有效生产"，即"更加环境敏感但依旧有利可图"的工业与农业重构方式。"生存主义或许可以同样支持这种计划：在全球生态极限范围内从发达国家向贫穷国家转移财富，以实现财富在全球范围的合理再分配"[②]；民主实用主义理论则号召公民参与环境公共治理，倡导在社会组织间开展平等协商的交互模式，以超越个体利益的共同体利益遏制经济行为者过度追求自私的物质利益；绿色激进主义聚焦于社会制度向绿色政治的变革路径。例如，西方国家的绿党就是通过其政治纲领、宗旨和绿色治理的实施战略引领整体社会对环境治理思想、制度、决策及环境资源分配原则与环境民主权利等理论与实践问题进行重新思考与研究。

其次，环境政治学和环境管理学界通过确立环境公共治理理论、原则和治理机制的重构"完善了"政府对环境公共决策、民主协商、权力控制的内化机制，推动了"公共治理精神的回归"。如公共管理学者埃莉

[①] 约翰·德赖泽克：《地球政治学：环境话语》，蔺雪春、郭晨星译，济南：山东大学出版社，2008年，第33页。

[②] 约翰·德赖泽克：《地球政治学：环境话语》，蔺雪春、郭晨星译，济南：山东大学出版社，2008年，第33页。

诺·奥斯特罗姆（Elinor Ostrom）提出以社群组织的自发秩序形成多中心自主治理结构、以多中心为基础的新的多层级政府安排（具有权力分散和交叠管辖的特征）、多中心公共论坛以及多样化的制度与公共政策安排，最大限度地实现对集体行动中机会主义的遏制以及公共利益的持续发展。①根据"多中心"治理理论对主体结构的要求，实现环境公共治理目标不能仅仅满足于依靠合理的制度安排和科学的管理体制，而须进一步强化传播组织和社会力量之间的协调与沟通。同时，为了有效地建构环境信息公开机制和民主监督机制、疏通基层政府对国家环境政策的传播渠道、避免地方政府在环境决策方面的封闭和环境政策的传播滞后而导致环境公共治理运行机制的受阻，瑞典环境学者埃里克·海森（Erik Hysing）也提出通过改革民主政治体制应对环境问题对我们时代提出的政治挑战②，即用参与式民主弥补代议制民主的不足，如通过组建社区环保委员会、公民陪审团等方式为公民授权，让公民直接参与到环境决策过程之中，以此推进非营利组织对环境污染的监控能力。从环境公共治理的目标来看，经济生产部门遵循自然规律，在不超过自然资源的可再生能力范围内生产，对非可再生资源的使用速度不超过可替代资源的研发速度。为此，各地方环境治理机构的首要功能是，就某类经济发展或消费趋势给自然环境承载能力和自然资源总量带来的风险和危机提出警示，提醒企业和公众思考有违自然保护规则的自身行为方式和消费习惯，使其自觉停止破坏环境的生产和行为，以此为有秩序、有规则的社会治理行动创造条件，其中包括：明确地界定公共利益、环境福利、行政道德逻辑等；社区环保委员会依赖社会系统和政府的协同力量（保护环境的政策法规等），通过对社区环境议题的框架设定，解释国家环境政策和地方生态特质，从而对地区经济发展模式形成制约作用；社区环境培训组织提供免费讲座和论坛，培育公民崇尚新能源开发、坚持绿色低碳生活方式和从物质享乐转移到关注身边生态变化的环保责任感，并敦促社区企业从仅考虑短期经济利益的"短视行为"转移到有利于企业长远发展的战略部署上来。

三、环境公共治理精神的回归

环境政治学者丹尼尔·A. 科尔曼（Daniel A. Coleman）在《生态政

---

① 埃莉诺·奥斯特罗姆、拉里·施罗德、苏珊·温：《制度激励与可持续发展：基础设施政策透视》，陈幽泓、谢明、任睿译，上海：上海三联书店，2000 年。

② Erik Hysing. "Representative Democracy, Empowered Experts, and Citizen Participation: Visions of Green Governing". *Environmental Politics*, 2013, 22 (6): 955-974.

治：建设一个绿色社会》一书中指出：环境危机深深植根于人类事务的政治之中，必须通过参与型民主、环境正义观确定社区传播责任和公共治理战略，才能让环境污染和环境破坏的过程发生逆转。[①]因为环境危机的产生不仅与个人的生活方式有关，而且与权力的集中和民主的削弱有密切的联系。环境公共治理理念"催生出"开放的、负责的、互惠互信及互相依存的公共服务体系，如我国政府将生态文明建设纳入"五位一体"的总体布局，将其作为建设美丽中国、推动社会和谐发展和经济可持续发展的治国理政方略后，一方面，基层政府建立起由多元主体参与的环境公共治理机制，对公众环境偏好做出更多的回应。环境决策部门开始吸纳环保组织和环境学者参与应对气候变暖、保护国家利益、制定环境法规的决策活动，以更加宽容的态度应对公民对环境正义和环境参与权的诉求，彰显了我国领导层顺应生态现代化思想、引领环境民主治理的新思维。另一方面，政府环境治理机构建立的公共治理网络有效地融合了环境科学研究资源、社会监管机构和公众诉求平台，利用公共网络构筑了环境价值的传播渠道、信息共享的协同机制和社会动员机制，"通过对话、共同商讨和共同规划来调整利益主体间的关系"[②]，对提升社会各阶层在环境利益分配的协调、合作能力等方面起到了桥梁作用，从根本上了突破了基层政府机构既当"运动员"又做"裁判员"的局面。在这个方面，欧盟委员会能源部为我们提供了可示范的典例，该委员会建立了六大利益相关者参加的各类环境协商论坛。这些论坛对气候变化的议题设置具有多样性、灵活性和整合其角色作用的功能，各类利益相关者的诉求均被置入环境政策的制定过程中，确保政策制定过程反映多元化的观点，提升政策的合法性及其解决问题的效力。[③]

　　从公共治理的政治意义来看，环境污染事件往往导致基层政治信任危机，导致民众对基层管理机构的满意度降低，而环境公共治理采用的协商式民主治理方法将更多的利益相关者纳入政府决策的公共协商领域，为不同利益群体之间的对话提供便利，在允许不同利益群体表达和容纳彼此价值观的基础上，促进多元话语主体之间的相互理解，既可避免沟通障碍

---

① 丹尼尔·A. 科尔曼：《生态政治：建设一个绿色社会》，梅俊杰译，上海：上海译文出版社，2006 年。

② Gerry Stoker. "Public Value Management: A New Narrative for Networked Governance? ". *The American Review of Public Administration*, 2006, 36(1): 41-57. 转引自：何翔舟、金潇：《公共治理理论的发展及其中国定位》，《学术月刊》，2014 年第 8 期，第 125-134 页。

③ Eleftheria Vasileiadou, Willemijn Tuinstra. "Stakeholder Consultations: Mainstreaming Climate Policy in the Energy Directorate?". *Environmental Politics*, 2013, 22(3): 475-495.

和话语争夺产生的社会冲突，又完善了协商论坛多样性和平衡性的话语建构程序。^①以往，我国某些地方政府肩负着地方经济发展和民众权益保障的双重责任，在公共环境事件发展的不同阶段中常常在维护企业开发权与维护公众环境利益的矛盾话语中游移，不少奉行"利润至上"原则的企业，对于自身行为造成的环境污染事件也往往表现出言辞闪烁和极力辩解的话语传播。正因为如此，依靠协商式话语论坛才能摆脱资本权力对于政治权益的不良影响，调节环境公共治理与环境危机应对过程中存在的脱节状态。

四、环境正义观与全球环境公共治理

由于环境类公共物品的非竞争性、非排他性造成了社会群体普遍"搭便车"行为，越来越多的人追逐这种不需要付出劳动、成本即可获得利益的事物或活动，最终导致经济社会整体无法实现帕累托最优，社会资源在不断涌入的利益集团及个人的压榨中几近枯竭，受破坏最严重的便是全球环境。当今全球十大环境问题如全球气候变暖、臭氧层的耗损与破坏、生物多样性减少、酸雨蔓延、森林锐减、土地荒漠化、大气和水及海洋污染等，在潜移默化中一步步威胁着人类的生存，解决全球公共环境问题刻不容缓^②，因此，培育全球公民正确的生态价值观和环境正义观成为全球环境公共治理最基本的教育职责。

1. 以环境正义观为环境公共治理提供道德诉求

米歇尔·福柯（Michel Foucault）认为，话语作为一种社会实践是与知识、权力彼此交织的，话语在社会实践中得以建构，知识产生于话语实践，而权力又产生于知识的生产过程中。"权力、知识、话语之间是一种同构关系，权力、知识由话语来实现，话语既是权力、知识的产物，又构成权力和知识。因此，话语的实践性与知识性交织在一起。一方面，话语是由话语主体在知识空间中根据知识范围谈及的；另一方面，话语主体所谈及的知识又是由某种话语实践按照其规则构成的。"^③话语与社会文化网络中的一系列力量纠缠在一起，是活生生的力量竞争和紧张关系，是靠特定的策略和权术来实现的。环境危机和环境灾难事故大都源于对环境价

---

① Susan Baker, Katarina Eckerberg & Anna Zachrisson. "Political Science and Ecological Restoration". *Environmental Politics*, 2014, 23（3）: 509-524.

② 于满：《由奥斯特罗姆的公共治理理论析公共环境治理》，《中国人口·资源与环境》，2014年第3期专刊，第419-422页。

③ 郭金英、黄乐平：《福柯话语理论对跨文化偏见研究的意义》，《长春理工大学学报（社会科学版）》，2019年第4期，第165-169页。

值的扭曲和判断。如以经济高速发展和 GDP 的快速增长刺激生产主体对自然资源的过度攫取和公民的过度消费，在短时期内产生了大量的产能过剩现象与温室气体，全球自然环境为此付出了惨重的代价。早在 1987 年，联合国世界环境与发展委员会就在《我们共同的未来》的报告中提出"可持续发展"的概念，向世界各国政府传播"可持续性的适度生产、有限消费的绿色发展观"①。该报告指出，地球的资源和能源远不能满足人类发展的需要，各国政府和人民必须意识到当代人对下一代人的生存利益的保障和保护全球自然环境所承担的责任。《1992 年世界发展报告》提出，发展和环境保护是人类文明事业的双重战略，人类必须通过完善市场功能和法治建设来保证和实现发展与环境的良性互动。联合国环境与发展大会在 1992 年通过了《里约宣言》，宣布各国共享自然资源的主权和发展权的国际环境正义观，同时规定国际社会和各个国家在保护环境和实现可持续发展方面应采取各项措施的环保义务。此次大会标志着人类在环境治理方面达成了从工业文明向生态文明实现历史性跨越的共识。1997 年 12 月，联合国气候变化框架公约第 3 次缔约方大会在京都召开，正式通过了旨在限制发达国家温室气体排放量以抑制全球变暖的《京都议定书》。2005 年 2 月 16 日《京都议定书》正式生效，这是人类历史上首次以法规的形式限制温室气体排放。世界银行也在 2012 年 6 月公布了 2012～2022 年十年间的环境发展战略，为成员国追求绿色、具有包容性、高效和可负担的可持续发展之路提供财政支持。

上述国际性环境治理组织发布的宣言或条约都表明，世界各国在应对全球气候变暖趋势方面对环境正义理念形成了统一认识，既共同拥有分享自然资源的权利，又必须承担改变旧的生产方式、降低排放、应对气候变暖挑战的责任。此后，环境正义理念成为全球环境治理的"统一话语"，在"全球化"的环境公共治理过程中，环境正义理念还包含了文化正义、物质正义、程序正义以及政治正义等话语的含义及其应用策略。②如公共治理权力部门为寻求公众参与政治过程和政治机构中决策的合法性而制定的程序正义话语策略；环境运动组织运用文化正义话语策略来抵制损害本地区的、有着历史和文化渊源的社区环境的非公正环境行为；当特定的社会群体承受过度的环境危害或者由环境资源被征用和贬值而导致这

---

① 郇庆治：《多样性视角下的中国生态文明之路》，《人民论坛·学术前沿》，2013 年第 2 期，第 17-27 页。

② Damayanti Banerjee. "Toward an Integrative Framework for Environmental Justice Research: A Synthesis and Extension of the Literature". *Society & Natural Resources*, 2014, 27（8）: 805-819.

些群体利益受到损失时，社区组织将运用物质正义概念作为其抵制策略；最后，政治正义话语代表了一系列的环境运动组织所使用的工具，它包括实践性质或理论性质的政治策略，如游说、竞选、政治活动以及能够产生影响力和争取赞助者的适当的叙述方式。"政治正义话语包含三个系列的政治活动策略，旨在组织为公众分享政治信息的政治活动、游说利益群体、张扬群体的不满情绪和抱怨，并建立与其他成功的社会运动的联盟，共同寻求政治解决方法。"①

2. 环境正义观成为草根阶层环境传播运动的主要诉求方式

环境正义的"价值性"议题被社会组织迅速用来抵制不公平的环境配置，或对环境决策中的疏漏、偏差等进行揭示。例如，美国最早关于"环境正义"的传播主要揭示环境危害或风险（如垃圾填埋场）的不平等分布，即一些社区较其他社区会接收到更多的环境危机或风险。此后，"环境正义观"的解释变得更为宽泛。西方国家的环境冲突事件已经从原来的自然资源配置造成的冲突扩展到环境伦理和道德原则的冲突，包括环境权利的丧失、对基本生存权和人性的尊重与否定、制度公平的缺失等冲突。环境运动组织在寻求环境正义的过程中，不再局限于自然环境，而是从环境问题所引起的权利义务及环境资源的公平分配机制和制度设置中，寻找环境公共治理隐含的意义框架、经济条件和文化实践指向等。媒体作为公众环境利益的代言人，运用环境正义论的叙事框架，重新建构环境问题、探讨环境危机产生的根源及由此而引发的社会矛盾，以公民的生存权和环境权为名，对各种非正义的环境行为进行监督和批评。由此，"环境正义观"成为规制权力阶层和经济势力合理使用自然环境和资源，使个人和社会机构得以公平地享受环境权利、公平地承担环境保护的义务和责任的道德规范。它不仅推动了环境公共治理和环境安全话语体系的迅猛发展，还从此成为指向社会结构和公共管理制度改革的道德诉求"动力源"。正如澳大利亚学者戴维·施洛斯博格（David Schlosberg）所指出的那样，"环境正义作为一个被组织起来的理论框架，不仅用于最初的讨论有害物质和垃圾处理问题，而且包括了交通、绿色空间、土地使用、明智的增长策略、能源发展等"②公共治理话语的构建。

---

① Damayanti Banerjee. "Toward an Integrative Framework for Environmental Justice Research: A Synthesis and Extension of the Literature". *Society & Natural Resources*, 2014, 27（8）: 805-819.

② John S. Dryzek, Richard B. Norgaard & David Schlosberg. *Climate-Challenged Society*. Oxford: Oxford University Press, 2013.

3. 国际关系语境中的环境传播主体与内容

在国际舞台上，环境传播的主体不仅包括政府和非政府组织（Non-Governmental Organization，NGO），而且包括了各国的普通公民。围绕着环境问题展开的国际传播，其本身就是国家利益诉求的表达程序，既反映了国家在环境议题上的立场和态度，也扩大了全球环境治理话语的影响范畴。透过复杂的外交活动，我们可以洞察国家、国际组织、非政府组织和跨国公司等行为主体围绕环境问题进行的针锋相对的话语竞争态势或寻求对环境问题在国际层面的解决与环境治理的合作意向。从全球环境正义观的传播层面来看，国际环境治理的主要议题包括了对气候变暖问题的认知、关于政治主体环境治理结构的转换方式、气候变暖的监管机制变革以及围绕着气候变暖的意识形态的斗争，如气候变暖环境下的国家主权问题、气候变化协商中的国际关系等。①在环境外交语境中，环境正义观与环境民主治理思想交叉进行，重叠在一起，难分彼此。例如，国家应对污染转移的问题与传播媒介在国际舞台上的政治话语权密切相关，一方面需要民间环保组织及时掌握跨国企业不负责任的污染排放行为，另一方面更需要国家环境管理部门在国际政治和国际传播中运用环境正义观谴责其行为，及时调动国际社会对跨国企业的污染行为进行谴责和法律惩罚，并且，需要借助国家级新闻媒体传播真相，引起国际社会的舆论关注，及时遏制相关国家主体和跨国公司的污染行为。②

同样，在解决碳排放问题上，没有哪个国家能够置身事外。当前国际环境政治和环境外交的大趋势，是促进协商和交流、达成共识、平衡利益、寻找合适的解决路径。发达国家与发展中国家要通过国际协商和谈判，开展国家之间的平等对话。大众传播组织在致力于促进国际的对话协商、揭示实际存在的矛盾、探求解决方法、建立国家之间的信任机制以及引导国际舆论等方面发挥了桥梁作用。如不少发展中国家开始重视在大众媒介中设置环境议题，提升国民对"碳排放"问题和可持续性发展问题的关注，同时也利用国家媒体传播跨国企业的碳排放量与国家管理政策，使发达国家认识到共同承担减排任务的必要性，以求在环境谈判中争取主动，维护自身的权益。

① John Barry, Arthur P. J. Mol & Anthony R. Zito. "Climate Change Ethics, Rights, and Policies: An Introduction". *Environmental Politics*, 2013, 22（3）: 361-376.
② 夏正伟、梅溪:《试析奥巴马的环境外交》,《国际问题研究》,2011 年第 2 期, 第 23-28 页。

五、本书结构与内容简介

第一章"公共治理：理论与实践"，主要运用公共价值管理理论和"元治理"阐述我国环境公共治理机制从无到有的发展历程。该章首先对国内外关于公共价值管理理论的研究做了相关的文献梳理，阐明公共价值管理理论的概念、内涵和实现途径；同时也重点论述了生态治理的公共价值及其产生的社会效应。该章第三节从环境公共治理的社会需求与我国民主政治发展之间的同构关系出发，回顾我国环境公共治理理念的历史性演变，客观地呈现我国政府对国家发展长远利益进行协调和统筹规划的历程：从环境治理决策的制定初期通过对自然资源分配的粗放式制约，到对公民环境诉求进行优先排序，将满足公众不断增长的环境需求作为公共治理的价值评判标准，我国环境公共治理的制度建设和实践模式随同我国改革开放事业一起，经历了从封闭走向开放的飞跃过程。这个过程不仅仅体现了公众的环境参与意识和协商能力得到了提升，而且体现了由政府主导的环境公共治理理念的变革、环境制度建设、环境治理实践行动以及生态伦理思想和环境道德意识的传播产生了颠覆性变化，为现今的生态文明建设事业积累了坚实的思想理论基础。该章将我国环境公共治理的历程分为四个发展阶段，论证了社会转型各阶段中环境管理理念与环境公共治理制度变革的"耦合"关系。论证了在国家领导层引领下，我国环境法治和法规建设、社会可持续发展理念的传播普及与环境公共治理机制的建构之间形成的相辅相成的关系。最后，该章运用广州市在亚运会召开之前贯彻落实中共中央生态文明建设规划，实行产业升级和城市环境修复工程的实践经验，彰显中国特色社会主义建设过程中地方政府通过一系列的制度、组织和管理政策方面的创新所取得的公共价值绩效最大化成果。

第二章"城市环境公共治理机制的形成与发展"，揭示了环境公共治理机制的建构与发展成熟的"漫长历程"。首先，由中央政府主导揭开环境公共治理改革的序幕，提出环境管理制度改革方略，立法与决策部门根据生态运行规律和自然环境的承载力修改环保法与对环境治理的奖惩制度，要求产业界尊崇可持续发展政策，严格规定产业技术更新换代的执行标准，以遏制产能过剩及高耗能、高污染的粗放式发展模式；其次，发展非政府环保组织，构建环境保护的公共领域规则，打开公共领域中的环境信息传递、反馈和互动的有效渠道，完善政党、企业与社会团体在环境问题中的协调与制约关系；再次，开放环境决策过程，赋予基层组织和社区以自主权和自决权，社团组织除了协助解决环境问题和环境冲突外，还可以社会整体利益和未来环境利益为优先准则，制止基层政府在经济发展中的非理性决策，遏制企业对自然资源的肆意开发和不负责任的排放行为，充分体现了公众的环境偏好。该章还通过分析地方政府在环境公共治理中所推进的民主协商、民主参与机制的实践过程，同时从城市社区和农村基层政府实施的环境公共治理的微观层面，归纳和总结了城市社区实行环境公共治理的动员机制及其运作模式，详细地分析了我国民间环保组织和社区环境公共论坛在创建环境公共治理传播空间时所发挥的教育培训功能。该章的研究发现，政府环境决策制定部门、城市社区环保组织和乡村基层组织共同承担了环境公共治理动员、建构与组织者的角色功能，在传播"民主、公民权、公共利益、共同领导、多元主体参与"①等公共治理思想方面，培育了一代懂得沟通及联络、具有环保责任感和环境监控能力的"绿色"生产者、管理者和参与者，为"打造一个共建共治共享的社会治理格局"奠定了思想基础。

第三章"环境公共治理的话语建构与话语实践"，首先对《中国环境报》和网络媒体关于环境公共治理话语体系的价值立场进行了系统分析，突显媒介"雾霾治理话语建构"对我国环境信息公开机制的确立、增进公共治理机构和公众对于雾霾的认知，尤其是媒介"归因式"话语对于我国大气公共治理机制的改革所产生的推动作用；其次，分析《南方周末》为揭示某些企业为眼前利益而"杀鸡取卵"，导致人类赖以生存的自然环境濒临崩溃的环境污染行为而进行的专题式报道，以此引起决策层关注那些无节制的、耗竭式的资源开发和利用行为，更重要的是，《南方周末》对于环境公共管理决策与环境保护现实之间的冲突的分析使人们充分认识到，在环境公共治理中，法律的强制性和问责制管理是遏制"公地悲剧"蔓延不可或缺的前提条件。该章第三节以广州市流溪河公共治理的媒介报道为个案分析样本，发掘媒体作为公共治理的一支理性力量，对优化资源配置和自然资源过度耗竭问题的报道及其对环境公共治理中公共安全隐患与环境道德自律意识的缺位等问题的报道，在促使决策层出台相关治理政策和监控措施、促进环境公平与正义等方面所产生的巨大影响力。

第四章"环境公共治理的实践理性与社会资本的积累、培育"，从价值理性的孕育和价值生成的维度，全面地探索和研究我国环境公共治理的实践智慧及由此而增强的社会资本。首先，由科学家和政治家（包括环

---

① 于满：《由奥斯特罗姆的公共治理理论析公共环境治理》，《中国人口·资源与环境》，2014年第 3 期专刊，第 419-422 页。

境科学家、生态伦理学家、生态政治学家等）、环境与资源开发和利用者、利益相关者、社会组织（包括环境保护社会团体、环境科学民间组织等）创建公开的社会对话、沟通渠道和政治协商民主机制，向全社会传播、宣传生态科学理性知识、环境价值观和生态伦理意识，使公众对社会发展方向和发展伦理、产业伦理和消费方式形成统一认知和共识，将可持续发展理念和环境正义观作为各阶层社会成员普遍接受的行为准则，并逐步地内化为社会整体自身的信仰追求和道德自律；其次，从实践理性的成熟过程，呈现由科学家、政治家和社会活动家运用教育、法律等社会手段为产业界、司法界和政府监察部门提供生态实践理性的科学知识和符合生态伦理的管理标准及道德约束原则，使它们逐渐地成为引领环境公共治理实践理性的"带头人"，最终实现人际、代际、社会与个人间的生态平等和环境正义。与此同时，该章系统地梳理了我国城市在贯彻和落实中央政府制定的生态文明建设规划和公共治理政策方面所取得的社会效益，对我国生态城市建设指标体系中呈现的公共治理价值及其在提升民生福祉方面所提升的社会满意度与获得感进行了量化分析和评估。最后也运用乡村公共组织遵循"协调、整合与系统化的传播策略，秉承环境民主、环境正义"的治理理性个案，论证了乡村环境治理中运用"合作、协商、参与决策、达成共识"的民主自治范式，增强了村民的参与主动性，在维护和促进国家利益或自然价值的基础上，解决了整体社会环境公共品供给失灵和外部性失灵的问题。第三节关于地方环境公共治理成功个案对公众地方认同的实证研究，证实了环境公共治理路径在化解环境冲突、消除公众环境焦虑心理、引导公众增强对生态城市建设成效的认知与政治认同方面都具有显著的政治意义。

第五章"环境公共治理与公共价值的'消长规律'"，将公共价值治理理论中的"社会治理的政府绩效"作为获得合法性基础的评价基准，通过案例，揭示环境公共治理机制中对公众健康环境诉求的回应机制和消除环境事故隐患应急系统的缺位所引发的社会认同度降低等负面影响，探讨环境冲突管理中缓解公众环境焦虑情绪的调解、沟通方式。与此同时，运用我国环境公共治理中的成功案例，探索我国乡村振兴战略在通过制定尊重公众环境偏好的决策，引导公众参与美丽乡村建设等方面实现的公共价值。第五章的研究目标是，根据环境心理理论，将识别公众偏好与优先排序作为实现环境管理的公共价值目标，促进政府、市场与社会的良性互动，以此提升整体社会对于公共管理机构的政治信任度及与其合作意愿。

第六章"风险社会理论视域下的环境信息公开制度"，从风险社会理论与环境风险沟通的理论视角论述信息公开制度对于获取环境公共价值治理效能最大化的作用；该章通过对欧美国家实施的污染物排放与转移登记制度（Pollutant Release and Transfer Register，PRTR 制度）和日本环境信息公开制度进行分类分析，系统地阐述了环境信息公开制度在环境公共治理风险沟通与风险防范方面取得的社会效应。

在本书的结语部分笔者提出，环境信息公开制度是环境风险的防范"堤坝"，它使多元环境治理主体（政府、媒介和社会组织）之间进行利益协调、采取联合行动成为可能，使多元治理主体之间职责分明并相互依赖，是引领我国环境公共治理向法治建设和公民赋权方向发展的动力机制。

六、鸣谢参与本书写作的其他人员

广州南方学院（原中山大学南方学院）文学与传媒学院副教授杨萍博士参与了本书第五章第一节"血铅超标事件触发的公共价值'话语场域'"和第六章第一、二节关于联合国污染物排放与转移登记制度的写作，她为本书引入了风险管理与风险沟通理论。广东外语外贸大学南国商学院的讲师谭红云对第四章第二节"乡村环境治理中的民主自治理性"的调查、写作和书稿的最后校对做出重要贡献。《南方都市报》的记者熊润淼参与了本书第三章第三节关于广州市流溪河公共治理的研究与写作，她深刻地诠释了环境公共治理中的话语实践与"话语争夺模式"。广东省出版集团的曾蔓薇参与了对广州市"公共价值治理与居民地方认同相关性研究"的问卷调查和写作，她的研究为本书带来了环境公共治理效果的实证研究，用数据统计方式论证了城市垃圾分类处理对居民地方认同感产生的影响。《湖南日报》的记者黄婷婷和上海市杨浦区融媒体中心的记者郭心华参与了澳大利亚污染物排放登记清单制度资料和个案研究的资料编译工作。成都高投资产经营管理有限公司的曹丹女士参与了第一章第三节的撰写工作。最后，借此机会对所有无法一一列出名单的同学和朋友表达诚挚的感谢，他们参与了本书国外环境公共治理和与各国信息公开制度相关的参考资料的翻译工作，他们无私的学术分享精神成就了本书后半部分的"国际视野"。

目　　录

第一章　公共治理：理论与实践

罗纳德·赖特（Rorald Wright）在《极简进步史：人类在失控中拨快末日时钟》一书中说道："文明经常很突然地陨落——纸牌屋效应——因为文明对生态的索取达到极限时，就会因自然界的波动而变得异常脆弱。气候变化带来的最迫切的危险是天气的不稳定，这造成了世界主要粮食产区的粮食减产。干旱、水灾、火灾和飓风的频率和严重程度在加剧。这些灾害，也包括战争，所造成的污染加剧了毁灭的旋涡。医疗专家担心大自然会用疾病攻击人类；人类这一数以亿计的灵长类动物，居住环境的拥挤不堪使很多人身患疾病，还有营养不良，此外他们还可以通过飞机相互接触，这正是机敏的微生物等待已久的免费午餐。"①德国学者乌尔里希·贝克（Ulrich Beck）关于风险社会来临的预警早已揭示了引起赖特忧虑的征兆：人类发现自己已经陷入危机事件频发的高度风险社会，这个高度风险社会的显著特征是，各种复杂化的、不确定的"黑天鹅""灰犀牛"事件接踵而至，致使现代社会的治理体系面临着不可预测甚至具有颠覆性矛盾与冲突事件的挑战。②为此，各国政府及国际社会都在努力构筑一个强有力的、健全而有效的公共治理机制，以应对现代化发展对人类提出的全面挑战。这个公共治理机制是由跨越政治、经济、社会和公共行政等诸多领域之间隔阂的、具有统一问题意识与认知方式、具有共同治理目标和一致治理行动的不同层面组织构成的社会治理网络和治理机制。它的核心目标就是，"通过政府、市场和社会治理机制组成的有机统一体之间的有效互动和协商，有序推进国家治理能力的全面现代化，使相互冲突的或不同的利益得以调和，并采取持续的联合行动"③，实现治理效率、法治、责任、民主等公共价值。

我国从 20 世纪下半叶开始的生态文明建设涵括了政治制度、社会文化、意识形态和价值观等多个维度的民主变革与制度的深刻调整，其过程

---

① 罗纳德·赖特：《极简进步史：人类在失控中拨快末日时钟》，杨海宇译，北京：北京时代华文书局，2017 年，第 168 页。

② 乌尔里希·贝克：《风险社会》，何博闻译，南京：译林出版社，2004 年。

③ The Commission on Global Governance. *Our Global Neighbourhood: The Report of the Commission on Global Governance.* Oxford: Oxford University Press, 1995. p. 2.

实际上就是环境公共治理理论与环境传播行动相结合的交叉运行与思想智慧的碰撞，其目标是建设民主协商式的环境公共管理机制，引领国家走向环境立法、执法、守法，实现经济与环境平衡、人与自然和谐共生的绿色发展道路。整个历程包括，由党和政府总揽全局，对国家政治、经济、文化及行动纲领进行战略调整，为环境生态文明建设走向理性发展提要钩玄；媒介作为环境公共治理的一支社会力量，通过揭示环境污染事件背后的生态价值冲突，凸显产业资本逻辑与生态伦理、经济发展观与可持续性发展思想之间的价值背离现状而揭开了一场环境民主治理的"序幕"，为社会资源优化配置和遏制自然资源过度耗竭等问题提供系统的生态伦理判断准则；与此同时，民间环保组织、社会教育机构在传播和践行"民主、公民权、公共利益、多元主体参与"等环境公共治理思想的基础上，从实践理性的角度演绎"环境公共治理"的协商模式和话语实践，促进了全体社会包括产业界对环境正义理念和公民环境权与健康权的认同与共识，更重要的是提高了基层社会对环境问题的民主协商能力和理性治理的实践能力。中国共产党十八届三中全会《中共中央关于全面深化改革若干重大问题的决定》对"社会治理"作出了全新的阐释："激发社会组织活力。正确处理政府和社会关系，加快实施政社分开，推进社会组织明确权责、依法自治、发挥作用。适合由社会组织提供的公共服务和解决的事项，交由社会组织承担。支持和发展志愿服务组织。限期实现行业协会商会与行政机关真正脱钩，重点培育和优先发展行业协会商会类、科技类、公益慈善类、城乡社区服务类社会组织，成立时直接依法申请登记。"①自此，我国政府对生态环境的治理采取了与国家治理体系和治理能力现代化要求相一致的建设路径。其一，强调公共治理体系的引领、协同作用，即作为治理主体之一的政府将促进社会公平正义，增进人民福祉确定为中国共产党执政理念的本质体现，从发展和完善中国特色社会主义制度，提出和构建与"国家治理体系和治理能力现代化"总目标相契合的理论思想、战略框架与执政方略到设计和规划与执政理念相耦合的组织结构、文化意识和传播路径，治理体系领导能力的建设包含了培育决策者对社会发展困境的正确判断力和提出有效解决方案的科学认知力。其二，立足中国实际，通过制度层面政治制度、法律法规、政策条例多维度管理机制的转变，重塑环境治理主体的生态伦理、道德和责任意识，重新界定各级政府的环境保护

---

① 《中共中央关于全面深化改革若干重大问题的决定》，http://cpc.people.com. cn/n/2013/1115/c6 4094-23559163-13.html，（2013-11-15）[2021-09-17].

责任；通过跨部门的合作政策整合团队创新力，结合网络化治理的"交融链道"，推进行政系统的开放性、组织效率和生态工程决策的民主性，使得政治权利得以有效交替，从而为公共治理机制的正常运行做出最大的政策承诺和财政投入，以保障公共权力主体对社会秩序与以和谐关系为标准的治理目标产生效力。其三，为涵化（即"摄入"）一整套有利于增进社会利益的公共服务模式，培育选择一批了解公民集体偏好、善于政治协调沟通和表达的变革型领导，置于各级生态管理组织的协调中心，由其负责生态治理话语权、决策权和生态网络治理各"节点"具体责任的重新配置，如生态治理网络不同节点的环境政策定位、治理重点工程的运营过程以及公共环境服务对象与服务项目的规划与执行等确保基层"生态民生"的财政专项资金的支出和财政投入后的资金监管及绩效评价。以上生态公共治理的核心目标，是确保变革型领导实现公共资源等的公平配置，彰显公民本位和公共诉求的理性回归，其结果是实现经济发展与环境保护之间的平衡和社会的可持续性发展。其四，政府根据社会主义制度的核心价值和公共治理的要求，重塑与经济组织的合作关系，建立与社会组织之间的信任机制，并运用合作网络治理机制调整产业结构、对工业企业加大环保治理和管控力度，从促进公共利益均衡视角维护环境公共价值资源的合理配置，提高公共领域对乱排乱放、偷排偷放等污染环境行为的环境监管能力。

第一节　文献综述：公共价值管理理论

西方关于公共价值管理理论的讨论大致围绕以下 4 个问题展开：①什么是公共价值；②如何实现公共价值；③由谁来实现公共价值；④公共价值绩效评估的标准。马克·H. 穆尔（Mark H. Moore）最早提出，公共管理的目标就是发现、定义并为社会创造公共价值，公共价值不仅是创造的收益，也包括了公共部门在追求价值的过程中使用的资源，包括财政资源、立法权威。[1]穆尔从公共行政的基本目标阐释了政府的职能：政府不应该仅仅是规则制定者、服务提供者、社会安全网络的构建者，更应该是公共价值的潜在创造者、公共领域（政治的、经济的、社会的和文化的）的塑造者。[2]

---

[1] Mark H. Moore. *Creating Public Value: Strategic Management in Government*. Cambridge: Harvard University Press, 1996.

[2] Mark H. Moore. *Creating Public Value: Strategic Management in Government*. Cambridge: Harvard University Press, 1995.

一、公共价值的内涵与分类

从权利与义务的宏观层面来看公共价值："一是公民、法人组织和其组织团体应该（或者不应该）享有的权利和利益；二是公民、法人组织和其它组织团体对社会、国家的义务以及公民、法人组织和其它组织团体之间的相互义务；三是对宪法和社会运行有影响的政策和规则应该遵守的原则，不论这些政策和规则是政府组织还是非政府组织建立的。"①举例而言，公民人身和财产安全、食品和药品安全、经济增长、环境美化、公民幸福指数提升等都属权利导向的公共价值。乔根森（T. B. Jorgensen）与博兹曼（B. Bozeman）从微观层面描述了七类"义务型"公共价值：①与公共部门对社会贡献相关的价值，包含共同价值、公共利益、社会凝聚力；利他主义、人的尊严、可持续性、对未来的关注；政治尊严、政权稳定性。②与社会利益向公共决策转化相关的价值，包含多数原则、民主、人民意志、共同选择；用户参与、地方治理、公民参与；保护少数族裔、保护个人权利。③与公共管理者和政治家的关系相关的价值，包括政治忠诚、责任、回应性。④与公共行政与环境的关系相关的价值，包括公开-保密、回应性、倾听、公共意见；提倡-中立、妥协、利益均衡；竞争-合作、利益相关者价值。⑤与公共行政内部组织相关的价值，包括稳健性、适应性、稳定性、可靠性、及时性；创新热情、对风险的准备；生产力、效益、节俭、私人部门管理方式；雇员自我发展、良好的工作环境。⑥与公共管理者行为相关的价值，包括责任、专业精神、诚实、道德、伦理、正直。⑦与公共行政和公民关系相关的价值，包括用户导向、及时性、友好；对话、回应、用户民主、公民参与、公民发展；公平、合理性、公正、专业精神；合法性、保护个人权利、平等、法制、正义等。这类基本的公共价值反映了绝大多数公民的意愿与权利。②如第七条，由公共行政职能决定的对公民的价值根植于特定历史时期中公众为解决社会生产生活中的实际问题所引发的最起码的共同需求。钟晓华在归集以上文献观点的基础上，对不同机构应创造的不同类型价值进行了分类，如政治实体、审

---

① Barry Bozeman. Public Values and Public Interest: Counter-Balancing Economic Individualism Washington D. C.: Georgetown University Press, 2007; Barry Bozeman. "Public-Value Failure: When Efficient Markets May Not Do". *Public Administration Review*, 2002, 62（2）：145-161. 转引自王学军、张弘：《公共价值的研究路径与前沿问题》，《公共管理学报》，2013 年第 2 期，第 126-136, 144 页。

② Torben Beck Jorgensen, Barry Bozeman. "The Public Values Universe: An Inventory". *Administration & Society,* 2007, 39（3）：354-381.

计和监督机构负责实现的政治价值是，在公共领域中鼓励和支持民主对话，积极推进公民参与；政治忠诚、程序公正、社会责任导向、公共监督及透明；在政治生活实践中逐步确立起来的社会公共利益，如秩序、权力、自由、民主等。以盈利为目的的商业组织通过经济活动创造的价值是，通过商品和服务满足顾客需求。公民团体、高校和科研院所、非营利组织负责实现的社会文化价值是，促进社会资本、社会联系、社会凝聚力、文化认同和社区福利；助力实现真、善、美统一，培育有助于人全面发展的社会价值观和社会品德。环保部门、公民团体负责实现的生态价值是，在公共领域中减少污染、浪费和造成温室效应等不良行为，促进环境的可持续发展；增强环境价值、物种多样性等。[①]

　　西方学界将公共价值区别为基本的与核心的两种，基本的公共价值是社会组织普遍认同的维持社会正常运行的元素，如政治稳定、社会和谐、凝聚力、可持续性发展、民主法制等。核心公共价值由政府创造，大致包括公众生活质量、健康与幸福、安全与保障、社会资本、公信力、责任感、忠诚度、成本与效率等与治理结果相关的公共价值，也涉及公众参与、公开透明、公正和公平、授权等与共识相关的公共价值。[②]"政治杰出人物凭借自身所处的政治权威性地位和在社会协调机制中的核心位置，能够将核心公共价值以较小的阻力推入公共决策领域，因此，相较于基本公共价值而言，核心公共价值具有上位性和统领性。从两种公共价值的关系来看，二者既有所差异，又存在一致性。差异体现在公民和政治杰出人物对于自身所处的社会环境的认知存有差异，进而影响着公共价值的建构结果和特定时期社会成员共识的达成。一致性体现在，政治杰出人物本身来源于公众，因此两种公共价值具有相同根基；而且，政治杰出人物在选择核心公共价值时，会基于对政治权利和政治体制的合法性与权威性的考量，将两种公共价值的差异缩小到可控范围内。[③]如公共政策既体现了公民所偏好的基本价值，亦在核心公共价值中回应社会的基本价值诉求，需经过政治协商和公共决策过程而达成共识。

---

① John Benington. "Creating the Public in Order to Create Public Value?" *International Journal of Public Administration*, 2009, 32(3-4): 232-249. 转引自: 钟晓华：《公共价值治理范式对社会治理的重构》，《国外理论动态》，2016 年第 8 期，第 93-101 页。

② 转引自：王学军、韩志青：《从测量到治理：构建公共价值创造的整合分析模型》，《上海行政学院学报》，2017 年第 6 期，第 38-49 页。

③ 钟晓华：《公共价值治理范式对社会治理的重构》，《国外理论动态》，2016 年第 8 期，第 93-101 页。

　　综上，公共价值的概念显得抽象、难以识别。因此，西方学界设定了不同类型价值的可操作性概念。例如，通过城市促进可持续发展的政策举措和减少的"城市垃圾"来衡量环保部门产生的公共价值；通过观察社会机构在促进民主对话、组织公民参与的决策程序来测试其民主价值；通过调查和统计政府经济政策在激励企业创新和技术升级的财政投入与产出所增加的经济增量和就业率评估其经济价值；通过量化研究调查公共管理者培育社会资本和社会凝聚力、优化社会关系、提升文化认同以及增加社区及公民个体福利所做出的贡献和发挥的领导力来测试其社会和文化价值。①可见，学界设定的由微观层面的二级指标和细微的三级指标构成的各类公共价值评估体系，旨在阐明公共价值的具体内涵，设置公共价值概念的具有可操作性的二、三级指标。

二、公共价值供给主体

　　公共价值是国家治理目标，其概念内涵中对政府治理机制创新、制度改革、依法行政，及其对公民的责任与合作精神的追求等都属规范性导向的价值建构。可以说，公共价值也是对公共行政过程的一种约束性框架，它要求政府为了最大化公共利益而维持政治、经济、社会、文化和生态环境管理制度的公平与正义，通过公共服务、法律规制和公共政策等治理手段，将"政府认为重要和需要资源的公共服务供给"与"公众认为重要的需求"连接起来②，解决公共利益冲突，推动社会进步。正如中国共产党十九大报告指出的："中国共产党人的初心和使命，就是为中国人民谋幸福，为中华民族谋复兴。这个初心和使命是激励中国共产党人不断前进的根本动力。""全党必须牢记，为什么人的问题，是检验一个政党、一个政权性质的试金石。带领人民创造美好生活，是我们党始终不渝的奋斗目标。必须始终把人民利益摆在至高无上的地位，让改革发展成果更多更公平惠及全体人民，朝着实现全体人民共同富裕不断迈进。保障和改善民生要抓住人民最关心最直接最现实的利益问题，既尽力而为，又量力而行，一件事情接着一件事情办，一年接着一年干。坚持人人尽责、人人享有，坚守底线、突出重点、完善制度、引导预期，完善公共服务体系，保障群众基本生活，不断满足人民日益增长的美好生活需要，不断促进社会

① Tony Bovarid "Beyond Engagement and Participation: User and Community Coproduction of Public Services", *Public Administration Review*, 2007, 67(5): 846-860.

② Paul Davis, Karen West. "What Do Public Values Mean for Public Action? ". *The American Review of Public Administration*, 2009, 39(6): 602-618.

公平正义，形成有效的社会治理、良好的社会秩序，使人民获得感、幸福感、安全感更加充实、更有保障、更可持续。"①

实际上，实现公民对于政府的期望、让公众获得政府效用的感知正是政治体系获取公众政治认同、对自身合法性建构的系统工程。正是因为如此，政府作为国家治理战略的管理者，其职能和目标并不仅仅是确保机构自身的延续，而是作为公共价值的创造者，根据时代和环境的变化与要求，对公共价值进行定义、理解、创造，并保持平稳的最优价值供给。所以公共价值的供给呈现为一个动态的过程，它包含着科学规划、民主决策、依法行政、决策执行机制与执行程序的监察及价值绩效评估等民主政治程序，这期间的决策纠错制度和问责、修复策略的部署等均是为政府最大限度地提供人民群众需要的公共产品和公共服务、维系公众的认同和支持而设定的"技术路线"。它既需政府根据核心价值和公共价值的耦合结点，探索行政体制在组织公众参与、专家咨询和社会听证等方面整合社会管理的社会资本与组织结构做相应的规范化变革，又须在与公民的对话、互动、沟通中识别、汇集、选择公众集体偏好和期望，增强法律法规、政府条例和政治决策中的公共价值元素，以保证基本公共服务供给的均等化和全覆盖，以此提升公众对于公共价值产出效用的感知度和可信度评价。

在民主政治视角下，造成政府合法性危机和信任危机的根源在于，"首先，执政为民思想没有得到有效贯彻。从当前一些政府及行政人员的行为表现可以看出，部分党政干部民本思想淡漠，表现出官僚作风十足；有的地方政府……制定政策时随意性很大；有些地方政府通常人浮于事，从而导致效能低下，甚至群众呼声不闻不问，工作方法以人治为主，这就导致干群对立，甚至激化干群矛盾，从而引发政府信任危机"②。换言之，公共价值的实现，体现了政治体系的执行力与社会的和谐度；能否实现公共价值，关键在于政府管理者的公共服务理念和管理者的能力水平。基层政府如果不能将"以人民为中心"的思想嵌入整个公共行政的理想或规范之中，就无法及时地了解和掌握不同利益主体间的共识性公共价值，就谈不上构建公民、市场与社会多元治理主体间的协作共治型政府；政府官员唯有超越对于自身利益的追逐，"使公众参与到讨论关于他们偏好的

---

① 《习近平在中国共产党第十九次全国代表大会上的报告》，http://cpc.people.com.cn/n1/2017/10/28/c64094-29613660.html，(2017-10-28)[2021-09-17].

② 谷满意：《政府信任危机及其处置对策》，http://nisd.cssn.cn/zcyj/zcyj_xslw/201406/t20140611_1818953.shtml，(2014-06-11)[2021-09-17].

过程中来，并对备选项目进行商议"①，才能创建一个有效解决社会中不确定、不明晰的价值矛盾和意外冲突隐患的治理机制，才能实现政府与公民对公共生活的合作管理，构建政治国家与公民的一种新颖关系。②在这种和谐的关系中，政府、市场与社会共同治理公共事务，政府的首要职能是对管理权限、管理结构和管理方式进行协同式变革，转变政府、社会和市场的角色定位，防范市场对社会权力的侵蚀和政府职能的越位情况；其次是运用公共政策对全社会的公共价值做有权威的分配③，政府超越自身利益的权威优势，创建一个能够满足不同利益诉求，反映公众集体偏好、意愿和选择，清晰勾勒实现公共价值制度路径的网络治理系统，以维护政治体系本身和整体社会的可持续发展。

习近平总书记早在十八届中央政治局常委同中外记者见面会上就提出："全党同志的重托，全国各族人民的期望，这是对我们做好工作的巨大鼓舞，也是我们肩上沉沉的担子。""这个重大的责任，就是对人民的责任。""我们的人民热爱生活，期盼有更好的教育、更稳定的工作、更满意的收入、更可靠的社会保障、更高水平的医疗卫生服务、更舒适的居住条件、更优美的环境，期盼着孩子们能成长得更好、工作得更好、生活得更好。人民对美好生活的向往，就是我们的奋斗目标。"④为此，从政府的执政伦理和政治使命出发，公共管理者在教育、就业、医疗卫生、环境保护和民生福祉等方面的价值供给理念、态度、能力及其产出效用都应被纳入公共价值绩效的测试范畴，借以判断基层政府是否"以人为本"，充分尊重人民群众在和谐社会建设中的主体地位，是否构建了与社会公众的对话平台并及时地回应公众的诉求，是否满足了不同利益群体对于程序性正义和资源分配公平公正的普遍性要求。公共价值绩效评估的价值，就在于揭示公共价值供给的短缺设置偏离，反映公共行政部门的责任心和公信力，同时也有助于培育政府创造公共价值的能动力和积极性，为公众参与提供政治驱动力。

除了政府，另外还有三类各具特色的公共价值提供者作用于不同社会价值的创造领域：一是以非营利组织、非政府组织为代表的民间主体，

---

① 何艳玲：《"公共价值管理"：一个新的公共行政学范式》，《政治学研究》，2009 年第 6 期，第 62-68 页。

② 俞可平：《全球治理引论》，《马克思主义与现实》，2002 年第 1 期，第 20-32 页。

③ 戴维·伊斯顿：《政治结构分析》，王浦劬译，北京：北京大学出版社，2016 年。

④《习近平：人民对美好生活的向往就是我们的奋斗目标》，http://www.xinhuanet.com/politics/2012-11/15/c_123957816.htm，(2012-11-15)[2021-03-30].

其充当弱势群体的代表①，为"缺乏参与所需要的组织、经济、社会和政治资源，利益表达渠道有限，反映问题难"的弱势群体②服务。在面临复杂化、多样化社会问题时寻求有效的利益表达方式和途径，缓解甚至化解一部分影响社会稳定的激烈矛盾和冲突。二是市场主体，他们"进军"教育、养老、公共卫生、残疾人服务、社区发展、城市规划、文化体育、环保、扶贫、培训、就业、政策咨询等方面的公共服务领域，运用价值规律和市场机制，结合经济效益与社会效益，在一定程度上弥补了公共价值供给的不足。政府则运用法律杠杆和政策手段发挥指导、监督和调控作用，遏制经济、文化和社会生活领域私营部门对经济效益的过分强调和对公共利益的忽略。三是民间主体，政府采用一种更加开放和包容的态度向广泛的利益相关者授权，允许他们参与实现社会共同目标的公共服务，如慈善事业等。民间主体主要是"运用惯例、习俗、道义和舆论力量"③在市场主体和政府主体不能有效发挥作用的领域起到重要的协调、整合作用。民间主体来自基层社会，在公益类事业实践中，更理解公共价值供给责任和职能边界，"民间主体的责任主要是体现社会公平和社会监督，保障基本生活秩序，维系和调整日常人际关系，组织社会自治和社会救助"④，但必须由政府和立法机关对此类公共服务机构的运作能力及其合法性等方面制定准确的评估标准、监督和保障其开放度与透明度的法律机制。

三、实现公共价值的路径

如上所述，公共价值管理理论推崇公共服务的尊严和价值，将民主、公民权和公共利益的价值观重新肯定为公共行政的卓越价值观，趋向于从价值理性的逻辑基点促进民主、公民权、公共利益、公共服务。⑤公共管理所采用的治理方式是，构筑由政府、公民组织和私人企业之间理性合作而组成的多中心公共服务供给的网络结构。⑥其本质特征是，公私跨

---

① 杨炼：《论非政府组织与社会弱势群体的利益表达》，《理论研究》，2008 年第 5 期，第 28-31 页。
② 杨炼：《论非政府组织与社会弱势群体的利益表达》，《理论研究》，2008 年第 5 期，第 28-31 页。
③ 段华洽、王荣科：《试论社会资源配置的三维模式——兼论公共管理的社会定位》，《合肥教育学院学报》，2002 年第 3 期，第 45-49 页。
④ 段华洽、王荣科：《试论社会资源配置的三维模式——兼论公共管理的社会定位》，《合肥教育学院学报》，2002 年第 3 期，第 45-49 页。
⑤ 珍妮特·V.登哈特、罗伯特·B.登哈特：《新公共服务：服务，而不是掌舵》，丁煌译，北京：中国人民大学出版社，2004 年，第 17 页。
⑥ 迈克尔·麦金尼斯：《多中心体制与地方公共经济》，毛寿龙译，上海：上海三联书店，2000 年，第 114 页。

界合作、政府主导、主体独立、权责对等；各方具有高度的选择权，在契约与竞争精神的基础上实行协商式公共治理。在网络状的治理结构中，私人公司和非营利机构采用横向式网络"联通"政府机构和纵向式资源共享网络与多公司"联盟"结成伙伴关系，并通过所有成员共享对等的决策权和执行权共同完成集体目标。政府处于网络的中心，运用合同出租、选择性采购、协商互动和绩效评估等措施提高价值产出绩效。

1. 遵循多元化的治理理念

由政府制定公共价值供给的基本规范和法定程序以调整公共治理中公民权利型与顾客导向型服务之间的关系、重新规划某些与民夺利的地方政府的盈利计划、纠正地方政府的"自利性"财政投入，运用公共责任、多样性、民主性等政治价值论证公共部门的合法性，弥补基层社会碎片化与缺漏型公共服务。

2. 设置公共治理网络的资源整合机制

委托授权由公共部门、私人部门和社会组织组成独立机构，这些成员分别代表财政部、市政委员会、教育研究机构、伐木工业组织、环境NGO。①这些委员会的成员经选举产生，任期两年。委员会每月至少召开两次会议，由政府相关机构负责人担任各委员会主席，但在决策制定过程中只拥有一票的发言权。如此，一个由公共、私人和非营利组织组成的伙伴关系、相互制衡的治理机构将在公共治理实践中承担审议、监管各类公共事务的决策制定与法律执行程序职能，协调各机构间的协商与沟通事务，不断吸收利益相关者的意见，并根据政策法规目标和实际公共治理的价值绩效调整治理结构，整合各成员机构的资源优势，培育和创造多元化组织的公共价值产出能力。

广泛地应用信息技术、网络、大数据：网络化的公共治理为社会组织参与到国家政治生活与国家治理之中提供了通道，激励更多的社会组织参与公共事务的管理活动，他们承担了由政府机构无法单独履行的职能，如生态公共治理的监控与生态公共价值绩效的评估等。网络公共治理的基

---

① Regina Birner, Heidi Wittmer. "Better Public Sector Governance Through Partnership with the Privator Sector and Civil Society: The Case of Guatemala's Forest Administration". *International Review of Administrative Sciences*, 2006, 72（4）：459-472. 转引自：王欢明、诸大建：《国外公共服务网络治理研究述评及启示》，《东北大学学报（社会科学版）》，2011 年第 6 期，第 521-526, 533 页。

本特征是："①网络是由各种各样的行动者构成的，每个行动者都有自己的目标，且在地位上是平等的；②网络之所以存在是因为行动者之间的相互依赖；③网络行动者采取合作的策略活动来实现自己的目标。"[①]可见，网络治理路径具备了现代化治理主体间相互依赖的关系，有助于多国之间、多种行为体之间的协调、沟通与达成共识，进而通过集体行为的方式促成多领域合作，已成为当今世界政治的主流。[②]

3. 设定结构稳定的公共价值绩效评价指标和指数

运用大数据、云计算、人工智能等数字化治理工具评估公共价值绩效，测试的类目除了上述公共价值的各类概念内涵外，还包括公共治理组织的合作关系和参与性结果，公众对公共治理目标、执行方式与治理效果的共识，及其对公共政策和法律执行效果的认知度，还包括公众对于整体社会公共价值管理的获得感、满意度和由此而产生的对公共管理机构的可信度评价等。最后，根据公共价值绩效的评估结果，建立一个各主体独立进行的前馈-反馈交流和控制机制，由该组织成员扮演"仲裁者和协调者"的角色，根据测评数据寻找和挖掘需要补充、加强的公共价值要素，让该组织成员就如何遏制现有矛盾和继续发展的问题汇集集体智慧，在下一个阶段的决策中将控制权划分给具有较强公共价值产出能力而又相互依赖的决策中心[③]，为政府识别外部环境变化、筛选并吸纳公民价值偏好、建构政策价值、制定公共价值采购目标提供实证调查数据和决策依据。

4. 强化对公共价值管理机构的依法治理力度

2004 年，中华人民共和国建设部出台了《市政公用事业特许经营管理办法》等法律法规，推进实行政府与市场的合同制形式，对凡是"不依法履行监督职责或者监督不力，造成严重后果的；对不符合法定条件的竞标者授予特许经营权的；滥用职权、徇私舞弊的"获得公共治理经营权的企业主要负责人和直接责任人依法追究刑事责任。此举针对公共服务生产者日益多元化、公共治理非系统化存在的公众对于公共价值生产者和提供者的知情权、建议权、监督权落实不到位的低效监督弊端，赋予了政府按

① Walter J. M. Kichert, Erik-Hans Klijn, Joop F. M. Koppenjan. *Managing Complex Net-works: Strategies for the Public Sector*. London: Sage Publications Ltd, 1997. pp. 30-31.
② 詹姆斯·N. 罗西瑙：《没有政府的治理》，张胜军、刘小林，等译，南昌：江西人民出版社，2001 年，第 2 页。
③ Shann Turnbull. "Analyzing Network Governance of Public Assets". *Corporate Governance*: *An International Review*, 2007, 15（6）: 1079-1089.

照公共价值绩效评估结果"治理"不合格公共服务机构的权威性。正因为如此，库珀（T. L. Cooper）等人提出，"在以公民为中心的公共治理进程中，法律机制比选举、信息交换等更有效，更能获取公民信任，提高政府对公共价值诉求的回应性"①。

以绿色生产与消费法制视域中的生态治理体系为例，法律体系发生了明显的"绿色价值转向"，承担着生态治理、自然生态系统修复与保护职责的基层政府、企业与社会机构将被置于中央生态环境保护督察组全流程的监察和不间断的审视之中。基层政府在以保障人民环境权益为核心、改善环境福利、化解环境矛盾和问题、促进生态正义等方面所取得的"和谐价值"取代了以 GDP 为核心的政绩评价制度。中央生态环境保护督察组则取得了显著的"规范价值"，建立了畅通有序的环境诉求表达机制、环境信息公开互动平台和环境风险预防、化解综合处理机制，有效地保证了人民群众的环境参与权以及风险沟通话语权。此外，环境监测质量管理体系保持着与基层生态治理体系的良性互动，其公益性服务网络在普及资源高效利用技术、清洁生产技术、循环利用技术方面起到了传播环境科学技术、提升其运用能力的"培训作用"。重要的是，环境监测质量管理体系"以问题为导向"，探索地方环保政策执行中的"偏差"，更是强化了生态文明建设法律与政策公共管理的"纠偏价值"。

第二节　环境治理与服务的公共价值

党的十九大报告对我国十八大以来生态文明建设成效和建设路径做出了全面的总结："全党全国贯彻绿色发展理念的自觉性和主动性显著增强，忽视生态环境保护的状况明显改变。生态文明制度体系加快形成，主体功能区制度逐步健全，国家公园体制试点积极推进。全面节约资源有效推进，能源资源消耗强度大幅下降。重大生态保护和修复工程进展顺利，森林覆盖率持续提高。生态环境治理明显加强，环境状况得到改善。引导应对气候变化国际合作，成为全球生态文明建设的重要参与者、贡献者、引领者。"②换言之，我国通过绿色发展理念的传播和教育加强了管理者

---

① Terry L. Cooper, Thomas A. Bryer, Jack W. Meek. "Citizen-Centered Collaborative Public Management". *Public Administration Review*, 2006, 66(S1)：76-88.

② 《习近平：决胜全面建成小康社会 夺取新时代中国特色社会主义伟大胜利——在中国共产党第十九次全国代表大会上的报告》，http://www.12371.cn/2017/10/27/ARTI1509103656574313. shtml, （2017-10-27）[2021-09-17].

的生态治理意识，已建立起健全的生态文明制度和相应的资源节约型生产和消费体系，之前遭到破坏的生态环境也在逐渐地恢复，这一切都意味着我国生态治理新思想、新部署和新战略取得了显著的公共治理成效，不仅使国内人民生活环境得到改善，也为全球生态文明建设做出了贡献。为此，研究和阐释我国生态文明建设的公共价值如何被创造、生态治理公共价值的特征及其影响因素，对于落实十九届六中全会精神、将我国制度优势更好地转化为国家治理效能、推进国家治理体系和治理能力现代化将具有重大的战略意义。

一、环境治理的共识主导型公共价值

博兹曼提出，公共治理将产生共识主导型（以下简称共识型）与结果主导型两大类的公共价值。其中，共识型公共价值，"是在遵循权利、义务和规划方面达成的共识"[①]，强调理念、战略和方针的共识及行为规范。在实践中，共识型公共价值主要对公共价值进行分类和排序，解决公共行政过程中相互竞争和冲突的各类公共价值，强调共识和规范对公共行政过程的约束。[②]人们对于公共价值的优先排序达成共识，是建立在政府、社会和市场协商与互动的基础之上的，聚焦于公共服务供给主体以开放与平等态势回应多元社会群体的价值诉求，确保公共服务供给需求得到优先处理。具体而言，政府、社会和市场达成的共识包括：①维护公共价值供给的伦理道德；②尊崇为社区居民提供一流公共服务的宗旨；③坚持公共治理网络的公开透明原则，实行生态公共信息的共享；④保持更加宽泛的参与和服务准入标准，给予准入者以基本公平的待遇；⑤为社区福利做出均等化贡献。[③]共识型公共价值的创造路径是将管理效率、伦理价值、集体利益、公众参与、合法性等价值要素进行整合的过程，也是对公共价值进行识别、管理和绩效评估的"渐进式公共价值增值意愿被强化的过程"[④]。

---

① Barry Bozeman. *Public Values and Public Interest: Counter-Balancing Economic Individualism*. Washington D. C.: Georgetown University Press, 2007. 转引自徐宁蔚、李玉臻：《国家公园构建过程中的演化博弈分析——基于公共价值视角》，《林业经济》，2018 年第 4 期，第 10-16, 32 页。

② 王学军、包国宪：《地方政府公共价值创造的挑战与路径：基于 G 省地方政府官员访谈的探索性研究》，《兰州大学学报(社会科学版)》，2014 年第 3 期，第 57-64 页。

③ Rod Aldridge, Gerry Stoker. *Advancing A New Public Service Ethos*. London: New Local Government Network, 2002. pp. 41-57.

④ Rod Aldridge, Gerry Stoker. *Advancing A New Public Service Ethos*. London: New Local Government Network, 2002. pp. 41-57.

1. 公平正义治理理念的"共识型伦理价值"

公共价值管理理论强调通过公共性的规范提高治理绩效，形成公开透明、平等公正的公共治理伦理，其核心是确立公共利益与公共价值的内在统一性。公共价值为了实现公共利益，通过公共权威整合社会整体利益，经由政治程序的主导，以实现正义的、"公共善"目标的公共价值。①因而，秉持公共价值管理模式的政府在政治层面将"坚持人民主体地位，坚持立党为公、执政为民，践行全心全意为人民服务的根本宗旨，把党的群众路线贯彻到治国理政全部活动之中，把人民对美好生活的向往作为奋斗目标，依靠人民创造历史伟业"②作为执政伦理；将"转变政府职能，深化简政放权，创新监管方式，增强政府公信力和执行力，建设人民满意的服务型政府"作为指导原则；在经济层面将"形成绿色发展方式和生活方式，坚定走生产发展、生活富裕、生态良好的文明发展道路，建设美丽中国，为人民创造良好生产生活环境，为全球生态安全作出贡献"③作为发展目标；在社会管理层面则将"多谋民生之利、多解民生之忧，在发展中补齐民生短板、促进社会公平正义，在幼有所育、学有所教、劳有所得、病有所医、老有所养、住有所居、弱有所扶上不断取得新进展，深入开展脱贫攻坚，保证全体人民在共建共享发展中有更多获得感，不断促进人的全面发展、全体人民共同富裕"④作为协同治理的主旨。显然，中国共产党"以人民为中心"的治理思想彰显了与公共价值公平公正供给原则的高度契合，它为政府管理制度变革和管理模式的改革"指明了"实现公共价值供给的使命、愿景和目标，亦为领导者拓展社会组织、私人组织、非营利组织参与的公共价值供给事业的连续性和可持续性发展营造了有利的政治生态——政治共识。

2. 由企业转型和技术升级达成的"共识型秩序价值"

在绿色发展理念和可持续发展观的引领下，政府、企业或社会组织

---

① 张方华：《公共利益的价值维度考量》，《云南行政学院学报》，2009 年第 6 期，第 82-84 页。
② 孙大海：《深入学习贯彻习近平新时代中国特色社会主义思想　始终坚持以人民为中心的价值追求》，http://cpc.people.com.cn/19th/n1/2017/1023/c414305-29602218.html，(2017-10-23) [2021-09-17].
③《习近平：决胜全面建成小康社会 夺取新时代中国特色社会主义伟大胜利——在中国共产党第十九次全国代表大会上的报告》，http://www.12371.cn/2017/10/27/ARTI1509103656574313.shtml，(2017-10-27) [2021-09-17].
④《习近平谈扶贫：必须多谋民生之利、多解民生之忧》，http://cpc.people.com.cn/xuexi/n1/2018/0914/c385476-30292824.html，(2018-09-14) [2021-09-17].

都以生态平衡原理、生物多样性原则约束各自行为，政府站在满足人民日益增长的优美生态环境需要和美好生活需要的立场上，提出创造更多物质财富、精神财富，提供更多优质生态产品的公共服务承诺。如为了构建市场导向的绿色技术创新体系，政府为节能环保型产业、清洁生产产业和清洁能源等产业制定更加宽泛的参与和服务准入标准，给予准入者以公平的政策优惠（详见《绿色产业指导目录（2019 年版）》），甚至为推进和构建清洁低碳、安全高效的绿色工业体系提供最高限度的财政支持。再如国家金融政策支持体系把服务生态文明建设作为一项政治任务，构建绿色信贷制度框架，完善保险资金运用管理制度，发挥监管政策的指挥棒作用，引导银行业和保险业支持绿色、循环、低碳经济发展，助推经济转型升级。"2018 年，中国共发行绿色债券超过 2800 亿元，绿色债券存量规模接近 6000 亿元，位居全球前列。据人民银行统计，截至 2018 年末，全国银行业金融机构绿色信贷余额为 8.23 万亿元，同比增长 16%；全年新增 1.13 万亿元，占同期企业和其他单位贷款增量的 14.2%。2018 年绿色企业上市融资和再融资合计 224.2 亿元。"[①]

当政府和企业对公共价值的追求形成统一认识，并为公共价值的实现提供物质基础和制度支持时，公共价值取向就将成为"理性经济人"的共同意志，现代企业和管理组织将依归民众偏好和社会进步需求来满足自身实质利益。公众对于这种公共精神价值的感知、认同和由此产生的支持与偏好不仅将为企业和社会组织带来可信度和利润，更将使公平公正的价值取向转化为公共领域中的基本理想和政治原则，使之成为一种道德共识和秩序，对不同机构履行社会责任和义务发挥规范与制约的作用。

3. 共识型生态福祉的"共建共享价值"

人民日益增长的优美生态环境需要实际上是基本人民生存需要的一个重要部分。人民的物质生活日益丰富，但城市居民却越来越关注生存环境和生活质量。过度的房地产开发侵吞了人类居住环境的草地和树林，工业排放和奢侈的消费方式破坏了大气和水的纯净度，土地的污染则增添了人们对于食品安全的忧虑。于是，推进低碳经济、循环经济，号召企业降低能耗、物耗，全面节约和循环利用资源，鼓励全社会实施节水行动，倡导消费者采纳简约适度、绿色低碳的生活方式便成为生态管理者破除"公

---

① 《〈中国绿色金融发展报告（2018）〉摘要》，http://www.pbc.gov.cn/goutongjiaoliu/113456/113469/3923316/2019111909451775385.pdf，（2019-11-19）[2021-09-17].

用地悲剧"，建设绿色社区、绿色机关和绿色交通等共识型价值的进路。绿色社区的建设超越了简单的种树植草活动，而将绿色建筑、绿色能源、绿色空间以及废水处理、固体垃圾回收和生活垃圾分类等公共服务行业的运营与管理融入政府公共服务的范畴。设立垃圾分类处理设施，提供社区公共服务和生活废水处理服务，创建"反对奢侈浪费、节约型"绿色机关与绿色出行家庭，制定绿色城市、园林城市、生态城市的长远发展规划和实施方案等公共服务项目，逐渐成为改善公众生活环境和工作环境的共识型治理目标。举例而言，基层政府在生态城市建设中的公共服务包括增加人均绿地面积、空气质量优良天数，提升河湖水质、生活垃圾无害化处理率、一般工业固体废物综合利用率和 R&D 经费占 GDP 比重，强化信息化基础设施建设力度、公民生态环保知识和法规普及度，维持公共基础设施完好率和环境公共设施管理业全市产业人员数，同时降低单位 GDP 工业二氧化硫排放量、单位 GDP 综合能耗等。[①]2011 年出版的《中国绿色低碳住区技术评估手册》提出了更为微观细致的社区公共服务标准，它包含了绿色建筑、绿色能源、绿色交通、绿色社区规划管理、生态环境等多项二级指标及三级指标。如评价绿色建筑的三级指标是：新建建筑节能达标率、节水器具使用率、节能灯使用率、可循环利用材料比例；绿色社区管理则涉及绿色理念的传播与培植和构建健全的管理机制、可测量的能耗数据库、低碳奖励机制和环境信息公开网络等。[②]基层政府和社区组织对于以上共识型社区环境福利的提供能力和公共价值绩效评估将体现在"公众对城市生态环境满意率"和"政府投入与建设效果"评价指标上，这项指标体系作为"生态社会"建设指标亦被列入生态城市建设水平评价指标之中，充分显示社区生活主体在绿色社区公共价值供给水平测评中的话语权和表达权，突出了政治系统对于价值的权威性分配及其效用，即通过法律法规和公共服务体现对社区组织与公民参与行动的尊重，相应地提升了政府政策的公信力和影响力。

二、生态治理的结果主导型公共价值

"结果主导型学派"认为，由以政府为核心的利益主体共同组成的"公共域"更看重公共决策所产生的结果，在关注公众共同偏好和多方参

---

① 刘举科、孙伟平、胡文臻主编：《中国生态城市建设发展报告（2017）》，北京：社会科学文献出版社，2017 年，第 51 页。
② 聂梅生、秦佑国、江亿：《中国绿色低碳住区技术评估手册》，北京：中国建筑工业出版社，2011 年。

与如何实现公共效用最大化过程的基础上，探索"公共价值创造和实现"的影响因素。政府公共价值建构的绩效科学管理机制与评价指标体系就是一种以定量研究描述政府改革举措对于社会进步要素的建构及其产出绩效的理想工具，它既可以测定政府"公共效用最大化"的能力和水平，也可"助推"政府以公共效用为基准对公平服务、社会责任和制度性回应等价值的遵从；运用公共价值绩效评估结果识别战略制定者对于公共价值供给的短缺与制度性原因，及时"将治理目标和战略转为内部操作流程与规范"①，以保证政府绩效产出结果与社会需求高度一致。

　　爱德华·希尔斯（Edward Shils）提出，公共价值绩效评估的主要内容是政府创造的"核心公共价值群"，包括公众生活质量、健康和幸福、社会资本、凝聚力、安全与保障、成本、公众参与等与结果相关的公共价值。②套用希尔斯的这套价值概念系统而推导出来的生态治理公共价值绩效评估类目，除了政府生态管理信息的公开透明等民主价值和公共政策引导下实现的环境正义以及公平分配环境资源等机制取得的社会价值之外，还需将公众生活质量与健康的改善、政府生态治理成本的降低③、公众对公共决策执行效率和政府工作能力的评价，以及公众生态安全感和幸福感与获得感及其政治信任度和归属感的提升等均囊括入内。对以上类目的测评即是展现"公众在政府提供的公共服务中获得的全部收益与公众付出的一种主观权衡"④。它从实证研究层面彰显了政府对绿色发展理念和人民环境权益的尊崇，也从实践维度呈现了行政系统对服务型政府、法治政府、责任政府和廉洁政府的价值建构效用。在理论层面，生态治理绩效管理通过"公示"管理机构一系列制度变革和对于生态政策的执行效果，改善了"公共价值的信息收集、结果判断和管理矫正以及发现新公共价值"程序的透明度。⑤

　　举例而言，聂莹和刘倩以公共价值为基础对青海乌兰县生态建设政

---

① 尤建新、王波：《基于公众价值的地方政府绩效评估模式》，《中国行政管理》，2005 年第 12 期，第 41-44 页。
② 转引自：王学军、韩志青：《从测量到治理：构建公共价值创造的整合分析模型》，《上海行政学院学报》，2017 年第 6 期，第 38-49 页。
③ 公共价值成本不单指人力、物力、财力等经济方面的支出，还包括强制规范个体行为、减少公共价值损耗的国家权力的使用。详见：王学军、韩志青：《从测量到治理：构建公共价值创造的整合分析模型》，《上海行政学院学报》，2017 年第 6 期，第 38-49 页。
④ 包国宪、王学军：《以公共价值为基础的政府绩效治理：源起、架构与研究问题》，《公共管理学报》，2012 年第 2 期，第 89-97 页。
⑤ 包国宪、王学军：《以公共价值为基础的政府绩效治理：源起、架构与研究问题》，《公共管理学报》，2012 年第 2 期，第 89-97 页。

策的绩效进行了测评：一是评价该地生态建设政策应实现的所有价值，以此客观、全面地反映某项政策的好坏；二是探讨和对比不同公共政策的实施所产生的不同公共价值内涵，如政府公共服务质量，公众能否公平、平等地享受生态治理成果和政策建设成果以及生态建设政策的执行对提升森林覆盖率，沙漠、旱区的改善和重建等生态治理产生的社会效益。其研究发现：

> 退化草地治理项目的政府投入率最高，平均面积的经济产出值最高且维护较好，经济产出呈上升趋势，使该项目经济性绩效实际得分最高。在效率价值维度下，因政策向来是贯彻执行，退化草地治理项目和防护林工程在计划完成率方面一般得分都较高。……在可持续价值维度下，无论是后期管护制度的建立与维护投入，还是农牧户对政策给自己带来的好处与维护职责的认识，退化草地治理项目和防护林工程政策的得分都较高。实践中，政府寻找专业护林员维护生态建设政策的成果，这必然增强其成果的可持续性……退牧还草政策民众抵触情绪最强，该政策对民众的日常生产方式及收入产生直接影响，行政强制性较强，民主性较低，实际得分自然较低。……而退牧还草中，草原面积广大，监管困难，且农户的切身利益受损严重，"钻空子"现象频发，破坏了政策的可持续性。[①]

以上研究中对青海乌兰县生态建设政策的公共价值绩效测量和评估框架，既"测出了"当地生态治理政策的公共价值绩效和价值实现与否的原因，也对改进公共政策的执行效果提供了具有实际操作价值的建议。如退化草地治理政策因为没有考虑到"农牧民饲养的牛羊数量减少，生长缓慢，出栏量减少，导致经济性收入减少；同时，违背其固有的生态伦理，农牧民对该政策的满意度较差"，因而，公共价值绩效评估显示了退化草地治理结构的不平衡与协调差异，提醒政府不仅需要保障公共政策的有效性，更需权衡公众物质利益层面的功利主义倾向对治理效果产生的影响，通过民主协商调整和改善公共政策实施的外部环境和条件，以实现公共政策承诺的服务性道义与和谐价值。

再如，杨鸿泽提出，基于公共服务理论的土地整治绩效评价机制同

---

① 聂莹、刘倩：《公共价值视阈下生态建设政策的绩效评价——以青海乌兰县为例》，《河南社会科学》，2018年第2期，第40-44页。

样需要采取层次分析法和专家咨询法相结合的方法来确定。最高层为土地整治目标层，即土地整治要实现的国家和区域目标（发展现代农业、推进社会和谐发展）；土地整治二级目标层是，促进粮食安全、增强资源保障、构建节约型社会、实现环境友好等；三级目标层是，土地整治增加的耕地数量与耕地质量的提升。[①]最后通过调查与归纳"土地开发整治建设规模、土地开发整治新增耕地面积、整治后耕地质量的提高等级"三个方面取得的效益，来测评土地整治政策所产出的公共价值绩效。另外，也可将三级指标作为测评公共服务绩效的自变量，如将"土地平整面积，灌溉与排水工程量，田间道路工程量，新增、改善农田灌溉面积，新增、改善农田防涝面积，新增粮食产能"等公共服务具体工程数量作为自变量，测试生态公共服务工程在改善农业生产条件和提高粮食产量（二级指标）方面产生的"保障粮食安全"的公共价值。简言之，对于公共服务的绩效评价指标体系不仅需设定某些政策的公共服务总体目标和次级目标，还需制定具体的可操作性变量，即实现价值目标的途径和方略来测量政策目标取得的实际价值和社会效应。

三、生态环境公共治理的"和谐价值"

2012 年 7 月国务院出台《国家基本公共服务体系"十二五"规划》，规定"十二五"时期保障全体公民都能公平地获得大致均等的包括公共教育、医疗卫生、劳动就业、社会保障、基本社会服务、住房保障、公共文化体育和环境保护等领域的基本公共服务。十九大进一步将"完善公共服务体系，保障群众基本生活，不断满足人民日益增长的美好生活需要，不断促进社会公平正义，形成有效的社会治理、良好的社会秩序，使人民获得感、幸福感、安全感更加充实、更有保障、更可持续"作为加强和创新社会治理体系的价值追求。它标志着我国基本公共服务机会均等化将转向"结果均等"的"共建共享"阶段，由政府主导话语实践的公共服务转向"基于需求多样性和差异性的结果型公共价值服务"，它要求基本公共服务组织及时地掌握和回应不同类型公众的环境需求，"在政府、市场和社会之间建构起有效的沟通和协作机制，满足个体的个性化需求与集体的共同偏好"[②]。国家设立的公共服务标准通过回应制和责任制等保障

---

① 杨鸿泽：《绩效评价如何更具科学性——基于公共治理理论的土地整治绩效评价机制》，《中国土地》，2014 年第 4 期，第 38-39 页。

② Alessandro Spano. "Public Value Creation and Management Control Systems". *International Journal of Public Administration*, 2009, 32(3-4): 328-348.

效率优先的规制，驱使公共管理机构忠实地履行其公共服务责任和追求公平公正供给服务的承诺。这期间，公众既是公共服务的服务对象，又是"共建共享共荣"的评价者，一方面"引导"政府公共产品的供给与公众的诉求和认知达到有效的均衡状态，倒逼政府管理能力的提升，使其获得公众信任和支持的概率增大；另一方面，一个社会的政府，其存在的经济理由就是增进人民的集体福利，公共品则是集体福利的载体。集体福利以及实现集体福利的载体——公共品，是一个外延极为丰富的系统，它所产生的首要外延价值就是获得民意认同，推进和维护政府与社会群体间的和谐关系。

1. 企业和政府环境公共管理标准创造的"民生价值"

公共服务的均等化是一个复杂的治理过程，在社会组织的互动、交流过程中既存在着利益与激励的平衡、责任与伦理道德的柔性规范，也充满了政策引导、市场导向和法律强制的刚性调控。对于曾经以利润最大化为生存价值的企业来说，公共价值治理机构实施的环境管理体系"国际标准化组织 14001"（以下简称 ISO14001）在解决经济发展与生态环境保护两难困境、化解污染型企业与社区之间冲突、开辟经济可持续性发展前景方面创造了巨大的和谐价值。环境管理体系的 ISO14001 是国际标准化组织于 1991 年 7 月成立的"环境战略咨询组"提出的环境治理标准化条例，宗旨是加强组织获得改善环境的能力。如：

> 组织管理行为规范标准：涵盖环境管理规范、原则及可执行的准则内容，形成环境管理的标准化文件；环境管理的技术方法标准：针对环境变化进行诊断、审核、评价等规范性方法文件，其生命周期思想、环境审核与标志、环境行为的评估，均与技术性属性密切相关，需借助此系统的工具方法应用。组织评价标准主要针对各部门、车间进行的环境管理评价，重点分析组织的环境行为及其结果，产品层面则主要依据生命周期各阶段的环境影响所做出的评价，重点评估产品在原材料购买、生产、使用、废弃等全周期的环境影响，同时还包括其中的影响因素评估。[①]

我国政府从 1997 年开始引入环境管理体系 ISO14001 标准

---

① 王达蕴、肖序：《ISO14001 环境管理体系标准的评价与展望》，《湖南社会科学》，2016 年第 2 期，第 155-159 页。

（GB/T24000—ISO14001），又分别在 2018 年、2019 年正式颁布了《GBT 36132—2018 绿色工厂评价通则》国家标准和绿色工厂系统评价指标体系。运用 ISO14001 对企业不同生产经营领域具体环节存在的污染源头进行检测，预防并极力减少企业在生产过程、环保实践、服务过程中任何类型的污染物或废弃物的产生、排放或废弃，政府与企业站在了同一条环境影响评价的"阵线"上，共同努力预防污染型经济生产给社会带来的伤害。例如，为配合 ISO14001 规定企业利用环保、可回收循环利用的原材料取代有毒材料，通过生产工艺流程设计提高废弃物回收率和循环使用期，通过消减环境要素数量减少环境冲突①，政府制定了相应的环境管理政策，与企业合作建立一套对"用地集约化、原料无害化、生产洁净化、废物资源化、能源低碳化"等指标数据自动采集和能源资源结构优化综合评价自动计算的网络化管理方式。发挥了 ISO14001 环境管理标准"提前"预防环境污染隐患发生、协助企业提升绿色发展品牌价值和市场竞争力、维持企业可持续发展的社会功能。

对于行政部门来说，政府采取的以基本公共服务清单为政策实施规范和干部自然资源资产离任审计的问责依据，亦保障了顶层设计的新理念和新部署的传达与落实。"从知识再生产的角度看，公共治理中的'清单制'以公共利益统合政府治理、市场治理和社会治理，清单制一方面有助于框定政府的服务职责和标准，另一方面为公民监督政府公共服务行为提供有效途径。"②也就是说，基本公共服务清单通过明确政府的权力和职责，厘清政府与市场、社会的边界③来预防政府公共价值供给偏离既定目标。④例如，我国公共服务的国家标准明确指定了服务项目、服务目标、责任承诺以及价值产出绩效。

　　　　环保惠民，促进和谐。坚持以人为本，将喝上干净水、呼

---

① Zahiruddin Khan. "Cleaner Production: An Economical Option for ISO Certification in Developing Countries". *Journal of Cleaner Production*, 2008, 16(1): 22-27. 转引自：王达蕴、肖序《ISO14001 环境管理体系标准的评价与展望》，《湖南社会科学》，2016 年第 2 期，第 155-159 页。

② 高红：《论基本公共服务清单制度：公共价值管理的视角》，《求实》，2017 年第 7 期，第 43-53 页。

③ 于新东：《环球时报：建"权力清单"，厘清政府职能边界》，http://opinion.people.com.cn/n/2014/0404/c1003-24823431.html,(2014-04-04) [2021-07-03].

④ 高红：《论基本公共服务清单制度：公共价值管理的视角》，《求实》，2017 年第 7 期，第 43-53 页。

吸清洁空气、吃上放心食物等摆上更加突出的战略位置，切实解决关系民生的突出环境问题。逐步实现环境保护基本公共服务均等化，维护人民群众环境权益，促进社会和谐稳定。

到 2015 年，主要污染物排放总量显著减少；城乡饮用水水源地环境安全得到有效保障，水质大幅提高；重金属污染得到有效控制，持久性有机污染物、危险化学品、危险废物等污染防治成效明显；城镇环境基础设施建设和运行水平得到提升；生态环境恶化趋势得到扭转；核与辐射安全监管能力明显增强，核与辐射安全水平进一步提高；环境监管体系得到健全。[1]

以上环境治理目标"指导"生成了结果主导型治理绩效清单，如 2015 年化学需氧量排放总量（万吨）比 2010 年减少 8%，地表水国控断面劣 V 类水质的比例减少 2.7 个百分点，地级以上城市空气质量达到二级标准以上的比例增加 8 个百分点[2]等。然而《中国城市基本公共服务力评价》一书关于我国 38 个主要城市在 2014～2016 年的基本公共服务满意度评估情况的调查显示，这 38 个城市的基本公共服务各项指标的满意度集中在 50～67 分，尤其是"2014 年公共住房和交通、文化体育、城市环境、医疗卫生和基础教育等各项指标的满意度均为负增长"[3]。于是，中央政府在 2016 年颁布的《"十三五"生态环境保护规划》中，根据全社会对改善生态环境质量的新期待和人民意愿，启动了约 300 项环保标准制修订项目，其中 20 项解决环境质量标准、污染物排放（控制）标准制修订工作中有关达标判定、排放量核算等关键和共性问题项目。同时还发布约 800 项环保新标准，包括质量标准和污染物排放（控制）标准约 100 项，环境监测类标准约 400 项，环境基础类标准和管理规范类标准约 300 项。[4]自此，国家环境质量标准覆盖了空气、水、土壤、声与振动、核与辐射等主要环境要素。如"污染物排放（控制）标准 163 项，其中大气污染物排放标准 75 项，控制项目达到 120 项；水污染物排放标准 64 项，控

---

① 《国务院关于印发国家环境保护"十二五"规划的通知》，http://www.gov.cn/gongbao/content/2012/content_2034724.htm,（2011-12-15）[2021-07-03].

② 《国务院关于印发国家环境保护"十二五"规划的通知》，http://www.gov.cn/gongbao/content/2012/content_2034724.htm,（2011-12-15）[2021-07-03].

③ 高红：《论基本公共服务清单制度：公共价值管理的视角》，《求是》，2017 年第 7 期，第 43-53 页。

④ 《环保部："十三五"期间将发布约 800 项环保标准》，http://www.xinhuanet.com/2017-04/14/c_1120813662.htm,（2017-04-14）[2021-07-03].

制项目达到 158 项"①。很明显，环境管理体系对于公共治理清单的修订和扩增，表明政府在感知和回应公众期望、达成政府与社会良性互动方面，建立了更为开放和灵活的公共服务传递机制，为环境公共治理流程的监管和执法提供了"可视的方向定位"，将无序生产造成的"公地悲剧"减少到最低。

环境公共治理中实现"健全社会的价值"。美国心理学家艾里希·弗洛姆（Erich Fromm）在《健全的社会》一书中提出，一个健全的社会是一个符合人的需要的社会——这里所说的需要，并不一定就是人认为他所需要的，因为即使是最病态的目的，也可能被人主观上认为是最需要的；这里所说的是人类客观的需要，我们可以通过对人的研究明确这些需要②。弗洛姆继承了马克思对于资本主义社会的批判思想，认为在工业制度下，"人失去了他的中心地位，变成了达到经济目标的工具，人已经同他人、同自然相疏离，失去了同他们的具体联系，人的生命已不再有什么意义……。人退到了接受性的、交易性的方向，不再具有建设性；人丧失了他的自我感，变得依赖他人的认可，因而倾向于求同一致，却又感到不安全；人感到不满足、厌倦、焦虑，并且用他的大部分精力尝试补偿或掩盖这种焦虑感"③。资本主义的生产体系将人和人的体力变成商品，是阻碍人的精神健康发展的经济因素。它摧毁了人的本质价值和人的独立性与完整性，导致人与他人之间关系的异化，使之陷入虚弱、痛苦、情感淡漠而变得敌视他人。弗洛姆完全赞同马克思认为的社会主义制度下建立人与自然和谐关系的可能性：人类发展的目标在于建立一种人与人之间、人与自然之间的新的和谐，一种使人与其同胞的相关性同人的最重要的需要协调一致的发展。对马克思来说，社会主义是这样一种联合，在那里，每个人的自由发展是一切人的自由全面发展的条件；社会主义是这样一种形态，它以每一个个人的全面而自由的发展为主要原则。马克思将这一目标称作自然主义和人本主义的实现④，换言之，社会主义制度是一种更加理性、更具有创造性的社会组织形式，使人摆脱已经达到顶峰的自我异化过程。它是这样一种符合人的精神健康发展这一目标的联合体，在这一社会里，人是中心，是为了展示自己的力量（power）而活着；一切经济的、

---

① 《环保部：我国两级五类环保标准体系已形成》，http://news.cctv.com/2017/05/23/ARTIBqZsYB XjAQ2LLs4raWkS170523.shtml，（2017-05-23）[2021-07-03].
② 艾里希·弗洛姆：《健全的社会》，孙恺祥译，上海：上海译文出版社，2011年，第15页。
③ 艾里希·弗洛姆：《健全的社会》，孙恺祥译，上海：上海译文出版社，2011年，第229页。
④ 艾里希·弗洛姆：《健全的社会》，孙恺祥译，上海：上海译文出版社，2011年，第216页。

政治的活动都服从于人自身的成长这个目标。"一个健全的社会使人在可把握和可观察到的领域内积极而又负责地参与社会生活，并且成为自己生活的主人。精神健全的社会促进了人与人之间的团结，不仅允许而且鼓励成员友爱相处；精神健全的社会促使每个人在其工作中进行创造性活动，激励人们充分运用其理性，使人能够通过集体的艺术和仪式表达出自己内心深处的需要。"①

在我国政府主导的生态文明建设公共服务供给模式中，管理机构逐渐废弃偏颇的 GDP 效率导向的绩效评估体系和片面社会服从治理逻辑，并以服务理念和公共价值观念的变革作为选择和审视改革政策的坐标，以精神价值高于物质价值的生产伦理和将人的生存尊严当成人类追求理性、和谐、幸福及健全社会的砝码，重新公正地分配自然资源，满足基层社会公民对于美好环境和美好生活的需求。这些执政伦理的革新引领国家朝着尊重自然和人的价值的治理方向前进。绿色生产、循环经济管理成为改善基层人民生活环境的主要手段，人与自然和谐共生以及人民对美好环境的"共建共享共荣"理念成为社会主义生态文明建设的基本目的和"健全社会"的核心标志——社会中每一个劳动者都能主动、自由地参与生态保护事业和相关的政治事务；尊重公众环境参与权、知情权和表达权以及公平、民主、责任与效率等多元价值的共识亦成为引导管理者激励合作、协商、公开透明的网络治理手段。随着政府对公共价值管理体系的现代化与治理能力现代化的追求，公众关于生态治理、环境质量的期望与评价和治理效果的满意度与可信度评价等变量因素均将作为生态公共服务供给侧优质高效的判断准则。

2. 人与自然和谐共生的公共价值

人与自然和谐共生既是一种观念，也是一个建设过程，更是人与自然相处方式的一种表征。比如，直至 2018 年 6 月，粤东地区被尊为母亲河的练江看起来仍像一条"黑龙"，被广东省环境保护厅定性为"全省污染最严重的河流"。②因纺织制衣业是练江流域地区汕头市潮南区和普宁市的支柱产业，原有数以千计的印染企业，经过多轮关停整治之后，仍有200 多家印染企业，其工业废水日排放量超过 8 万吨。"环监局一季度在练江流域组织交叉执法检查，抽查29 家企业，竟有 21 家存在废水超标排

---

① 艾里希·弗洛姆：《健全的社会》，孙恺祥译，上海：上海译文出版社，2011 年，第282-283 页。
② 《"白练"变"黑龙"，江河变"草原"——粤东母亲河为何污染 20 多年难治理？》，https://baijiahao.baidu.com/s?id=1600530474029920516&wfr=spider&for=pc，(2018-05-15)[2021-09-17].

放，还有 1 家私设暗管直接排放印染废水"，生动地展示了人与自然不和谐相处的恶劣景象：练江干流含氨氮约 9mg/L，远超劣 V 类标准；垃圾河边堆、水上漂、大风吹。[①]从 2019 年 1 月开始，广东省汕头市政府、企业与社区开始了一场对练江污染流域的全面治理行动：183 家印染企业持有的排污许可证不予延续，相关企业全都停产。市政府新建两个印染园区，对入园企业提供技术改造升级补助、服务外包运输补助、金融支持、标准厂房建设和使用支持、职工就业帮扶等政策支持，解决印染企业在入园过渡期间及转型升级中遇到的实际困难。[②]获得资格进入印染园区的企业结成"达标排污自律联盟"，并与政府签订达标排放承诺书，通过实施技术升级，从一吨布产生 100～130 吨污水减少到只排放 30 吨污水。基层社区则在练江各条支流区域组织派驻水面保洁员，并动员村民担任专职巡查员，同时组织青年志愿者每日到河岸拾捡垃圾、清理杂草杂物，并在练江流域开展环保公益骑行宣传活动，运用微信受理群众举报，公开曝光乱扔垃圾者。与此同时，基层政府在全市 1157 个自然村铺开"源头截污、雨污分流"工程建设，将村里每家每户污水管网接入污水处理厂。至"2019 年 11 月，练江海门湾桥闸断面主要污染物指标化学需氧量、氨氮、总磷指标平均浓度分别为 26 毫克/升、0.27 毫克/升和 0.10 毫克/升，已连续两月达到地表水环境 V 类标准"[③]。汪恕诚指出，人与自然和谐相处的两个重要衡量指标，一个是资源承载能力，一个是环境承载能力。污染型经济用宝贵的淡水资源、能源资源和耕地资源换来 GDP 的一时增长，但其排放的污水、有毒有害气体和固体垃圾将对人类可持续发展造成不可逆转的影响。正是因为如此，生态公共治理体系需要动用法律手段、行政手段、工程手段、技术手段、经济手段保障我国遵循人与自然和谐共生的发展结构与发展模式，根据资源承载能力和环境承载能力，控制资源使用总量与排污指标。[④]

我国环境保护部门制定的总体规划顺应人与自然和谐共生发展的新形势和新要求，实行的环境问责制和中央生态环境保护督察制在力促基层

---

① 《"白练"变"黑龙"，江河变"草原"——粤东母亲河为何污染 20 多年难治理？》，https:// baijiahao.baidu.com/s?id=1600530474029920516&wfr=spider&for=pc，(2018-05-15)[2021-09-17].

② 《练江治理逐步转向标本兼治、绿色发展、综合施策 汕头段综合整治累计完成投资 117.94 亿元》，http://www.gd.gov.cn/gdywdt/dczl/content/post_1055019.html，(2019-01-08)[2021-09-17].

③ 《中央环保督察连敲警钟：练江 20 年污染治理见成效》，https://baijiahao.baidu.com/s?id=165 2948318291812700&wfr=spider&for=pc，(2019-12-15)[2021-09-17].

④ 汪恕诚：《C 模式：自律式发展——中国经济社会发展模式的新探索》，《宏观经济研究》，2005 年第 8 期，第 3-8，13 页。

政府、企业、社会组织、社区等不同社会主体落实全周期、全领域、全层级的公共价值导向、坚持优化产业布局、提升城乡的环境保护设施规模等方面发挥了巨大的引导作用。尤其是基层组织加强了城乡居住区的环境空间建设，各级城市都构建了整体的以社区级环境配套设施（如城市公园、湿地、绿道、滨河绿色走廊）为基础、与乡村生态恢复与治理（如饮水源保护工程、农田灌溉系统和生活用水系统修复工程以及农田土壤修复工程等）衔接配套的公共服务网络体系。中央生态环境保护督察对忽视城市生态功能修补、没有能力实施城市综合治理、造成生态系统承载能力崩溃的地方组织进行问责和惩治。"问责内容范围由最初对生态环境公共危机事故的事后问责扩大到对国有企业、事业单位、党委和政府部门日常生态环境职能承担状况的问责。根据第二批中央环保督察数据统计分析，由于不作为、乱作为、工作推进不力等失职失责行为所造成的生态环境问题占比约 95%，生态环境履职状况成为环境问责的主要内容。"[①]生态环境部于 2018 年 5 月至 6 月启动了打击固体废弃物环境违法行为责任追究"清废行动 2018"和城市黑臭水体整治环境保护专项行动等，调查核实了 2097 处固体废物贮存场所，发现 1011 处堆存点存在问题，对存在的 49 个重点问题进行挂牌督办，并向社会公开问题清单，追踪报道整改情况。[②]这种"地毯式"的环境整治活动不仅消除了基层社会的环境治理"死角"，使社会以往频发的环境责任事故逐渐减少，也令基层环境治理部门和企业环境价值理性得以逐步回归。

四、小结

综上所述，在生态文明建设之初，我国优质环境空间存在着分布不均、优质资源共享程度较低、环境公共服务垂直体系尚需完善等状况。但随着城市综合治理、全面加强精细化管控机制，城乡生态管理基础设施和社区绿色空间的扩展都已成为填补邻里交流公共空间、整合居民环境保护参与社会资本，以及提升社区归属感和市民幸福度等层面的公共价值要素。追求可持续的绿色发展和节能降耗的绿色政策，得到更多企业的理解与认可。企业废水违法直排的现象少了，向野外偷排有毒废渣的违法行为少了，黑臭的河流也少了。更重要的是，一度频发的环境群体事件也少了，大中城市的蓝天渐渐地多了，街边的绿色小公园也多了起来。这，就

---

① 卢智增、江恋雨：《我国环境问责制创新研究——"环境问责制度创新研究"系列论文之三》，《桂海论丛》，2019 年第 5 期，第 88-98 页。

② 卢智增、江恋雨：《我国环境问责制创新研究——"环境问责制度创新研究"系列论文之三》，《桂海论丛》，2019 年第 5 期，第 88-98 页。

是生态公共治理实现的公共价值，也是人与自然和谐共生实现的人的价值。

第三节 公共治理实践与环境管理的"中国谱系"

一种具有生命力的概念，一经产生总是会不断扩散，与各国既有知识体系相结合，在特定环境和具体实践之下被赋予新的含义，乃至发展而成一种独立的理论体系。[①]"公共治理"这个概念自被引入中国学界后就迅速与中国政治、经济、社会改革话语相融合，被作为回应和解决中国发展与治理问题的优先议题。中国共产党十八届三中全会提出，"全面深化改革的总目标，就是完善和发展中国特色社会主义制度、推进国家治理体系和治理能力现代化。这是坚持和发展中国特色社会主义的必然要求，也是实现社会主义现代化的应有之义"[②]。国家治理体系和治理能力的现代化被置于深化改革总目标的高度，反映了我国新时代的治国方向、执政理念和政策议程的变革需求。正如习近平总书记所说的那样，"今天，摆在我们面前的一项重大历史任务，就是推动中国特色社会主义制度更加成熟更加定型，为党和国家事业发展、为人民幸福安康、为社会和谐稳定、为国家长治久安提供一整套更完备、更稳定、更管用的制度体系。这项工程极为宏大，必须是全面的系统的改革和改进，是各领域改革和改进的联动和集成，在国家治理体系和治理能力现代化上形成总体效应、取得总体效果"[③]。

公共治理理论的研究范畴包含了以政治学、行政学和公共价值管理为主的治理理念和实践方法，虽然各学科的侧重点不同，但它们大都将治理目标指向公共利益、公共服务和网络治理的实践价值。一个"好"的理论总是能够从不同实践层面启迪人们的自我审视力，增强人们对于现实问题的认知力与判断力。政治学界提出政府应以公民权利而非政府利益为其价值追求，通过完善社会主义民主政治的制度化、规范化、程序化建设推进国家治理制度的变革与转型。[④]行政学界则从行政责任的产生机制和价

---

① 彭莹莹、燕继荣：《从治理到国家治理：治理研究的中国化》，《治理研究》，2018 年第 2 期，第 39-49 页。

② 中共中央文献研究室：《习近平：全面深化改革的总目标是完善和发展中国特色社会主义制度、推进国家治理体系和治理能力现代化》，http://cpc.people.com.cn/n/2014/0725/c164113-25339444.html，（2014-07-25）[2021-09-17].

③ 《习近平：完善和发展中国特色社会主义制度 推进国家治理体系和治理能力现代化》http://cpc.people.com.cn/n/2014/0218/c64094-24387048.html，（2014-02-18）[2021-09-17].

④ 何翔舟、金潇：《公共治理理论的发展及其中国定位》，《学术月刊》，2014 年第 8 期，第 125-134 页。

值基础出发来建立和运行适合中国现实改革需要的管理机制，确保政府管理职能的发挥。如确定政府协调、服务、与民互动的角色定位，理清政府在促成公民参与、协商、达成共识、提升公民信任度中的基本责任等。其中，公民参与、协商的活动包括，行政部门向公共领域提出治理思想和治理战略，引导公民进行协商对话，协同找出解决治理领域的利益冲突或者矛盾分歧的途径，在达成"政治共识"的基础上达到公众利益最大化的善治目标。换言之，政治学治理理论从顶层设计的综合考虑推进公平正义、成熟理性、活力开放的协同治理机制，为政治、经济、文化及生态治理提供高屋建瓴的指导；行政学负责解决主体间的竞争矛盾与合作不足、垄断行业改革的滞后与资源分配不均衡等问题，通过一系列制度安排来维持社会的稳定与和谐。与之相对应，公共管理学则研究如何在实现公共价值的制度化框架下展开联合行动，让众多公共行动主体彼此合作，在相互依存的环境中共同管理公共事务。①公共管理学倡导的网络化治理理论规定了各类机构在公共产品服务供给、环境污染治理等方面承担的职能、管理政策、实施策略及操作方法。如构建非正式制度、半官方组织所达成的协议、政府行为评价标准、法治化和治理评估指标体系②等新型治理工具，为制度化的治理提供先期评估准则和后期问责制。它秉承多元协商式的管理要素③，不仅保障组织制度、组织文化和组织规范与社会公众的期待一致，还负责规范公共管理机构内部伦理道德，负责剔除制度中的非理性构成要素。综上所述，公共治理的宏大目标是建立一个理想的社会：多元、宽容、善治、有序、公平、诚信、可持续发展④，社会各阶层更具维护公共利益的自觉意识和协调意识，人民与政府的关系更加和谐融洽，企业在制度的约束下自律而利他，社会组织致力于促进民主社会所拥有的基本价值——自由、秩序、公民利益和公共利益等，以公共幸福作为公共行政的价值目标，以合法性作为公共行政的基础。⑤

　　正如联合国全球治理委员会报告指出的那样："治理是各种公共的

---

①　李景鹏：《中国走向"善治"的路径选择》，《中国行政管理》，2001 年第 9 期，第 16 页。

②　郁建兴、王诗宗：《治理理论的中国适用性》，《哲学研究》，2010 年第 11 期，第 114-120,129 页。

③　余军华、袁文艺：《公共治理：概念与内涵》，《探索与争鸣》，2013 年第 12 期，第 52-55,115 页。

④　俞可平：《和谐社会面面观》，《马克思主义与现实》，2005 年第 1 期，第 4-5 页。

⑤　俞可平：《和谐社会面面观》，《马克思主义与现实》，2005 年第 1 期，第 4-5 页。

或私人的个人和机构管理其事务的诸多方式的总和。"①它是使相互冲突的或不同的利益得以调和并采取联合行动的持续的过程。总览世界各国生态治理的实践过程可以发现，它充满着变革、协调、互动、控制等一系列治理规则的实践规律；从践行民主与法治到实行改革成果的共享，从发展社会组织到整合政府、市场和社会资本，过去半个多世纪生态公共治理的发展历程昭示着政府内外两个方面的改革不仅引领了行政道德和民主协作精神的升华，带动了环境公共治理主体之间的合作与良性互动，更为人类进入更高阶层的文明社会开辟了新道路。

一、西方社会绿色政治运动催生的政治机会结构

政治机会结构理论是政治过程理论的核心概念，它成为西方政治学者考察 20 世纪 60 年代末环境运动的一个重要研究视角，并逐渐演变成一个专门化的社会运动理论。政治机会结构理论的奠基人彼得·艾森格（Peter Eisinger）提出，不断增加的政治多元化、政治选举权的扩大、政治压迫的降解、社会精英阶层的裂变、政治气候、政府对公众诉求的回应力及社区资源的构成等政治要素构成了环境运动的宏观政治机会。环境运动的政治机会结构要素包括建设生态社会所需要的运行机制得以革新、政治领导人的开明度、政治精英和公民参政渠道等政治资源的启动。②西方环境政治学界从国际社会、政体、政策、社会组织和公民权几个层次对引发 20 世纪 60 年代环境保护运动的政治机会结构、政治制度和社会资源中各要素的微观层面进行了系统的归纳和梳理。①在主流媒介中聚焦如下议题和价值引导：反对将经济增长作为民主与社会繁荣的制度保证；提醒决策者关注生态资源的有限性和生态退化问题；提倡改变资本主义的生产方式和遏制环境继续恶化的生态治理模式。②政策选择的政治机会：绿党通过选举政治、议会政治推进制度变革，向所有选民和公众广泛宣传绿色政治与政策主张，从而影响了主流政党的政治与政策选择和生态管理制度的变革。③公众参与程度和诉求能力的提高：如美国的核冻结运动、荒野保护运动导致政府在环境政策制定方面的妥协。

20 世纪 60 年代，美国几个大的工业州如得克萨斯、亚拉巴马、加利福尼亚、明尼苏达和西弗吉尼亚因为由工业发展导致的污染而备受垃圾围

---

① 何增科：从社会管理走向社会治理和社会善治. http://theory.people.com.cn/n/2013/0128/c49154-20347731.html，（2013-01-28）[2022-05-22].

② Peter K. Eisinger. "The Conditions of Protest Behavior in American Cities". *American Political Science Review*, 1973, 67（1）：11-28.

城、汽车尾气和污水排放等问题的困扰。社会运动组织以动员公众参与为切入口，一起反对产业界将化工技术的进步作为刺激经济增长催化剂的发展理念，号召工业界尊重自然的内在规律，有节制地排放工业废气和废水。风起云涌的环保运动得到了学界和民间社团的热烈响应，成为启动环境公共治理工程的"发动机"。首先，席卷整个工业社会的公民环境运动推动了政府决策者对生态伦理的遵从，使整体社会重新认识人与自然的关系，在强大的舆论压力下和管理层的制约下，产业界不得不开始思考自身社会责任及其环保形象，减少过度开发和过度排放行为。在环境运动中结成联盟的西方政治学者、大学生、教师等知识阶层的人士结合政治学、生态学和行政学理论发展了一整套与传统党派相对抗的执政理念，如把自然生态系统和人类社会系统看作是一个相互作用和影响的统一整体，将建立可持续发展的社会作为其执政目标。[①]同时，他们根据西方民主制度的格局，建构了替代旧式经济发展价值观和生活方式的政治秩序，即有利于维持人与自然协调关系的环境决策、环境参与和环境协商制度。通过鼓动公众参政、议政来改变破坏生态环境的管理机制，引导和组织具有强烈生态保护意识的公民参与环境监督运动。到 20 世纪后期，环保组织及其衍生的绿党已然成为西方各国生态文明建设（西方称之为"生态现代化"）的一支不可或缺的政治力量。这一时期具有代表性的组织如 1972 年成立于澳大利亚的"塔斯马尼亚团结组织"是第一个带有绿党色彩的政治团体；同年 5 月，新西兰价值党成为世界上第一个全国性绿党；1973 年英国人民党也成为欧洲第一个全国性绿党；等等。绿色政党逐渐从地方性政党发展为全国性政党，从在野党发展为执政党。绿色思潮、绿色运动与绿党的发展历程，既是环境保护运动的主体部分，为环境公共治理的运行提供了重要的思想基础，亦为保护生态平衡和环境正义、反对战争和核军备竞赛、争取和维护世界和平等一系列运动开辟了新的政治机会结构。[②]

1. 环境运动政治机会结构的开放性因素

美国政治学者艾森格在探讨美国种族抗议的文章中对美国 43 个城市影响其市民进行集体活动的不同政治环境进行了研究[③]，他将各种政治环境要素的总体命名为政治机会结构。此后，西方环境传播学者们尝试着从

---

① 肖显静：《生态政治面对环境问题的国家抉择》，太原：山西科学技术出版社，2003 年，第 23 页。
② 曹顺仙：《中国传统环境政治研究》，南京林业大学博士学位论文，2013。
③ Peter K. Eisinger. "The Conditions of Political Protest Behavior in American Cities", *American Political Science Review*, 1973, 67 (1): 11-28.

影响政治参与、发起、结构、范围和成功的政治环境和外部因素，而非参与者行为的自身内在影响因素来诠释环境社会运动的产生和发展。[1]他们发现，在政治抗争中，人们需要一致的解释维度，这个解释维度就是鼓励群众参与议政活动的制度效应和事件。有的学者则将政治机会结构定义为政治体系的环境，特别是同盟的支持和反对派力量之间对比变化[2]，并列出了对其自身研究有用的测试维度，以测试政治机会结构中的不稳定因素，如政策和政治联盟的变化等。例如，美国学者道格·麦克亚当（Doug McAdam）提出了影响政治机会结构的 4 个变量，即政治体制的开放性与封闭性、支撑政体的精英联盟的稳定性、精英联盟是否存在、国家镇压能力与倾向。[3]欧洲学者汉斯彼得·克里西（Hanspeter Kriesi）等进一步扩展了欧洲各国社会运动的测试类目，把政治机会结构界定为正式的制度结构、与既定"挑战者"相关的非正式程序、与既定"挑战者"相关的权利结构等三个方面的变量。[4]西方环境政治学者比较偏重对主流党派和环保运动组织的政治立场和态度、公共政策的制定与实施及公民环境权利的保护等方面的研究[5]，而环境运动组织则注重对环境民主参与机制的变革与环境保护社会实践在推动国家管理制度和管理决策的变革取得的社会效益等方面的实证型研究。由此可见，西方学界开展的对社会运动政治机会结构要素的研究和分析是在生态伦理意识普遍觉醒的时代背景下"启动"了环境公共治理的社会背景研究和制度探索。

2. 环境公共治理思想与环境民主治理理论的一致性

西方生态马克思主义者在批判工业化环境污染的基础上，分析了市场经济的"反生态性"，他们认为市场经济对社会的生产、分配、交换、

① Doug McAdam, John D. McCarthy, Mayer N. Zald. *Comparative Perspectives on Social Movements: Political Opportunities, Mobilizing Structures, and Cultural Framings*. Cambridge : Cambridge University Press, 1996, pp. 23-40.

② Sidney Tarrow. *Power in Movement: Social Movements, Collective Action and Politics*. New York: Cambridge University Press, 1994, pp.3-4.

③ Doug McAdam John D. McCarthy, Mayer N. Zald. *Comparative Perspectives on Social Movements: Political Opportunities, Mobilizing Structures, and Cultural Framings*. Cambridge: Cambridge University Press, 1996, p. 27.

④ Hanspeter Kriesi, Ruud Koopmans, Jan Willem Duyvendak, et al. "New Social Movements and Political Opportunities in Western Europe". *European Journal of Political Research*, 1992, 22（2）: 219-244.

⑤ Neil Carter. *The Politics of the Environment: Ideas, Activism, Policy*. 2nd edn. New York: Cambridge University Press, 2007.

消费等活动都必须以市场为中介来进行。^①市场的赢利取向和盲目性所造成的经济失序，破坏了经济发展与自然的平衡与协调。首先，作为经济主体的"市场人"为了谋求利益最大化，不计后果地耗竭式地开发自然资源，并向"公共地"转移污染了的水和物质，而市场本身却无力进行自我调节，尤其是在发展成为资本主义的基本逻辑时更无法补偿并纠正其经济负外部效应。其次，市场作为主体既需要公共产品为其提供便利，又无力提供公共产品，这就需要政府统筹协调，实现公共产品的供给。在公共产品使用过程中往往产生外部效应。经济外部效应出现过程中，对造成这种影响的利益的创造者，市场并未给予报酬，对造成损失的创造者，市场也并没有给予惩罚^②。例如，煤层气地面开发是解决能源短缺问题的必经途径，而其开发工程所产生的弃土弃渣被任意堆放在山坡、沟谷内，严重扰动地表，占压破坏植被，严重影响地表生态环境、地表水和地下水环境以及声环境等。^③政府管理机构通常运用处罚或征收排放税等市场手段，提高煤层气开发的成本，但对于减轻该类工程对环境的负面影响收效甚微。最后，市场的不断扩张，导致消费主义的蔓延：市场主体鼓励人们进行挥霍性的建设和消费，不是为了满足人类的生存需求，而是将扩大消费作为市场发展的动力，以失控的重复性建设、一窝蜂的城市扩张来诱惑人类选择奢侈的生活方式，不仅以人类得以生存的耕地为代价，换取了工业发展的基地，还以鼓动人类对炫耀性奢侈品的贪图和享受，如豪宅、豪车等误导人类对其生存意义和生命价值的追求。在消费主义的诱导下，人为了享乐和满足而不停地购物、扔弃、毁灭、娱乐，对自然毫无节制地索取，肆无忌惮地向自然排泄废气、污水和化工物品，践踏自然的发展规律，造成对自然承受力的透支。面对市场经济的"反生态性"，环境政治学者开始专注于研究政治体系和政治制度与生态危机之间的相关关系、分析政府执政理念及生态文明制度和政策的创新与社会和经济发展之间的相互依存性；生态学者也从人与自然之间的关系出发，协助政府制定妥善处理发展与生存关系的可持续发展战略；环境公共治理学者则以生态环境的公共性和自然资源的有限性为基础，从人类对于人类后代所负有的环境保护义务

---

① 郝淑芹、杨玉强：《市场失灵与政府失灵》，《济宁学院学报》，2013 年第 4 期，第 84-88 页。

② 郝淑芹、杨玉强：《市场失灵与政府失灵》，《济宁学院学报》， 2013 年第 4 期，第 84-88 页。

③ 赵万福、马永明、胡顺鹏等：《煤层气地面开发的外部效应》，《煤田地质与勘探》，2012 年第 1 期，第 29-33, 37 页。

出发，提出改革环境管理制度和经济发展结构的建议；而环境传播学者却意识到，仅仅靠政府单方面力量治理环境污染显然不够实际，他们转而向全体国民传播和推广符合生态价值观的经济发展伦理，敦促产业界改变野蛮、粗犷的生产方式，以遏制环境污染的扩延。环境传播学沿袭了民主思想在媒介传播中的实践理念，强调落实公民的环境权和健康权，并宣扬与公共治理理论相一致的为应对市场失灵和管理失灵的基本治理准则，以"改进社会责任的承担方式，主张推行国家与社会合作，推行政治国家与社会组织的合作、政府与非政府的合作、公共机构与私人机构的合作、强制与自愿的合作。其权力向度是多元的和相互的，权力主体的共同作用使相互冲突或不同的利益得以调和并且采取联合行动，最终实现'善治'"①。例如，在西方社会，根据西方学者的公共治理原理，第一部门（政府）是生态环境治理的责任主体，其内部又分为行政、立法和司法三类主体，他们既是生态环境保护政策的制定者和执行人，同时也可能因追求政绩或权力寻租而间接地保护违规者。立法机关和司法机关既可能为生态保护提供法律保障，也可能因法治理念落后、不作为和权力寻租等原因无法从"末端"保证对肇事者的制裁。第二部门市场主体即企业是产生环境负外部效应的直接主体。第三部门为生态资源使用权人、生态资源消费者，包括居地公民、非居地相关公民、生态资源使用权人、生态资源消费者、绿色组织等志愿者、城乡规划专家、工程技术专家、自然科学和社会科学工作者、媒体、律师等。"由于第三部门是生态环境破坏的直接受害者，所以在通常情况下是生态环境保护最大的拥护者和最有力的监督者。"为此"建设生态环境治理中的公共治理机制，关键是为第三部门赋权，形成第三部门与第一部门信息互通、共同协商、监督制约、各尽其责的责任和权力平衡关系"②。与此相对应的是，环境传播理论从关注环境治理中公众的环境知情权、参与权和监督权的实施机制和实现路径，提倡将公众对空气、水、森林和自然景观的共享权利及其对生产活动引起的环境负外部效应的制度性监控等议题纳入基层民主的执行范畴，并对与环境公共治理的民主意义紧密相连的环境法的制度建设和公民决策权等政治议题进行深层次的研究。③

---

① 周膺、吴晶：《生态环境的公共治理机制构建》，《浙江工商大学学报》，2015 年第 2 期，第 117-121 页。
② 周膺、吴晶：《生态环境的公共治理机制构建》，《浙江工商大学学报》，2015 年第 2 期，第 117-121 页。
③ 戴维·米勒、韦农·波格丹诺：《布莱克维尔政治学百科全书》，邓正来译，北京：中国政法大学出版社，2002 年。

在环境民主思想的传播方面，联合国发挥了率先垂范的作用。1972
年，联合国在瑞典斯德哥尔摩召开的联合国人类环境会议上通过了《联合
国人类环境会议宣言》（简称《人类环境宣言》）。它提出，公民的环境
权是一项基本的人权："人类有权在一种能够过着尊严的和福利的生活环
境中，享有自由、平等和充足的生活条件的基本权利，并且负有保证和改
善这一代和将来的世世代代的环境的庄严责任。"①具体而言，公民享有
的环境民主权利体现在三个方面：一是公民在良好、适宜、健康的环境中
生活的权利，这是保障公民身体健康的首要条件，也是公民环境权的基本
组成部分，具体包括宁静权、日照权、通风权、眺望权、清洁水权、清洁
空气权、优美环境享受权等；二是公民参与国家环境管理的权利；三是公
民对污染破坏行为进行监督、检举和控告的权利。②《人类环境宣言》的
出台契合了环境公共治理的民主原则。公共治理的核心思想是，生态环境
中的水、阳光、空气等自然物品具有非排他的特点，是纯公共物品。因
而，政府在对公共利益和国家长远利益进行协调和统筹时首先是增加环境
决策与环境信息的透明度，包括研究政府环境管理决策、有关环境现状的
信息、环境管理机构的决策过程及其实施过程中对于自然资源的占有对公
民环境权的影响等信息；而环境民主理论则聚焦于，如何提升公众的环境
参与意识和协商能力，鼓励公民参与由政府主导的环境决策制定过程，建
立让各种环保思想得以平等传播、让公众可以平等地投票决定最好的环保
方案的环境论坛，在理性的基础上分享对环境资源的管理权。可以说，环
境民主理论实际上是引导环境公共治理达到其"善治"目标的指导性原
则，如平等分享政治与社会经济资源、提升公民的环境素养和文化教育的
同构性、设定环境现代化中的文化准则以及建立环境权利的诉求渠道与
政府回应机制的改善等民主思想的传播，在培育公民环境权利意识和参
与意识、督促政府完善环境诉求渠道和保持回应机制的畅通、激发公民
对环保价值观的交流和沟通等等方面，为环境公共治理的顺利进行培育
了丰富的"政治机会结构"要素。

二、我国环境公共治理不同阶段的元治理结构分析

根据元治理结构要素的构成原理，本节从政党的执政理念、政治制
度的开放性、政府的权力配置三个方面梳理我国环境公共治理中政府、媒

---

① 《联合国人类环境会议人类环境宣言》，《石油化工环境保护》，1993 年第 2 期，第 59-61 页。
② 宋建文：《公民享有哪些环境权》，《广西质量监督导报》，2003 年第 2 期，第 5 页。

体和社会组织在此间发挥的环境传播作用：通过考察政府生态文明建设理念的提出对国家经济发展方向产生的影响，分析政府对环境公共治理政策的制定和执行、环境管理方式的改变；从环境信息的公开机制建构、政府对待公众环境参与和环境监督的宽容度以及对非政府组织和环境媒介的管理四个方面解读管理制度变革方面的元治理模式；从中央政府和地方政府在环境保护过程中的赋权及发动公众环境自治方面的角色与功能变迁探究政府由传统的管理方式逐渐向环境公共治理模式转型的权力配置变化，并根据这三种元素将 1949 年后我国环境公共治理的历程可分为四个大的时期，粗略地呈现我国环境公共治理的发展历程。

（一）环境传播闭塞时期政府环境治理的特征（1949～1971 年）

中华人民共和国成立初期，新中国正处于百废待兴的阶段，发展社会主义工业和农业、保证人民丰衣足食、国富民强是这一特定阶段的首要任务，因而党将改造自然作为主要建设目标和执政的主导思想，此阶段环境传播体现了两种最为典型的闭塞特征。

1. 环境价值观缺失、以粗狂式经济发展模式提高生产力

1957 年，政府的注意力集中于下放经济发展指令，大众媒体热烈地宣传和推广党和政府的发展方针，赞扬各省市取得的经济发展成就。但高耗能、高排放的粗放式发展造成了生态环境的破坏。尤其是在工业领域，全国大办"五小工业"，建成了简陋的炼铁炉、炼钢炉。在农业领域则出现了毁林、弃牧、填湖开荒种粮的现象，导致大面积的原始森林被毁，工业"三废"放任自流，生态环境遭遇到 1949 年以来第一次集中的污染与破坏。20 世纪 60 年代前期，中央政府也曾采取过一些环境保护的补救措施，如制止乱砍滥伐，恢复林业经济的正常秩序，同时推行"综合利用工业废物"的方针，甚至在北京、天津、鞍山、武汉、哈尔滨等工业比较集中的城市成立了"三废"治理利用办公室等环保机构。但总的来说，20 世纪 70 年代中期，我国工业污水排放量绝大部分没有净化处理，而是直接排放，导致一部分河流与近海地区严重污染，水土流失现象严重。

2. 环境保护意识低下，公众无法参与环境决策程序

环境传播闭塞的典型制度标志是，面对低层次生存需要时，人们往往缺少环境保护意识，对动植物的生态平衡价值不重视。如消灭麻雀行为和大规模砍树、毁坏森林行为都标志着当时人们对于自然价值和生态环境

价值的认识不足，也可以看出，环境传播欠缺有其社会因素，其根源在于：第一，环境决策程序过于闭塞，基本没有形成实质意义的环境保护政策，生产方式缺少科学指导、过于"粗放"，推崇消耗自然资源换取经济增长的发展理念，容易导致自然环境的不可复制性损害；第二，公众没有参与环境保护的渠道，生产管理部门不够重视环境治理诉求；第三，媒介环境传播理念处于"萌芽"阶段。

环境保护是一个随公众环境权利意识不断觉醒与实际民主参与程度不断提升的政治过程，它折射出政府对环境的价值观以及公众环境权利意识的觉醒过程。只有当具有环境保护和动物保护意识的决策者获得了环境保护的话语权和表达渠道时，环境保护事业才能真正起步。1972 年，周恩来总理派代表团参加了联合国在瑞典首都斯德哥尔摩举行的首次人类环境会议，我国环境公共治理的制度建设和实践模式逐渐开放。

（二）公共治理意识的苏醒与政府环境治理的萌芽时期（1972～1978 年）

联合国在瑞典斯德哥尔摩召开的首次人类环境会议对"为了这一代和将来世世代代的利益而改善和利用环境"的共识形成了七点看法，达成了共同遵守的二十六项环保原则，并通过了《人类环境宣言》。该宣言唤醒了世界各国政府官员的生态保护意识，使他们认识到为现代人和子孙后代保护和改善人类环境，已成为人类一个紧迫的目标。它关系到全世界各国人民的幸福和经济发展的重要问题，也是全世界各国人民的迫切希望和各国政府的责任。在此基础上，《人类环境宣言》敦促各国政府加强国与国之间的合作，为了达到更合理地管理各种资源并由此而改善环境的目的。各国应对它们的环境规划采取统一的和协调的作法，以保证为了本国人民的利益而使各种发展与保护和改善人类环境的需要相协调。[①]可以说，《人类环境宣言》象征着人类环境保护发展事业的一次思想飞跃，是推动世界各国环境公共治理的制度建设和实践模式逐步开放而吹响的"号角"。自此，我国政府开始正视日益严重的环境问题，政府在环境治理理念和环境决策方面产生了显著的变化，开始加入国际环境治理"行列"。

1. 环境应急与环境管理理念被纳入政府执政范畴

1972 年初，工业废水污染了官厅水库的水源，水库下游不仅有大量

---

① 《联合国〈人类环境宣言〉》. http://www.eedu.org.cn/Article/es/envir/edevelopment/200506/8778. html,（2005-06-15）[2021-10-13].

鱼类死亡，吃了这些鱼的人也出现中毒症状。此次污染事件加速了高层环境危机应急机制的设立，国务院不仅批转了国家计划委员会、国家基本建设委员会关于官厅水库污染情况和解决意见的报告，还建立了中国第一个水域污染治理与保护领导小组。该领导小组又召开了大连、上海等主要港口和松花江、黄河、长江、珠江、渤海、东海等水域的污染防治会议[1]，开始对以上水域污染状况进行调查研究并制定治污方案和执行措施。水域污染范围的继续延伸成为促进政府强化环境管理的"驱动力"，1974年10月，国务院环境保护领导小组成立，参加该小组的领导人都是各部委的负责人，他们针对当时的环境污染状况，制定环境保护的方针、政策和规定，审定全国环境保护规划，组织协调和督促检查各地区、各部门的环境保护工作。[2]

2. 生态管理制度建设与媒介环境传播同时起步

1973年，中国环境保护事业迈出了制度建设的第一步。当年8月5～20日，由国务院委托国家计划委员会召开的第一次全国环境保护会议汇集、公布了关于各地环境污染和生态破坏的环境报告，报告被批转给各部和各地负责人阅看，危及人民群众生命安全的水污染问题引起了各省市领导的重视。之后，各地与环境保护有关的部门人员约一万人均被邀请参加最后一天的分会，会议期间审议通过我国第一部环境保护的法规性文件——《关于保护和改善环境的若干规定（试行草案）》（以下简称《试行草案》），由此而揭开我国环境管理制度与法治建设的序幕。《试行草案》不仅设定了我国环境保护的工作方针："全面规划，合理布局，综合利用，化害为利，依靠群众，大家动手，保护环境，造福人民"[3]，还提出了基本的环境管理模式：对工业发展的布局进行全面规划、改善老城市的环境；综合利用和保护土壤与植物、加强水系和海域的管理；开展植树造林、环境监测和环境科学研究及其宣传教育的活动，鼓励企业加大对环境保护和设备的投资；等等。接着，国家计划委员会、国家基本建设委员会、卫生部在1973年联合发布了环境治理的国家标准，即中国第一个规范工业污染排放的标准《工业"三废"排放试行标准》，

① 邹静昭：《特殊年代里的一次会议——第一次全国环境保护会议回顾》，《中国环境报》，2009年9月21日。
② 《中国环境保护行政二十年》编委会：《中国环境保护行政二十年》，北京：中国环境科学出版社，1994年，第7-8页。
③ 《共和国的足迹——1973年：环境保护开始起步》，http://www.gov.cn/guoqing/2009-08/31/content_2752413.htm,（2009-08-31）[2021-09-03]。

为开展"三废"企业的排放及其综合治理提供了参照。1974 年，国务院经过对水域污染情况的缜密调查和讨论后颁布了《中华人民共和国防止沿海水域污染暂行规定》，这是中国第一个防止沿海水域污染的法规。该法对中国沿海水域的污染防治特别是对油船和非油船的压舱水、洗船水、生活废弃物等废物的排放，作了较详细的规定。[①]

在政府管理机构大力推动环境管理规范和条例的舆论氛围中，我国第一份环境期刊《环境保护》创刊，国外著名环境著作《只有一个地球》《寂静的春天》亦被译成中文出版。《环境保护》期刊开辟了媒介环境传播的话语体系，第一次将环境科学、环境价值观和生态伦理介绍给我国读者，如环境管理、经济、立法的新途径，环境保护的方针政策，环境污染及治理技术，资源与能源的综合利用，环境与人体健康，国外环境保护的新动向，以及新技术、新工艺、新方法、新材料、新设备等。换言之，政府环境管理理念的变革、媒介的环境传播"打开了"我国环境公共治理的舆论空间，为未来的环境公共治理和环境监督铺设了公民参与渠道。

3. 经济与环境协调发展的执政理念进入环境治理议程

环境公共治理的一个重要元素就是国家决策层思想开明，能够追随先进的环境管理理念。20 世纪 70 年代初，一些严重污染的工厂建在了桂林漓江的周围，工业烟尘直接向空中排放，污水也随意排入漓江，使江水遭受严重污染。1973 年 10 月时任国务院副总理的邓小平陪同外宾游览漓江后对随同的地方领导说："不论是发展工农业也好，搞城市建设也好，都不要忘记这一点。如果你们为了发展生产，把漓江污染了，把环境破坏了，是功大于过呢，还是过大于功？搞不好，会功不抵过啊！"[②]回京后，邓小平主持召开了国务院和相关部门参加的环保会议，专门研究漓江治理和桂林环境保护问题，改变地方政府的发展方式，漓江两岸 27 家有严重污染的工厂在两年内全部被关停并转，恢复了漓江以往的碧水清流。1978 年中共中央再次强调："消除污染，保护环境，是进行社会主义建设、实现四个现代化的一个重要组成部分""我们绝不能走先污染、后治理的弯路。"[③]

---

① 《中国环境保护行政二十年》编委会：《中国环境保护行政二十年》，北京：中国环境科学出版社，1994 年，第 7-8 页。

② 《邓小平两提"保护漓江" 留住全球最美河流》，https://www.chinanews.com.cn/gn/2014/08-22/6522745.shtml，（2014-08-22）[2021-09-22].

③ 中共环境保护部党组：《开创中国特色环境保护事业的探索与实践》，《经济日报》，2008 年 11 月 26 日。参见 http://paper.ce.cn/jjrb/html/2008-11/26/content_39191.htm.

在我国环境公共治理的制度建设和实践模式开放的第一阶段，由政府主导的环境传播将"不以牺牲环境为代价换取发展"的观点作为环境治理的优先议程，显示了政府环境价值观对环境管理机构强大的制约力和引导力：建立了临时的环境危机应急机制和第一部关于环境保护的综合性法规。当然，这一阶段的政府环境管理只是刚刚起步，还没有形成足以挑战"先污染，后治理"惯性思维的发展思想和执行力，环境管理部门仅仅是发挥"消防队"的作用，哪里有污染才到哪里治理。这一时期我国环境公共治理的主要特征是。

第一，政府领导人开始接受国际环境保护思想，对环境保护的价值观产生了共识和认同；

第二，媒体环境传播开始起步，对环境政策和科普知识宣传较多，环境污染事件仍然属于敏感话题；

第三，政府开始关注国家环境形象，公众也意识到环境污染与切身利益相关。

以上三项孕育了国家领导层的环境保护意识，成为推动下一阶段环境公共治理的政治驱动力。

（三）环境传播与环境保护话语渠道的全面开放时期：从传统的环境管理转向生态公共治理（1979～2012 年）

1978 年 12 月 18～22 日在北京召开的中国共产党第十一届中央委员会第三次全体会议作出了实行改革开放的新决策，启动农村改革的新进程。政府确立了以经济建设为中心，以发展为主题的"中国发展路线"。即"把全党工作的着重点和全国人民的注意力转移到社会主义现代化建设上来"。"实现四个现代化，要求大幅度地提高生产力，也就必然要求多方面地改变同生产力发展不适应的生产关系和上层建筑，改变一切不适应的管理方式、活动方式和思想方式，因而是一场广泛、深刻的革命。"[1]改革开放取得了举世公认的成就，但各种深层次的矛盾和快速增长的 GDP 与生态环境之间的矛盾日益凸显。如二氧化硫排放量、工业固体废物年产生量和全国城市生活垃圾年产生量、全国城市河段进入劣 V 类水质丧失使用功能的数量均在逐年增长。环境污染已成为制约经济发展和影响公众身体健康的不利因素。政府决策部门在实行节约资源、保护环境的

---

[1]《中国共产党第十一届中央委员会第三次全体会议公报》，http://www.people.com.cn/item/20years/newfiles/b1070.html，（1978-12-22）[2022-01-19].

基本国策的基础上，一方面加速了对环境和污染型产业进行监督和控制的法律法规建设，另一方面也放开了环境媒介的言论空间，在提出问题和解决问题的目标下，环境媒体增加了对国内环境现状的报道。环境政治学界和环境科学界亦展开了系统的环境保护理论研究和科学研究，为决策层提供应对环境污染和气候变暖等问题的政治学视角与环境学的基本知识。尤其是进入 21 世纪后，我国环境公共治理运动进入迅猛发展时期，公民环境权利意识随之高涨，政府不仅通过新的环保法向环保组织和公民打开环境参与、环境决策以及环境立法协商的大门，还在自然保护区实施环境自治等新的环境公共治理方式，使我国环境保护事业和环境传播产生了质的飞跃。这个时期，环境公共治理制度建设和实践模式呈现出"三级跳跃"的态势，每一次的"跳跃"都与环境民主和公共治理进程呈现出"递进"的关系。因而，此段时期需要再细分为三个阶段。

1. 以环境法律法规建设推动环境公共治理（1979～1991 年）

政府承担了"开通"环境公共治理运动制度变革的"传播任务"：1978 年重新修改制定的第三部《中华人民共和国宪法》增加的"国家保护环境和自然资源，防治污染和其他公害"条款为中国的环境公共治理运动翻开了新的篇章。在宪法修改的第二年（1979 年），第五届全国人民代表大会常务委员会第十一次会议通过了中国有史以来第一部《中华人民共和国环境保护法（试行）》（以下简称《试行法》），用法律的形式确定了政府对环境保护的基本责任和任务，它标志着我国环境保护事业走上了法制的轨道。这是环境公共治理环境公共治理制度建设和实践模式实现的"第一次跳跃"，以《试行法》的通过开始到 1991 年 6 月《中华人民共和国水土保持法》的颁布为止。我国开始了以法定的程序授予环境公共治理的政治地位与政策合法性，从根本上保证了全社会——上至国家领导，下至基层政府对环境公共治理事业的遵从和认同。

（1）以法律的形式规定政府环境管理机构的职能和官员个体保护环境的责任。如《试行法》第六条提出，"已经对环境造成污染和其他公害的单位，应当按照谁污染谁治理的原则，制定规划，积极治理，或者报请主管部门批准转产、搬迁"[①]。"谁污染谁治理"的思想在后续环境政策责任制中继续沿用，确立了省长、市长等对所管辖区域环境保护负责的制

---

① 《中华人民共和国环境保护法（试行）》. http://www.law-lib.com/law/law_view.asp?id=44003,
（1979-09-13）[2021-07-04].

度。从传播学的视角来看，《试行法》实际上也是一部关于授予全体公民对环境公共治理的参与权、促进国民对环境价值观认同的法律。例如，它不仅明确了环境宣传教育的法律地位及其在环保事业中的重要作用，还在第二十六条中规定，国务院设立环境保护机构，主要职责是：贯彻并监督执行国家关于保护环境的方针、政策和法律、法令；会同有关部门拟定环境保护条例、规定、标准和经济技术政策；会同有关部门制定环境保护的长远规划和年度计划，并督促检查其执行；统一组织环境监测，调查和掌握全国环境状况和发展趋势，提出改善措施；会同有关部门组织协调环境科学研究和环境教育事业，积极推广国内外保护环境的先进经验和技术①等。体现了法律制度将环境公共治理的社会实践活动作为限制资源过度开发、保护环境的举措，将环境公共治理上升到国家战略高度的权威性。

（2）政府成为传播、普及《试行法》的主导者。全国范围的环境法律传播活动使政府层面的工作人员接受了一次环境价值观和环境公共治理理念的"洗礼"。如从 1980 年 3 月开始，各地政府召开了系列的普及环境科学知识的宣讲会、贯彻执行《试行法》的动员会等。1981 年 3～4 月又接着开展以《国务院关于在国民经济调整时期加强环境保护工作的决定》为主要内容的宣传教育活动。之后，政府又以建设环境保护的法制机制来教育基层环境管理人员，提升管理机构的执行力。1989 年，第三次全国环境保护会议提出了政府环境管理的三项政策，即坚持预防为主、谁污染谁治理、强化环境管理。其主要的实施方法是，运用环境影响评价制度、排污收费制度、城市环境综合整治定量考核制度、污染限期治理制度、排污申请登记和许可制度、环境保护责任制度和污染集中控制等来增强对基层环境管理的监督。这是我国环境管理从传统的行政号召走向制度化与法治化公共治理的一个新阶段，各项防治污染、控制产业界排放的法律陆续出台。例如《中华人民共和国大气污染防治法》、《中华人民共和国水污染防治法》和《中华人民共和国海洋环境保护法》等法律对环境污染的各个层面设置了防范措施和处罚条例。同时，为了强化基层政府工作人员对各项法律的理解和执行力，政府还制定了数百项行政规章制度和地方性法规。截至 1992 年底，仅国家一级的各类环境标准就达 263 项。同时，根据宪法和地方组织法的立法体系，各省、自治区、直辖市及授予立法权的省会市、计划单列市和特区市的地方政府人民代表大会及同级

---

① 《中华人民共和国环境保护法（试行）》. http://www.law-lib.com/law/law_view.asp?id=44003, （1979-09-13）[2021-07-04].

政府，为实施国家环保法律、法规，结合本地区的实际情况，也制定了一批地方性的环保法律和政府行政性规章，有近 600 件①。所有这些政策条例和行政规章都从微观层面诠释了政府环境管理的价值理念、环境保护的目标及具体的管理手段。它不仅体现了我国政府公共治理的一个"里程碑"意义的飞跃，也证实了党在环境保护政策和法律的制定方面已经形成了完全开放与健全的态势。

（3）环境传播媒介蓬勃发展。1984 年初，国务院环境保护委员会创办了机关报《中国环境报》，面向全国发行。为了扩大该报对外传播的影响力，又在 1988 年出版了该报的英文版。鉴于该报在传播环境信息和环境科学知识方面发挥的作用，联合国环境规划署授予该报银质奖牌和"环境保护全球 500 佳"的光荣称号。与此同时，国家环保局从 1989 年开始，连续 4 年出版了内容充实、信息丰富、数据翔实的环境保护工具书——《中国环境年鉴》；各地区、各行业也创办了一批环境期刊。据统计，此阶段全国公开发行环境期刊 40～50 种，各省市出版地方环境报 30 多种，形成了面向社会、门类齐全的环境宣传教育的知识与舆论阵地②。在这 4 年期间，中国环境科学出版社每年出版环境图书百余种，数十万册③；1988 年国务院环境保护委员会将新华社、人民日报社、光明日报社、经济日报社和广播电影电视部等媒介机构以及国家教育委员会吸收为新的成员单位，新的成员单位可以与国务院环境保护委员会共同探讨环境保护政策的制定、贯彻及其宣传与推广的问题。此后，国家环境保护局设立了宣传教育司，于 1990 年初召开全国第一次由众多部门和单位、不同层次和不同专业的人参加的环境保护宣传工作会议。此次会议是一次专门探讨在中国基本国情下如何传播环境价值观和进行生态社会化的会议。学界认为，此阶段政府的各种环境传播活动使得中国各级领导人关心环境教育蔚然成风。例如，中国国家领导人从 1985 年就开始参加"六五"世界环境日的纪念活动，发表电视广播讲话，撰写纪念文章或题词等。纪念活动包括环境展

---

① 曲格平：《关注中国生态安全》，北京：中国环境科学出版社，2004 年，第 282-283 页。转引自：张庆彩：《当代中国环境法治的演进及趋势研究——基于国际环境安全视角的分析》，南京大学博士学位论文，2010 年，第 74 页。

②《中国环境保护行政二十年》编委会：《中国环境保护行政二十年》，北京：中国环境科学出版社，1994 年，第 297-298 页。转引自：张庆彩：《当代中国环境法治的演进及趋势研究——基于国际环境安全视角的分析》，南京大学博士学位论文，2010 年，第 76 页。

③《中国环境保护行政二十年》编委会：《中国环境保护行政二十年》，北京：中国环境科学出版社，1994 年，第 297-298 页。转引自：张庆彩：《当代中国环境法治的演进及趋势研究——基于国际环境安全视角的分析》，南京大学博士学位论文，2010 年，第 77 页。

览、文艺演出、街头咨询和植树活动以及向环境保护获奖者发奖等。[①]

综上所述，我国环境公共治理的元治理结构在第一阶段的开放特征是，环境价值观的传播实践活动大多源自政府，传播覆盖面广泛而深入，其影响力渗入基层政府的各个层面。由于前后数据不够完整，本书无法呈现和对比此阶段环境公共治理对环境污染治理所产生的实际效果。1985 年 10 月全国城市环境保护工作会议通过了《关于加强城市环境综合整治的决定》，提出城市环境综合整治的指导思想、原则、目标与任务、政策与措施，并创立了全国城市环境综合整治定量考核制度。考核的范围包括环境质量、污染控制、环境基础设施建设，其中，关于大气、水、噪音、固体废弃物和绿化共 5 类 20 项指标。然而到 1989 年，中国经济发展出现过热、通货膨胀加剧的趋势，一些布局不合理、生产效益低下、长期亏损而又污染严重的企业仍然逃过了环保审批关，致使国务院环境保护委员会不得不再次进行综合治理，依据环保法律和产业政策，促其关停并转。由此看来，第一阶段环境公共治理的制度建设和实践模式的开放虽然构筑了环境保护的法律保障，但法律中的缺漏却显而易见。还存在着"有法不依、有章不循、执法不严、违法不究和以权代法的状况"。于是，1989 年 12 月通过的《中华人民共和国环境保护法》增加了"一切单位和个人都有保护环境的义务，并有权对污染和破坏环境的单位和个人进行检举和控告"的条款。1979～1992 年我国出台的主要环境法律和法规如表 1-1、表 1-2 所示。

表 1-1　我国 1979～1992 年出台的主要环境法律

法律名称/颁布年份	内容摘要
《中华人民共和国环境保护法（试行）》（1979年）	贯彻并监督执行国家关于环境保护的方针、政策和法律、法令；会同有关部门拟定环境保护条例、规定、标准和经济技术政策；会同有关部门制定环境保护的长远规划和年度计划，并督促检查其执行；统一组织环境监测，调查和掌握全国环境状况和发展趋势，提出改善措施；会同有关部门组织协调环境科学研究和环境教育事业，积极推广国内外保护环境的先进经验和技术
《中华人民共和国宪法》（1982年）	国家保障自然资源的合理利用，保护珍贵的动物和植物。禁止任何组织或者个人用任何手段侵占或者破坏自然资源
《中华人民共和国海洋环境保护法》（1982年）	国家建立并实施重点海域排污总量控制制度，确定主要污染物排海总量控制指标，并对主要污染源分配排放控制数量。具体办法由国务院制定
《中华人民共和国水污染防治法》（1984年）	一切单位和个人都有责任保护水环境，并有权对污染损害水环境的行为进行监督和检举。因水污染危害直接受到损失的单位和个人，有权要求致害者排除危害和赔偿损失

---

① 张庆彩：《当代中国环境法治的演进及趋势研究——基于国际环境安全视角的分析》，南京大学博士学位论文，2010 年，第 78 页。

续表

法律名称/颁布年份	内容摘要
《中华人民共和国森林法》（1984年）	为了保护、培育和合理利用森林资源，加快国土绿化，发挥森林蓄水保土、调节气候、改善环境和提供林产品的作用，适应社会主义建设和人民生活的需要，特制定本法
《中华人民共和国草原法》（1985年）	严格保护草原植被，禁止开垦和破坏。草原使用者进行少量开垦，必须经县级以上地方人民政府批准。已经开垦并造成草原沙化或者严重水土流失的，县级以上地方人民政府应当限期封闭，责令恢复植被，退耕还牧
《中华人民共和国渔业法》（1986年）	炸鱼、毒鱼的，违反关于禁渔区、禁渔期的规定进行捕捞的，使用禁用的渔具、捕捞方法进行捕捞的，擅自捕捞国家规定禁止捕捞的珍贵水生动物的，没收渔获物和违法所得，处以罚款，并可以没收渔具，吊销捕捞许可证
《中华人民共和国矿产资源法》（1986年）	非经国务院授权的有关主管部门同意，不得在下列地区开采矿产资源： （1）港口、机场、国防工程设施圈定地区以内； （2）重要工业区、大型水利工程设施、城镇市政工程设施附近一定距离以内； （3）铁路、重要公路两侧一定距离以内； （4）重要河流、堤坝两侧一定距离以内； （5）国家划定的自然保护区、重要风景区，国家重点保护的不能移动的历史文物和名胜古迹所在地； （6）国家规定不得开采矿产资源的其他地区
《中华人民共和国水法》（1988年）	开采矿藏或者兴建地下工程，因疏干排水导致地下水水位下降、枯竭或者地面塌陷，对其他单位或者个人的生活和生产造成损失的，采矿单位或者建设单位应当采取补救措施，赔偿损失
《中华人民共和国野生动物保护法》（1988年）	禁止出售、收购国家重点保护野生动物或者其产品。因科学研究、驯养繁殖、展览等特殊情况，需要出售、收购、利用国家一级保护野生动物或者其产品的，必须经国务院野生动物行政主管部门或者其授权的单位批准；需要出售、收购、利用国家二级保护野生动物或者其产品的，必须经省、自治区、直辖市政府野生动物行政主管部门或者其授权的单位批准
《中华人民共和国大气污染防治法》（1987年）	禁止通过偷排、篡改或者伪造监测数据、以逃避现场检查为目的的临时停产、非紧急情况下开启应急排放通道、不正常运行大气污染防治设施等逃避监管的方式排放大气污染物
《中华人民共和国水土保持法》（1991年）	在山区、丘陵区、风沙区以及水土保持规划确定的容易发生水土流失的其他区域开办生产建设项目或者从事其他生产建设活动，损坏水土保持设施、地貌植被，不能恢复原有水土保持功能的，应当缴纳水土保持补偿费，专项用于水土流失预防和治理

表 1-2   我国 1979～1992 年出台的主要环境法规

法规制定目的	法律名称/颁布年份
加强环境定量管理，规范环境质量管理标准和设定污染物排放标准的基础方法与标准	《中华人民共和国水产资源繁殖保护条例》（1979年） 《中华人民共和国防止船舶污染海域管理条例》（1983年） 《征收排污费暂行办法》（1982年） 《农药登记规定》（1982年） 《水土保持工作条例》（1982年） 《中华人民共和国海洋石油勘探开发环境保护管理条例》（1983年） 《国务院关于结合技术改造防治工业污染的几项规定》（1983年）

续表

法规制定目的	法律名称/颁布年份
加强环境定量管理，规范环境质量管理标准和设定污染物排放标准的基础方法与标准	《国务院关于严格保护珍贵稀有野生动物的通令》（1983年） 《中华人民共和国环境保护标准管理办法》（1983年） 《全国环境监测管理条例》（1983年） 《国务院关于加强防尘防毒工作的决定》（1984年） 《国务院关于加强乡镇、街道企业环境管理的规定》（1984年） 《关于防治煤烟型污染技术政策的规定》（1984年） 《中华人民共和国海洋倾废管理条例》（1985年） 《关于开展资源综合利用若干问题的暂行规定》（1985年） 《建设项目环境保护管理办法》（1986年） 《中华人民共和国森林法实施细则》（1986年） 《对外经济开放地区环境管理暂行规定》（1986年） 《中华人民共和国渔业法实施细则》（1987年） 《中华人民共和国环境噪声污染防治条例》（1989年） 《中华人民共和国土地管理法实施条例》（1991年）

2. 与国际环境传播界接轨，可持续发展观成为环境公共治理的"顶层设计"（1992～2003 年）

我国环境公共治理制度建设和实践模式的第二次"跳跃"开始于 1992 年，中国政府派代表团出席了当年在巴西里约热内卢召开的联合国环境与发展大会，将可持续发展理念作为人类共同发展的战略引入我国，它标志着我国可持续性发展事业开始与国际接轨，按照国际社会对可持续性发展的战略思想提出国家发展的"顶层设计"。

（1）提出具体的社会、经济可持续发展战略目标以及资源的合理利用与环境保护的具体规制。中国政府根据联合国环境与发展大会通过的重要文件之一《21 世纪议程》中提出的可持续发展行动计划，也颁布了《中国 21 世纪议程》（1994 年 3 月审议通过，以下简称《议程》）。《议程》提出了中国可持续发展的战略目标、战略重点和重大行动、可持续发展的立法和实施、中国可持续发展的经济政策、参与国际环境与发展领域合作的原则立场和主要行动领域等。可喜的是，该文件突出了国家发展与改善人民生活之间的关系，如第二部分"社会可持续发展"包括关注人口、居民消费与社会服务等问题，将消除贫困，改善人民卫生与健康状况，人类住区和防灾减灾，控制人口数量及提高人口素质作为可持续发展的工作目标；第三部分，"经济可持续发展"则把促进经济快速增长作为消除贫困、提高人民生活水平、增强综合国力的首要条件。同时，党的执政理念随之产生结构性转向，中共十四届五中全会（1995 年）通过了《中共中央关于制定国民经济和社会发展"九五"计划和 2010 年远景目标的建议》，宣布"在未来 15 年国民经济和社会发展中，必须高度重视和下大力气解决关系全局的重大问题"。如"加强环境、生态、资源保护。坚持经济建设、城乡建设与环境建设同步规划、同步实施、同步发展。所有建设项目都要有环境保护规划和要求，特别要加强工业污染控制和治理。搞好环境保护宣传教育，增强全民环保意识。大力发展生态农业，保护农业生态环境。加快水土流失地区的综合治理和防护林体系建设。提高森林覆盖率，增加城镇绿地面积。依法保护并合理开发利用土地、水、森林、草原、矿产和其他自然资源"①。这意味着，政府在可持续观念的引导下，协同财税、法规建设和环境教育，推动可持续发展能力建设、可持续发展管理体系建设，并在人力资源开发、科学技术以及环境信息传播系统等方面进行大规模的制度变革和配套政策的运行。

（2）展开全面的环境外交活动，提升国家环境建设形象。环境外交活动是政府领导代表国家利益参与全球环境问题的谈判、签署环境条约和多边协议的活动，其深刻的意义在于，政府不仅在接受国际环境治理理念和承担环境保护的责任，同时也在对外传播中国作为负责任的发展中国家，为解决全球气候变暖问题而承担的减排责任和做出的贡献。在此阶段，中国加入了《关于持久性有机污染物的斯德哥尔摩公约》《关于消耗臭氧层物质的蒙特利尔议定书》《生物多样性公约》《鹿特丹公约》《联合国气候变化框架公约》，还协助国际履约协调工作。截至 2001 年，中国已同美国、日本、加拿大等 28 个国家签订了 35 个双边环境合作文件和 14 个双边核安全合作文件。积极开展了环境保护领域的双边经济技术合作和引资，与亚太经济合作组织、东盟、欧盟、世界银行等组织开展了区域环境合作。②例如，1991年，中国邀请了 41 个发展中国家在北京举行发展中国家环境与发展部长级会议，会后发布《北京宣言》，之后向联合国环境与发展大会提交《中华人民共和国环境与发展报告》，阐述了中国关于可持续发展

---

① 《中共中央关于制定国民经济和社会发展"九五"计划和(2010)年远景目标的建议》，http://www.people.com.cn/item/20years/newfiles/b1100.html, (1995-09-28)[2022-05-22].
② 《中国环境保护行政二十年》编委会：《中国环境保护行政二十年》，北京：中国环境科学出版社，1994 年，第 339 页。转引自：常纪文：《改革开放三十年中国环境法治的理论与实践》，《中国环境法制》，2008 年第 1 期，第 5-20 页。

的基本立场和观点。《北京宣言》首先从宏观的角度指出，是难以持久的发展模式和生活方式造成了环境的恶化；其次从发展中国家的环境管理微观层面，如管理不当以及有毒、有害物品与废弃物的非法贩运和城区的不断扩展等细节，说明发展中国家缺少环境保护的资金和技术；《北京宣言》在最后提出建议，为解决关系发展中国家切身利益的那些长期存在的而且迅速恶化的环境问题，应专门建立"绿色基金"，向发展中国家提供充足的、额外的资金援助。该项基金应用来解决现行专项国际法律文件以外的环境问题，如水污染、对海岸林产生危害的海岸带污染、水源短缺和水质恶化、森林破坏、水土流失、土地退化和沙漠化。该项基金还应包括转让环境无害技术和提高发展中国家环境保护和科学技术研究能力所需费用，应由发展中国家和发达国家的对等代表共同管理基金，并确保发展中国家能够方便地利用。① 一方面彰显中国作为发展中国家在环境外交中引导国际论坛议题设置的能力，另一方面也维护了发展中国家的环境正义及其环境利益的立场。

（3）政府开展大规模生态恢复与公共治理行动，实行重典治污方案。1995 年 9 月 28 日，中共十四届五中全会通过的《中共中央关于制定国民经济和社会发展"九五"计划和 2010 年远景目标的建议》在我国市场经济条件下制定了一个跨世纪的发展规划，在经济发展中把环境保护、实现经济与环境的协调发展摆上了重要议事日程。"九五"期间（1996～2000 年），国家从优化产业结构，全面提高农业、工业和服务业的水平和效益，合理调整生产力布局等目标出发，积极鼓励高新技术产业和第三产业的发展，推进国民经济和社会的信息化，大力限制资源消耗大、污染重、技术落后产业的发展，压缩其生产能力，并取缔、关停了 8.4 万家"十五小"企业，淘汰了一大批小煤矿、小钢铁、小水泥、小玻璃、小炼油、小火电企业，从源头减少了经济发展对资源的破坏和对环境的污染。② 在 1998 年长江特大洪灾后，政府在全国实施"三河三湖两区一市一海工程"，在重点流域和地区采取大规模污染治理行动。如停止长江、黄河上中游天然林的采伐，在全国禁止毁林开荒、围湖造田的发展行为，有计划地实行退耕还湖、还林、还草、封山绿化、以粮代赈、个体承包的环境政策。

---

① 《21 世纪议程》，国家环境保护局译，北京：中国环境科学出版社，1993 年，第 320 页。
② 曲格平：《21 世纪的全球环境与我们》，《科技潮》，2001 年第 2 期，第 20-25 页。

　　为了保证可持续发展战略的顺利实施，中国政府十分重视环境保护法制建设，自改革开放以来至 2003 年，在环保方面相继颁布了 6 项法律和 9 项与环保相关的资源法律。①中共十五大报告提出把依法治国确定为党领导人民治理国家的基本方略。1999 年 3 月 15 日召开的九届全国人大二次会议通过的宪法修正案，也加入了建设社会主义法治国家的条款，由此而加大了对各类环境法立、改、废力度。根据可持续发展战略定制化和制度化的要求，对现存法律和法规进行全面的评估，突出法律和法规对可持续发展的保障功能，修补现存法律中的漏洞，使法律在新的发展时期更为符合可持续发展的要求，避免或减少法律的失误给环境带来的负面影响。1992～2003 年，我国出台了全国性污染防治环境保护的法律、自然资源管理法律、防灾减灾法律等多部。国务院也颁布了人口、资源、环境、灾害方面的行政规章多部，至 2003 年底，我国初步完成了保障经济可持续性发展的法律体系的框架建构（表 1-3）。

表 1-3　我国 1992～2003 年出台的主要环境法律

法律名称/颁布年份	相关内容简介
《中华人民共和国环境噪声污染防治法》（1996）	在城市市区噪声敏感建筑的集中区域内，夜间进行禁止进行的产生环境噪声污染的建筑施工作业的，由工程所在地县级以上地方人民政府环境保护行政主管部门责令改正，可以并处罚款。在城市市区街道、广场、公园等公共场所组织娱乐、集会等活动，使用音响器材，产生干扰周围生活环境的过大音量的，由公安机关给予警告，可以并处罚款
《中华人民共和国刑法》（1997年修订本）（1997）	第三百三十八条修改为："违反国家规定，向土地、水体、大气排放、倾倒或者处置有放射性的废物、含传染病原体的废物、有毒物质或者其他危险废物，造成重大环境污染事故，致使公私财产遭受重大损失或者人身伤亡的严重后果的，处三年以下有期徒刑或者拘役，并处或者单处罚金；后果特别严重的，处三年以上七年以下有期徒刑，并处罚金。"
《中华人民共和国节约能源法》（1997）	旨在推动全社会节约能源，提高能源利用效率，保护和改善环境，促进经济社会全面协调可持续发展。实行有利于节能和环境保护的产业政策，限制发展高耗能、高污染行业，发展节能环保型产业。生产、进口、销售国家明令淘汰的用能产品、设备的，使用伪造的节能产品认证标志或者冒用节能产品认证标志的，依照《中华人民共和国产品质量法》的规定处罚；生产单位超过单位产品能耗限额标准用能，情节严重，经限期治理逾期不治理或者没有达到治理要求的，报请本级人民政府按照国务院规定的权限责令停业整顿或者关闭
《中华人民共和国防沙治沙法》（2001）	国务院和沙化土地所在地区的县级以上地方人民政府，应当将防沙治沙纳入国民经济和社会发展计划，保障和支持防沙治沙工作的开展。如禁止在沙化土地封禁保护范围内安置移民。对沙化土地封禁保护区范围内的农牧民，县级以上地方人民政府应当有计划地组织迁出，并予妥善安置。沙化土地封禁保护区范围内尚未迁出的农牧民的生产生活，由沙化土地封禁保护区主管部门妥善安排

---

① 田一钧、周建双：《浅谈公司及其负责人对公司污染环境行为的法律责任——借鉴澳大利亚的环境保护立法经验》，《中国投资》，2003 年第 5 期，第 119-120 页。

法律名称/颁布年份	相关内容简介
《中华人民共和国清洁生产促进法》（2002）	将清洁生产纳入国民经济和社会发展计划以及环境保护、资源利用、产业发展、区域开发等规划。生产、销售有毒、有害物质超过国家标准的建筑和装修材料的，依照产品质量法和有关民事、刑事法律的规定，追究行政、民事、刑事法律责任。不实施清洁生产审核或者虽经审核但不如实报告审核结果的，由县级以上地方人民政府环境保护行政主管部门责令限期改正；拒不改正的，处以十万元以下的罚款。不公布或者未按规定要求公布污染物排放情况的，由县级以上地方人民政府环境保护行政主管部门公布，可以并处十万元以下的罚款
《中华人民共和国环境影响评价法》（2002）	国家鼓励有关单位、专家和公众以适当方式参与环境影响评价
《中华人民共和国放射性污染防治法》（2003）	含有放射性物质的产品，应当符合国家放射性污染防治标准；不符合国家放射性污染防治标准的，不得出厂和销售。使用伴生放射性矿渣和含有天然放射性物质的石材做建筑和装修材料，应当符合国家建筑材料放射性核素控制标准。任何单位和个人有权对造成放射性污染的行为提出检举和控告

此外，我国在此期间还出台了一系列政府条例和环境管理办法，如《中华人民共和国陆生野生动物保护实施条例》（1992 年）、《农业转基因生物安全管理条例》（2001 年）、《报废汽车回收管理办法》（2001年）、《建设项目竣工环境保护验收管理办法》（2001 年）、《淮河和太湖流域排放重点水污染物许可证管理办法（试行）》（2001 年）、《畜禽养殖污染防治管理办法》（2001 年）、《危险化学品安全管理条例》（2002 年）、《排污费征收使用管理条例》（2003 年）、《退耕还林条例》（2002 年）、《建设项目环境影响评价文件分级审批规定》（2002 年）、《建设项目环境保护分类管理名录》（2002 年）、《医疗废物管理条例》（2003 年）、《专项规划环境影响报告书审查办法》（2003 年）、《新化学物质环境管理办法》（2003 年）、《环境影响评价审查专家库管理办法》（2003 年）。

（4）公众环境参与被提上议事日程。现实中公众参与行为往往被某些基层政府视为不合作的抵抗行为，随着依法治国理念的深入，政府对待公众参与行为的宽容度也在逐步地提高。实际上在 1989 年通过的《中华人民共和国环境保护法》就认同了一切单位和个人都有保护环境的义务，以及对污染和破坏环境的单位和个人进行检举和控告的权利。①同时，《中共中央办公厅、国务院办公厅关于进一步加强信访工作的通知》

① 《中华人民共和国环境保护法》，https://www.doc88.com/p-3784252528334.html，（1989-12-26）[2022-05-23].

（1989）也指出："充分尊重和发挥群众的监督作用，协助党和政府加强廉政建设。群众监督是加强廉政建设的有效措施。"① 1993 年，国家环境保护局与财政部等机构联合发布《关于加强国际金融组织贷款建设项目环境影响评价管理工作的通知》，明确提出，公众参与是环境影响评价的重要组成部分。2003 年，国家环境保护总局②通过了《环境影响评价审查专家库管理办法》，明确了专家库的各项管理办法。以上国家政策成为公众环境参与的"动员令"，在此阶段，公众环境参与和监督的范围进一步扩大。一方面说明环境污染事件在增多，另一方面也证实公众在参与环境监督、环境决策和环境维权等方面获得较为宽容的环境。公众环境参与对于培育公众科学地认识环境保护、引导公众实行低碳生活和监督企业环保行为而言其作用不可忽视，也催发了我国环境信息的公开和传播。从 1990 年开始，国家环境保护局每年都在 6 月 5 日世界环境日前公布上一年《中国环境状况公报》，从 2000 年始，中央电视台和各大报纸发布全国 40 个重点城市的空气质量日报，以至于治理雾霾和改善城市空气质量成为各大城市人大会议讨论的一项政治议题。

3. 为建设美丽中国而创建覆盖全领域的环境公共治理话语体系（2004～2012 年）

随着经济规模的不断扩大，我国资源消耗总量和污染物排放总量不断提高，而环境治理速度却赶不上污染速度。环境污染导致人体健康受损事件进入高发期。"2006 年全国有 161 起污染事故；2007 年，上报环境保护部的突发环境事件 110 起。"③在环境污染事件中百姓是直接受害者，国家财政遭受损失。如 2008 年 6 月发生的震惊全国的云南阳宗海砷污染事件中，肇事企业锦业工贸有限责任公司擅自改扩建年产 2.8 万吨硫化锌精矿制酸生产线两条，又擅自建设年产 8 万吨磷酸一铵生产线一条。在改扩建过程中，该公司使用了砷含量严重超标的硫化锌浮选精矿和硫铁矿，并将生产中产生的含砷废水未经处理合格即在厂内外排放。事后，云南省科技厅对治理阳宗海砷污染进行了全球公开招标，预计治理经费 40 亿至 70 亿元，而肇事企业给地方上缴的税金才 1000 多万元。④

---

① 《中共中央办公厅、国务院办公厅关于进一步加强信访工作的通知》，https://code.fabao365.com/law_33547_1.html,（1989-11-19）[2022-05-22].
② 现为中华人民共和国生态环境部。
③ 张巧玲：《中国环保 30 年：症在执行不力》，《科学时报》，2008 年 12 月 24 日。
④ 《阳宗海高原湖泊再放异彩——云南大学主持的阳宗海污染治理项目通过专家验收》，http://www.news.ynu.edu.cn/info/1101/26529.htm,（2020-08-06）[2021-09-23].

　　环境法规如雨后春笋般出台，环境污染事件却时时发生，国家决策层意识到，环境法律法规在环境保护实践中还存在着"脱节"与"断层"的现象，环境立法、执法和司法与环境决策的执行、监督及环境参与等环节，亦即理论与实践、规范与落实之间还存在着"真空部位"。这个"真空"标志着某些基层管理机构对污染源"睁一只眼闭一只眼"的"管理"现状，它昭示着环境公共治理的一个重要定律，即除了竞争、多元、实践、透明、协商、参与、赋权等实施机制外，法律、行政与管理机构联合治理的行动力、司法机构的执行力和行政问责的贯彻与落实能力，是触及法律法规力所不及之处、弥补环境污染监控漏洞和杜绝同类环境污染事故重复出现的至关重要的要素，也是能够真正实现环境公共治理目标和保障美丽中国建设进程的关键环节。

　　（1）政府总揽全局，强化法律、行政与管理机构联合治理的行动力。从 20 世纪 90 年代到 21 世纪的头十年中，可以用"雷霆万钧"来形容我国政府管理部门在制定环境法律法规方面的力度。例如，除了上一节提到的规章制度外，2004 年国家环境保护总局颁布了《地方环境质量标准和污染物排放标准备案管理办法》、《环境污染治理设施运营资质许可管理办法》和《环境保护行政许可听证暂行办法》等环境政策；2005 年发布了《建设项目环境影响评价行为准则与廉政规定》《建设项目环境影响评价文件审批程序规定》《污染源自动监控管理办法》《废弃危险化学品污染环境防治办法》《建设项目环境影响评价资质管理办法》《国务院关于落实科学发展观加强环境保护的决定》《环境保护法规制定程序办法》等规定；2007 年，国务院通过的《国家环境保护"十一五"规划》首次将两项主要污染物排放总量（二氧化硫、化学需氧量排放总量）控制指标作为约束性指标纳入"十一五"规划，并明确指出："把污染防治作为重中之重，把保障城乡人民饮水安全作为首要任务，全面推进、重点突破，切实解决危害人民群众健康和影响经济社会可持续发展的突出环境问题。"[①]2004 年和 2006 年，政府对基层政府环保权限进行了大规模调整，要求全国环保行政系统对照法律和政策规定，进行许可清理的专项行动。紧接着，政府又加大对环境执法和行政执法方面的监察力度，连续对环境保护、大气污染防治、水污染防治、固体废物污染环境防治等法律实施情况进行检查，推动重点污染地区的治理。在通过第一次大检查发现了问题

[①]《国务院关于印发国家环境保护"十一五"规划的通知》，http://www.gov.cn/zwgk/2007-11/26/content_815498.htm，（2007-11-26）[2021-07-04].

之后，国家环境保护总局通过了《环境保护违法违纪行为处分暂行规定》，重申对国家公职人员环保不作为、乱作为的惩治措施。如对"拒不执行环境保护法律、法规以及人民政府关于环境保护的决定、命令的；制定或者采取与环境保护法律、法规、规章以及国家环境保护政策相抵触的规定或者措施，经指出仍不改正的；违反国家有关产业政策，造成环境污染或者生态破坏的；不按照国家规定淘汰严重污染环境的落后生产技术、工艺、设备或者产品的；对严重污染环境的企业事业单位不依法责令限期治理或者不按规定责令取缔、关闭、停产的；不按照国家规定制定环境污染与生态破坏突发事件应急预案的"国家机关行政人员[①]给予警告、记过或者记大过处分，情节较重的，给予降级处分，情节严重的，给予撤职处分，从而建立起环境保护行政执法责任制度。

再如，2005 年《国务院关于落实科学发展观加强环境保护的决定》要求各级执法部门"必须依照国家规定对各类开发建设规划进行环境影响评价。对环境有重大影响的决策，进行环境影响论证"[②]，由此而启动了我国环境影响评价工作，并从这一年开始，对国家环境保护总局选择的典型行政区、重点行业、重要专项规划开展规划环评试点工作，连续三年开展"整治违法排污企业、保障群众健康环保"的专项行动。再如，2006 年 7 月 31 日，国家环境保护总局组建了 11 个地方派出执法监督机构，加强环境监管能力建设，并建立了更完备的国家监察与执法监督体系。从2006 年 10 月西北环境保护督查中心挂牌，到 2008 年 12 月华北环境保护督查中心成立，陆续成立的华南、西南、东北、西北、华东、华北六大环保督查中心已构成中国环境保护国家监察体系，由国家监察、地方监管、单位负责的环境监管体制逐渐形成。[③]

2007 年 10 月，中国共产党第十七次全国代表大会召开，生态文明建设首次被写入党代会政治报告，建设资源节约型、环境友好型社会被写入党章，党将建设生态文明和全面建成小康社会作为我国战略任务和发展目标，要求全党对传统文明形态特别是工业文明发展模式进行反思，探索和认识科学发展、和谐发展思想，并要求环境决策部门、行政管理和司法机

---

① 《环境保护违法违纪行为处分暂行规定》，https://www.mee.gov.cn/gkml/zj/jl/200910/t20091022_171836.htm，（2006-02-20）[2022-01-19].
② 《国务院关于落实科学发展观加强环境保护的决定》，http://www.gov.cn/zwgk/2005-12/13/content_125736.htm，（2005-12-03）[2021-07-04].
③ 卢立栋、杨峰、裴钰，等：《我国宏观环境督查体系现状调研》，《山西建筑》，2012 第 36 期，第 211-214 页。

构强化对环境联合治理的行动力，回应建设资源节约型、环境友好型社会的需要。2012 年 11 月，党的十八大报告在十七大提出的"四位一体"总体布局的基础上首次开辟单篇论述"生态文明"，提出"建设生态文明，是关系人民福祉、关乎民族未来的长远大计。面对资源约束趋紧、环境污染严重、生态系统退化的严峻形势，必须树立尊重自然、顺应自然、保护自然的生态文明理念，把生态文明建设放在突出地位，融入经济建设、政治建设、文化建设、社会建设各方面和全过程，努力建设美丽中国，实现中华民族永续发展。"①而且明确指出了："要按照人口资源环境相均衡、经济社会生态效益相统一的原则，控制开发强度，调整空间结构，促进生产空间集约高效、生活空间宜居适度、生态空间山清水秀，给自然留下更多修复空间，给农业留下更多良田，给子孙后代留下天蓝、地绿、水净的美好家园。"②

（2）拓展公众参与环境监控活动的渠道，司法机构的执行力尚待提升。首先，坚持人民主体地位，必须坚持法治建设为了人民、依靠人民、造福人民、保护人民。法律体现的是人民的意志，应保障公民的各项权利不受侵犯，保障人民的经济、政治、文化、社会、生态文明等各方面权利得到落实，坚决维护广大人民群众根本利益，保障人民群众对美好生活和公平正义的希望和追求，让每个人都在法制的阳光下生活得更加幸福，更有尊严。③

早在 2006 年，政府就发布了《环境影响评价公众参与暂行办法》，实行公开、平等、广泛和便利的参与原则，以此鼓励公众参与环境影响评价活动，并要求建设单位委托承担环境影响评价工作的环境影响评价机构征求公众意见，要求建设单位或者其委托的环境影响评价机构按照环境影响评价技术导则的规定，在建设项目环境影响报告书中，编制公众参与篇章，环境影响报告书中没有公众参与篇章的，环境保护行政主管部门不得受理。这些规定为公众参与提供了合法性渠道，使公众参与环保活动的机会大幅度增加。"十五"规划以来，先后出现了圆明园湖底防渗工程听证、深港西部通道数易方案、厦门海沧 PX 项目迁址、六里屯垃圾发电厂再论证、广东南沙石化项目迁址、北京地铁 6 号线"入地"、沪杭磁悬浮项目搁置、阿海水电站请 NGO 参与环评、吴江垃圾发电厂停建、番禺垃

① 《胡锦涛在中国共产党第十八次全国代表大会上的报告》，http://cpc.people.com.cn/n/2012/1118/c64094-19612151-8.html，（2012-11-18）[2021-09-17].

② 《胡锦涛在中国共产党第十八次全国代表大会上的报告》，http://cpc.people.com.cn/n/2012/1118/c64094-19612151-8.html，（2012-11-18）[2021-09-17].

③ 张帆：《坚持走中国特色社会主义法治道路——访天津大学法学院院长孙佑海》，《中国社会科学报》，2016 年 7 月 25 日。

垃焚烧发电厂停建选址等公众参与环评的诸多具有社会影响的事件。[①]实践表明，公众参与环境决策过程营造了政府、企业和公众之间的沟通、对话、协商平台，是实现"法治建设为了人民、依靠人民、造福人民、保护人民"理想的民主机制。

2007 年 7 月 17 日，经济合作与发展组织和中国国家环境保护总局在北京联合发布《OECD 中国环境绩效评估》报告。报告指出中国已经构建了全面而现代化的环境制度、政策与法律体系，加强了环境机构建设，但仍然缺乏监测、监督和执法能力以及相应的处罚措施，相关法律法规的有效性受到限制，影响到中国国内环境治理目标的实现和国际承诺。[②]其中，最突出的问题是"经济增长的资源环境代价过大"，其根源在于，产业项目的环境影响评估与批准程序与《建设项目环境影响评价文件审批程序规定》存在距离。如 PX 项目或者钼铜产业等引发环境群体事件的"建设项目"，特别是重金属和危险化学品项目导致我国突发环境事件呈高发态势。看来，因为环境纠纷司法救济途径的相对滞后，司法的各个环节，立案、判决、审理、执行等方面的落实机制都需根据现实问题进行调整和优化。例如，"十一五"期间（2006~2010 年），环境信访和行政复议较多，相比之下，行政诉讼较少，刑事诉讼更少。[③]强制性规定和违法后果的设计，基本上以企业经济发展的可承受性为条件来协调经济利益与环境平衡之间的冲突。[④]民众寄希望于政府环保部门，但解决环境污染问题还涉及经济发展规划、企业环境影响评估及各类管理部门。所以，此间的环境治理呈现"应急式管理"特征，其特点是能"快速"遏制眼前事故的持续发酵，坏处是随着时间的推移和问题的重复出现将影响管理机构的形象评估。2015 年，天津港"8·12"瑞海公司危险品仓库火灾爆炸事故引起了公众对企业环境信息公开制度、对地方机构环境管理能力以及对企业环境自律行为的忧虑。相反，对于环境事故隐患的及时处理和回应不仅能够增强公众对于环境污染的防范意识和监督能力，还能提升其社会信任感。

解决环境问题，我们不仅需要建构一个环境信息公开的公共渠道和空间，设置一个环境监督的新平台，更需要在环境法学的研究中注入新的

① 中国科学院可持续发展战略研究组：《2008 中国可持续发展战略报告：政策回顾与展望》，北京：科学出版社，2008 年，第 130 页。
② 《经济合作与发展组织（OECD）中国环境绩效评估》，《标准生活》，2010 年第 6 期，第 28-33 页。
③ 《王灿发：环境保护领域法律法规及制度建设》，http://news.sohu.com/20081214/n261197161.shtml,（2008-12-14）[2008-12-30].
④ 《王灿发：环境保护领域法律法规及制度建设》，http://news.sohu.com/20081214/n261197161.shtml,（2008-12-14）[2008-12-30].

内涵，将环境污染事件中隐藏的主观责任，如公共治理机构的管理信念和对制度的忠诚度、污染责任体的价值观和道德良知以及司法机构的价值判断和态度融入环境法的问责和裁决考虑范围之中。以 2014 年《中华人民共和国环境保护法》新增的"生态保护红线制度"为例，该制度的主要功能是"在生态、环境、资源三大领域设置'阈值'或者说'底线'，实现人口资源环境相均衡、经济社会和生态效益相统一"。真正落实生态保护红线制度，就必须赋予司法系统以更直接的环境保护监察职责，将滥垦、滥采、滥伐等竭泽而渔的发展方式和肆意排放污染物、重金属超标污水等"踩踏"资源红线和环境质量红线等违规行为，置于多维视角的环境监督与问责网络之中，对于监管机构和司法系统的失职给予与违法排放者一样的行政与法律制裁，而不仅仅是经济罚款了事。

《行政伦理学：实现行政责任的途径》一书的作者库珀认为，公共行政机构中个人道德品质应该与组织制度、组织文化和社会公众的期待保持一致[1]，因为治理主体们只有真正明白自身责任的本质，才能构成一个负责任的政府，公共治理才能顺利地达到预期目标。我国公共管理学者黄爱宝也明确指出：以德治为生态行政问责制实现的权威方式，意味着在"德制"安排中，生态行政问责主体和问责对象应当使自身的生态环境保护责任和行政问责责任由外在的监督强制变为内在的主动自觉，使自身的生态道德责任和问责道德责任上升为基础责任或主导责任，从而真正实现自我自觉问责担责和他者监督问责担责的有机统一。[2]这是提高中国生态行政问责制度绩效的必要条件，是提升政府生态责任心、生态公信力和生态执行力的重要保障。可喜的是，以上公共治理思想和治理机制最终在我国生态文明建设进程中得到实现。

（四）生态治理常态化、制度化的形成阶段——习近平生态文明思想及其实践（2013 年至今）

党的十八大以来，我国生态文明建设从实践到认识发生了历史性、转折性、全局性的变化，为世界社会主义的发展，也为人类解决工业文明带来的"人类困境"——气候变暖问题贡献了中国智慧和中国方案。从政治机会机构理论的视角看，绿色发展理念在实践中传承了马克思关于人是自然界的一部分、不能超脱自然之外，以及人唯有与自然协调发展、和谐相处才能避免受到自然界报复的唯物辩证自然观，在政治制度、经济结

---

[1] 特瑞·L. 库珀：《行政伦理学：实现行政责任的途径》，张秀琴译，北京：中国人民大学出版社，2010 年。

[2] 黄爱宝：《论中国特色的生态行政问责制》，《探索》，2013 年第 4 期，第 60-65 页。

构和生态政策等层面塑造尊重自然、顺应自然、保护自然、正确处理人类物质需求与环境保护需求关系的执政理念和行为模式，从而拓展了引领我国社会走向全面发展的人与自然和谐共生的现代化道路。

1. 习近平生态文明思想的战略部署与实施中的政治原则

西方学者詹姆斯·奥康纳（James O'Connor）认为，在人类的物质生活，以及人类的历史和人类意识进步史中，自然界对于人类来说始终是一个能动的伙伴，生态科学和人民的生态意识的兴起与发展，就是对这一点的最好证明。由人类自身所推动的自然界的变化，反过来会决定人类历史发展的可能性及其界限。[①]换言之，人类自身的发展以及人进行交往的空间结构都取决于人类是否能够与自然界达成明智的相互作用和相互尊重的关系。习近平生态文明思想的价值指向就是，基于社会主义制度对人民群众、对子孙后代高度负责的执政原则，将生态文明建设作为关系中国共产党的使命宗旨的重大政治问题和关系民生的重大社会问题，建构与绿色发展理念相配套的治理体系和战略部署：首先是全面传播与营造绿色发展理念的政治文化，按照服务型政府代表社会公共权力和公共利益的总体要求，转变机构职能、优化治理结构、完善各种制度与各类机构的系列改革，并建立起由党委领导、政府主导、公众参与、社会协同、法治保障的生态治理体系，形成了党政系统的整体性生态共识和高度协同的行动方案，推进生态优先、保护环境的绿色发展战略得以在政治、经济结构的变革和社会活动中得到全社会的尊崇和贯彻执行。

其次是由上而下达成对绿色发展理念战略部署的共识和统一行动。党的十八届五中全会在总结国内外发展的经验教训、分析国内外对生态文明建设发展需求的基础上，针对国家发展过程中出现的突出矛盾和生态问题，提出了"创新、协调、绿色、开放、共享"五大发展理念；以习近平同志为核心的党中央从全局着眼，将生态文明建设提高到"关系人民福祉，关乎民族未来"和"事关中华民族永续发展"[②]、是统筹推进"五位一体"总体布局和协调推进"四个全面"战略布局的"重要内容"[③]之高

---

① 詹姆斯·奥康纳：《自然的理由——生态学马克思主义研究》，唐正东、臧佩洪译，南京：南京大学出版社，2003 年，第 9 页。

② 《建设生态文明，关系人民福祉，关乎民族未来》，http://theory.people.com.cn/n1/2018/0223/c417224-29830240.html，(2018-02-23)[2022-05-22].

③ 《我们把生态文明建设作为统筹推进"五位一体"总体布局和协调推进"四个全面"战略布局的重要内容》，http://www.gddq.gov.cn/ztzl/sgqm/content/post_1996686.html，(2019-10-15)[2022-05-22]

度。自此，各级政府均将"坚持节约优先、保护优先、自然恢复为主的方针，着力推进绿色发展、循环发展、低碳发展，形成节约资源和保护环境的空间格局、产业结构、生产方式、生活方式，从源头上扭转生态环境恶化趋势"①作为基层生态公共管理的目标、任务与政绩评价准则，在传播与践行绿色发展理念、履行全局"绿色变革"使命中扮演着主导者和协同者的角色。例如，十八大之后，中央全面深化改革领导小组根据中国环境国情审议通过了 40 多项生态文明和生态环境保护的具体改革方案，这些改革方案顺应绿色发展的时代潮流，在统一全党和全国人民的绿色发展意志与信念的各个环节中，展现了中国共产党在统筹谋划、协同共进和凝聚社会力量等方面的战略智慧。仅以 2013 年 6 月 14 日国务院常务会议部署的大气污染防治十条措施的具体落实步骤为例，国务院在当年 9 月正式颁布《大气污染防治行动计划》（以下简称"大气十条"）之后，由国务院办公厅印发下达重点工作部门的分工方案②：如《京津冀及周边地区落实大气污染防治行动计划实施细则》；31 个省（区、市）签订《大气污染防治目标责任书》；由环境保护部办公厅组织实施《空气质量新标准第二阶段监测实施方案》，推进环保重点城市和环保模范城市 $PM_{2.5}$ 监测点建设；紧接着，环保主管部门发布了 135 项新的国家环保标准，完善了环境评估的标准体系。根据这些新环保标准，京津冀及山西、内蒙古、山东等周边地区政府相继启动实施"清洁空气研究计划"和大气污染防治动员工作，纷纷出台清洁空气行动计划和任务分工责任书，并与相关单位签订"美丽中国"工程目标责任书。与此同时，在由环境保护部牵头组建的全国大气污染防治部际协调小组和京津冀及周边地区、长三角区域大气污染防治协作小组发动了大气环境执法监管活动，西部和中部地区的"发展战略环评组"也对未通过减排年度考核或目标责任书重点项目未落实的 3 省（区）、3 个企业集团和 6 个城市实行环评限批。③整个"大气十条"的部署与实施过程"环环相扣、一气呵成"，它表明我国绿色发展治理体系中的制度嵌入、行政动员与部署、机构协同等机制在推动我国大气污染治理战略实施中的高效联动性。到

---

① 胡锦涛. 《胡锦涛在中国共产党第十八次全国代表大会上的报告（全文）》，http://politics.people. com.cn/n/2012/1118/c1001-19612670-8.html，（2012-11-18）[2021-09-23].

②《我国加强生态环保采取了哪些重要措施？》，http://www.gov.cn/zhuanti/2014-03/20/content_ 2642476.htm，（2014-03-20）[2021-09-23].

③《我国加强生态环保采取了哪些重要措施？》，http://www.gov.cn/zhuanti/2014-03/20/content_ 2642476.htm，（2014-03-20）[2021-09-23].

"2013 年年度减排任务可以全面完成，尤其是氮氧化物下降 3.5%以上，排放量首次降至 2010 年减排基数以下"①。

2. 以严厉的政治秩序构筑绿色发展理念的"内生力"

党的十八届三中全会明确指出："必须建立系统完整的生态文明制度体系，实行最严格的源头保护制度、损害赔偿制度、责任追究制度，完善环境治理和生态修复制度，用制度保护生态环境。"②2015 年 8 月，中共中央办公厅、国务院办公厅印发的《党政领导干部生态环境损害责任追究办法（试行）》规定：对"地区和部门之间在生态环境和资源保护协作方面推诿扯皮，主要领导成员不担当、不作为，造成严重后果的；本地区发生主要领导成员职责范围内的严重环境污染和生态破坏事件，或者对严重环境污染和生态破坏（灾害）事件处置不力的；对公益诉讼裁决和资源环境保护督察整改要求执行不力的"③等相关领导将实行追责。此项规定与同年 11 月公布的《开展领导干部自然资源资产离任审计试点方案》以及 2016 年地方区域督查中心"升级"为"督察局"推进中央生态环境保护督察工作的长效机制一道，将地方党委与政府官员同时置于"离任前的自然资源审计"和环保绩效监察与追责范围。区域的督察局获得授权，其"审计涉及的重点领域包括土地资源、水资源、森林资源以及矿山生态环境治理等领域。要对被审计领导干部任职期间履行自然资源资产管理和生态环境保护责任情况进行审计评价，界定领导干部应承担的责任"④。紧接着，2016 年第一批中央生态环境保护督察工作全面启动，8 个中央生态环境保护督察组对 8 省区进行全面环保督察，他们将坚持问题导向"盯住中央高度关注、群众反映强烈、社会影响恶劣的突出环境问题及其处理情况；重点检查环境质量呈现恶化趋势的区域流域及整治情况；重点督办人民群众反映的身边环境问题的立行立改情况；重点督察地方党委和政府及其有关部门环保不作为、乱作为的情况；重点推动地

---

① 《我国加强生态环保采取了哪些重要措施？》，http://www.gov.cn/zhuanti/2014-03/20/content_2642476.htm，（2014-03-20）[2021-09-23].

② 《中共中央关于全面深化改革若干重大问题的决定》，http://www.gov.cn/jrzg/2013-11/15/content_2528179.htm，（2013-11-15）[2021-09-23].

③ 《中共中央办公厅、国务院办公厅印发〈党政领导干部生态环境损害责任追究办法（试行）〉》，http://www.gov.cn/zhengce/2015-08/17/content_2914585.htm，（2015-08-17）[2021-09-23].

④ 《我国开展领导干部自然资源资产离任审计试点》，http://www.gov.cn/xinwen/2015-11/10/content_5006663.htm，（2015-11-10）[2021-09-23].

方落实环境保护党政同责、一岗双责、严肃问责等工作机制"①。以上生态文明建设的政治规制使地方党政官员遵守地方发展的政治秩序，在做出重大决策前谨慎地权衡环境承载能力，重视环境评估与审计，从个人政治利益的逻辑维度遏制基层组织不惜以牺牲环境为代价换取"数字政绩"造成的环境资源被无序开发、被人为破坏的趋势。

在绿色发展原则的规制下，各级政府不仅承担着完善和深化生态管理机构改革、提高管理系统执行力的职责，还需落实各项绿色政策的执行计划、协调各方行动，确保中央绿色战略落实到操作层面，其实施效果将有助于基层政府赢得公众的政治认同。截至 2017 年 9 月，第四批八个中央环境保护督察组全部完成督察进驻工作。他们利用"一台一报一网"每天公开边督边改情况、举办督察整改新闻发布会，主动回应群众环境诉求关切；同时也要求地方总结环保经验、建立完善群众环境举报受理查处机制。例如，仅在湖南省，2017 年"中央生态环境保护督察交办信访件办结率达 99.83%"，湖南省积极配合中央生态环境保护督察，"截至 8 月 14 日，共收到中央生态环境保护督察组交办信访件 4583 件，已办结 4575 件（含部分办结），办结率 99.83%，责令整改企业 4025 家，立案处罚 1223 起，罚款金额 6854.25 万元，立案侦查 136 起，行政、刑事拘留 180 人，约谈 1379 人次，问责 1370 人次"②。很明显，中央生态环境保护督察制不仅激发了公众参与督察、举报环境问题、监督整改落实进展的积极性，也为广大网民关注督察、点赞督察、为督察出谋划策架设了一个良性互动的桥梁，相应地提升了公民对于政府环保机构的正面评价和政治信任。

3. 行政问责制对生态公共治理者的"倒逼"作用

公共行政责任是公共治理理论的重要研究主题，该理论认为，行政责任应与行政任务保持同步，它包括个人职业技术标准的责任，也包含了对群体负有的责任。公共治理决策者在政策制定中负有反映国家发展需要、调整社会发展战略和发展布局之责，政策执行者则负有学习技术知识、了解公众情感需求及提升对政策的理解力和执行力之责，社会秩序的管理者和环境维护者则负有适当地考虑到社会群体特别是多数人的政策偏

---

① 肖家鑫、丁汀：《中央环保督察组分别进驻山东海南》，http://politics.people.com.cn/n1/2017/0811/c1001-29464041.html，（2017-08-11）[2021-09-23].

② 《前 7 月我省环境违法罚款增 4 倍》，http://www.hunan.gov.cn/hnszf/hnyw/zwdt/201708/t20170823_4771906.html.（2017-08-23）[2021-09-23].

好、维护社会稳定的政治责任①。党的十八届三中全会之后，"国家治理体系和治理能力现代化"已成为政府回应中国本土治理问题和时代发展需求的高频词，也成为制定解决生态环境问题路线图和时间表的一个"号召令"，它将地方各级党委和政府主要领导置于"对本行政区域的生态环境质量负总责，做到重要工作亲自部署、重大问题亲自过问、重要环节亲自协调、重要案件亲自督办"第一责任人的位置上，使之成为对基层"相关部门履行生态环境保护职责、分工协作和科学考核"的指标体系与评估准则和各级领导班子、领导干部奖惩与提拔使用的重要依据。

　　生态公共治理体系和治理能力现代化的一个重要程序是识别自然资源、健全自然资源资产管理制度、将自然资源资产负债表与环境和经济综合核算体系纳入地方绩效考核系统。自然资源资产负债表是在传统国民经济核算系统（SEA）的基础上，记录经济与自然环境的相互关系，反映经济活动中环境资源的使用情况和影响，以环境调整后的地区生产总值（EDP）作为地区经济发展的衡量指标，从而避免各地以牺牲环境为代价来换取 GDP 的快速增长。②可见，自然资源资产负债表中反映的地方经济活动对当地自然资源存量、流量和质量变化造成的影响以及粗放型发展导致的自然资源负债程度为公平准确的行政问责提供了依据和准则。所以说，自然资源资产负债表能够"倒逼"地方政府加强与科研单位和企业之间的联动关系，敦促管理者与科研机构和企业共同探讨"未来经济发展中面临的环境风险和抗风险途径"。例如，召开生态技术创新实施方案的论证会，聘请评审专家介绍与推广水泥工业、钢铁工业、硫酸工业和挥发性有机物等四大领域的"清洁生产、水污染防治、大气污染防治、固体废物处置及综合利用、研发新技术的方法"，根据《国家先进污染防治示范技术名录》和《国家鼓励发展的环境保护技术目录》，一同完善企业清洁生产的技术路线和技术创新。另外，环境保护部也积极组织行业协会和环境专家陆续编写发布《水泥工业污染防治技术政策》、《钢铁工业污染防治技术政策》、《硫酸工业污染防治技术政策》和《挥发性有机物（VOCs）污染防治技术政策》等关于科学治理、清洁生产和降低化工污染的指导性文件，向基层政府和企业传授污染预防与治理的科学技术。可以想见，由新时代绿色发展理念构筑的生态科学传播网络和环境伦理内化机制最终将为我国生态文明建设培养一支"政

① Herman Finer. "Administrative Responsibility in Democratic Government". *Pubic Administration Review*, 1941, 1（4）: 335-350.
② 陈霞：《生态文明建设中的财政监督研究》，《财政监督》，2016 年第 10 期，第 48-51 页。

治强、本领高、能打好污染防治攻坚战"的环境公共治理队伍。

第四节　个案研究：城市运动会与城市环境公共治理的 "中国场景"——以广州市第十六届亚运会为例

我国环境公共治理运动以多种形式展开，除了前文提到的由政府组织的各级政策宣讲会、推广会之外，举办奥运会、G20 峰会、城市运动会也充分彰显了环境公共治理"中国场景"中的公共价值特性。在这些国际性的会议上，通过聚集全世界受众的关注，推广了城市的品牌和环保形象，如城市道路的绿化、森林覆盖面积、园林的环保设施等，会议组织者的生态伦理和环境管理能力、优化的城市空气质量、饮用水标准、食品安全度和市民的环保意识、生态文化氛围等都给与会者和全世界人民传播了总体的城市风貌和城市精神，这不仅提高了城市的竞争力，带动了城市经济和文化的发展，更是环境公共治理运动"大飞跃"带来的政治传播效应。

一、城市运动会创新了城市公共环境的精细化治理模式

进入 21 世纪之初，"我国总体上仍处于工业化的中期，还将继续推进工业化；处于环境污染的趋缓期，环境污染依然比较严重……因此，别无选择的强制性制度是前提，权衡利弊的选择性制度是主体，道德教化的引导性制度是辅助"[1]。针对当时公众对环境污染的普遍焦虑心情，我国政府开启了生态城市、花园城市和绿色社区等"建设方案"，广州市第十六届亚运会是实施这个"方案"的典型代表，其"绿色亚运"理念折射出基层政府将中央《生态文明体制改革总体方案》的战略思想转化为美丽中国的价值实现过程。在第十六届亚运会以前，广东省的环境遭到了工业化的严重破坏：

> 由于生活废水排放量大、工业排污集中、畜禽养殖污染严重，目前受污染的河流长度仍呈增长趋势，大部分城市江段、河涌水质污染严重，局部河段水体劣于 V 类，沿岸居民生活生产受到影响。区域供水排水交错，部分城市饮用水水源地水质受到影响，跨区水污染日益突出。区域水资源丰沛优势正向水质型缺水劣势转变。

---

[1] 明海英：《以制度建设促进生态文明建设》，《中国社会科学报》，2016 年 8 月 22 日。

　　珠江三角洲酸雨频率仍居高不下，形成了以广州、佛山为中心的酸雨高发地带，各城市氮氧化物和二氧化硫的比值呈增加的趋势，以氮氧化物污染为特征的机动车尾气型空气污染日益凸现，已出现光化学污染征兆，并形成了区域大气复合污染现象。

　　珠江三角洲生态用地被大量挤占，原生林、自然次生林遭破坏，一些关键性的生态过渡带、节点和廊道没有得到有效保护，区域自然生态体系破碎化明显，缺乏区域控制性生态防护系统。乱捕滥猎、乱挖滥采现象屡禁不止，野生动植物数量和种类骤减，生物多样性受到严重威胁。森林生物量和净生产量不高，森林生态效益低。单位土地面积农药使用量、化肥施用量高于全国平均水平，氮肥污染、农药残留与持久性有机污染有所加重，农业生态环境日益退化，区域生态质量有所下降，生态赤字严重。①

　　为此，广东省在 2004 年制定的《珠江三角洲环境保护规划纲要（2004—2020）》（以下简称《珠三角规划纲要》）中将"以提高人民群众生活水平和改善环境质量为目的，坚持污染防治与生态保护并重，发展循环经济，推行清洁生产，倡导生态文明，走生产发展、生活富裕、生态良好的发展道路，促进经济、社会和环境协调发展"纳入本省政治、经济和文化发展的规划之中，将正确处理经济发展与环境保护之间的矛盾，协调企业经济利益与公民健康生存环境之间的冲突作为《珠三角规划纲要》的价值取向。其中的第一个重要步骤是强化政府环境执政能力建设，增加对官员环保绩效的评估，迫使基层官员接受并履行其环境监察责任，将生态环境治理效果作为基层政府机构政绩的价值判断标准和约束产业界改变传统发展观与消费观、向低碳经济和循环经济转型的制度基础。

　　第二个步骤是实施"退二进三"的政策，调整城市经济结构、优化城市空气质量。高污染和高能耗产业的特点是市场进入门槛较低，产品价格相对低廉，因而扩张迅速，而低污染、低能耗产业因需要巨额的技术更新费却发展缓慢。我国主要产品单位能耗比发达国家平均高 40%，如我国电力行业的火电供电煤耗比国际先进水平高 20% 左右，冶金行业重点钢铁企业吨钢可比能耗比国际先进水平高 39%，化工行业大型合成氨综合能耗比国际先进水平高 40%。至 2004 年，我国中小型燃煤锅炉达 45

---

① 《印发〈珠江三角洲环境保护规划纲要(2004—2020 年)〉的通知》，http://www.gd.gov.cn/gkm lpt/content/0/136/post_136279.html#7，（2005-02-18）[2021-07-04].

万台,实际运行效率在 60% 左右。[①] 在《珠三角规划纲要》的原则指导下,广东省政府对"区域环境容量与生态安全"进行综合考虑,在统筹地方利益、协调关系和增进合作与配合的过程中,有针对性地开展环境整治和生态建设。调整经济结构的具体措施是,根据中央政府"退二进三"的政策部署,淘汰高能耗、高污染产业,引进低碳经济和循环经济,强制一批高耗能企业退出第二产业,进入第三产业。同时强制性地关闭一批无法"进三"的高污染企业。如在第十六届亚运会之前,广州市政府累计关闭了高能耗的小火电项目、水泥企业等共 209.8 万千瓦机组的 23 个;2010 年,广州市否决环评、验收项目 2738 个;开展高压电网规划、轨道交通线网建设规划、石油化工制造业发展规划等 6 个重点规划的环境影响评价,推进水泥、石油化工、固体废物和危险废物处理等重污染行业的规划环评和广州东部汽车产业基地、"退二进三"承接基地等 8 个区域开发规划环评;停止了钢铁、水泥、制革、印染、电镀等污染严重项目的环保审批。停止了使用燃煤锅炉工业项目的环保审批。并对亚运会重点工程进行全过程环保管理,完成了 72 个亚运会工程项目的环评审批与竣工环保验收。[②]另外,政府拨出财政补贴,支持"退二"企业搬迁建设。例如,从 2008 年起到 2010 年,广州市财政部门根据财力情况及实际需要安排一定资金,对 2010 年前实施易地搬迁升级改造的"退二进三"国有及国有控股企业进行项目贷款贴息。从企业实施搬迁开始,在企业搬迁建设期内每年按项目实际产生中长期贷款利息的 50% 给予企业贷款贴息补助,非解困企业贴息额每年最高不超过 300 万元,解困企业贴息额每年最高不超过 500 万元,贴息期限最多不超过 3 年。[③]

在此基础上,广州市又颁布了《2010 年第 16 届广州亚运会空气质量保障方案》及其配套的污染控制、现场监管、应急预案、质量测报和机动车限行等 5 个实施方案,全面完成了 12 860 项空气治理项目。完成 56 家重点工业企业脱硫、26 家重点企业降氮脱硝项目,淘汰了 1139 家企业的燃煤小锅炉,完成 76 个烟尘、粉尘改造项目。完成了第一批"退二"的 116 家企业的停业、关闭或搬迁,并启动第二批 82 家企业"退二"工作,高污染燃料禁燃区内的 57 家企业全部完成清洁能源改造。2010 年,

---

① 宋守文:《"高污染高能耗"产业的银行授信风险分析》,《北京工商大学学报(社会科学版)》,2004 年第 6 期,第 25-27、40 页。

② 广州市环境保护局:《"十一五"及 2010 年广州市环境保护工作总结》,http://sthjj.gz.gov.cn/zwgk/gs/ndjhzj/content/post_2802466.html,[2021-09-23].

③ 《印发〈关于加快推进市属国有企业市区内产业"退二进三"工作实施意见〉的通知》,http://www.doczj.com/doc/06383158-6.html,[2021-10-13].

广州市实施机动车国Ⅳ标准，完成公交车清洁能源改造，全面实行机动车环保标志管理，在中心城区 260 平方公里区域范围限行黄标车，全市共道路抽检和停放地抽检机动车 50 391 辆，对 5838 辆排气超标车辆实施限期整改。全市石化、涂料等 11 个重点行业的 4413 家挥发性有机物排放企业全部完成整改或停产、关闭，每年减少挥发性有机物排放 1.35 万吨；全市列入整改的 13 座储油库、388 辆油罐车、514 座加油站已全部完成油气回收综合治理，每年减少油气排放 0.85 万吨。广州市对饮食服务业准入实行联合审批，对污染投诉实行联合查处，对全市 4.2 万家饮食服务业户进行排查，饮食服务业清洁能源使用率达 97.57%，2010 年，全市饮食服务业污染投诉量比 2008 年下降 53.8%。对在建工地实行分类分级动态管理，共查处工地扬尘污染行为 645 宗，查处无证夜间超时施工噪声扰民行为 1245 宗。从 2010 年 11 月 1 日起，对占全市空气污染物排放量 85% 的 2615 家企业进行重点监管，对与亚运场馆空气质量关联较大的 72 家企业实施临时减排措施，对 141 家减排重点企业实行驻厂督察。①

经济结构调整的巨大效益对未来经济发展理念产生了决定性的影响。亚运会带来的不仅是可持续的"蓝天白云"，而且是环境公共治理的"政治契机"，它为"创建生态文明城市"、"幸福城市"和"国家中心城市"奠定了政府坚定环境治理理念和全社会对低碳经济和清洁生产理念的共识。

二、城市行政管理和经济调控手段变革产生的强大组织动员力

长期以来，经济增长是政绩评估的主要准则。"十一五"规划期间，各省市对节能减排实行行政首长问责制，节能减排目标成为区县"一把手"的政绩考核标准之一，基层主要负责人需要签订节能减排责任书，如果完不成节能减排目标，将被追究责任。与此同时，企业被要求推行强制性能效标识制度，能效不达标的产品将被严格禁止出厂销售。《广州市"十一五"主要污染物总量减排考核办法》规定，将减排考核列入对各区、县级市党政领导班子科学发展观年度考核内容。对官员的考核准则和仕途门槛的设定将生态文明建设作为意识形态嵌入了行政机构的管理领域，为从事公共职业的人员界定了行为方式、价值取向乃至工作态度的主流方向，亦强化了环境管理制度底线。

在第十六届亚运会召开的前期准备工作中，广州市政府将运动会的

---

① 广州市环境保护局：《"十一五"及 2010 年广州市环境保护工作总结》，http://sthjj.gz. gov.cn/zwgk/gs/ndjhzj/content/post_2802466.html，[2021-09-23].

整体策划与推广城市环境形象结合起来作为政府部门的重要工作部署。政府环境管理部门和大众媒介亦配合政府生态文明建设政策，大力报道和传播生态制度文明、产业文明、意识文明和行为文明建设中的道德准则和环境自治技能，培育整个社会逐步达成对城镇乡村、江河流域、森林保护等政策和法规的遵从。政府公关部门与媒介一起运用生态伦理的传播渠道导入城市环境识别系统、举办专题活动、制作城市宣传片和制定广告等公关策略，传播城市环境信息，推广城市的环保形象。与此同时，国家经济决策部门以降低退税率的政策作为辅助手段，遏制粗放型、以牺牲环境为代价的出口贸易。2006 年 9 月政府开始对 25 种农药及中间体、部分成品革、铅酸蓄电池、氧化汞电池、细山羊毛、木炭、枕木、软木制品、部分木材初级制品等取消出口退税政策。2007 年 6 月"取消了 553 项'高耗能、高污染、资源性'产品的出口退税，使 2268 项易引起贸易摩擦商品的出口退税率进一步降低，它们涉及的行业包括化工、有色金属加工、服装、鞋帽和船舶等多个行业，共计 2831 项商品，约占海关税中全部商品总数的 37%"[①]。以上宏观调整的结果是，纺织行业利润大幅下降，企业不得不纷纷停产；冶金、建材、化工、煤炭、电力和轻纺这 6 个高耗能行业被同时列为监控对象，一些无法及时转变为低耗能的企业被迫退出市场，废水废气的排放大幅度减低。其中，石化工业是高能耗、高污染行业，是全国工业污染排放的重要源头之一。

在运动会前期，政府与媒介联合进行的环境传播超越了短期零散的、仅仅是保护社会机构自身形象的环保宣传，组成了一个由政府主导的、吸引民间组织和公众联合行动构成的"生态文明传播共同体"，合力打造了生态文明价值的公共教育系统与社区引导系统。强势的行政管理机制的创新和宏观经济的有效调控，不仅确定了全社会环境保护的主流价值观，明确了各级政府环保方向和企业减排责任，客观上也促进了公众对本市环境保护长期目标的认同，确定了政府环保机构和民间环保组织对本区域的环境监控目标。到 2010 年，广州市超额完成"十一五"二氧化硫和化学需氧量的减排任务，主要污染物排放总量从 2005 年开始连续 5 年实现"双下降"，空气质量连续 6 年优于国家二级标准，环境空气质量优良率达 97.81%，超过 96% 的设定目标；市化学需氧量排放量为 11.24 万吨；2010 年空气质量优良率达 97.81%，超过 96% 的设定目标，比 2009

---

① 《高耗能 553 项产品取消出口退税》，http://news.sohu.com/20070625/n250753153.shtml，（2007-06-25）[2021-09-23].

年、2004 年分别上升 2.74 个百分点和 14.75 个百分点；二氧化硫、二氧化氮、可吸入颗粒物平均浓度比 2009 年、2004 年分别下降 15.4%、5.4%、1.4% 及 57.1%、27.4%、30.3%；全市集中式饮用水水源地水质100%达标；珠江广州河段化学需氧量、氨氮、五日生化需氧量、粪大肠菌群平均浓度比 2004 年分别下降 33.3%、56.6%、55.5%和 81.3%。[①]

由政府环保机构和大众媒介主导的环境教育，在引起人们对环境及环境问题的关注和警觉、扩散环境知识和环保技能、增强个人或群体参与环境保护活动的自觉意识等方面发挥了极具权威的动员作用。

三、城市运动会"生产的"城市绿色公共空间

"绿色奥运"是政府向世界推广的一次巨大的城市营销活动，广州市2010 年举办的第十六届亚运会亦是我国环境公共治理理念和治理机制转型的一次伟大实践。它向与会国展示的不仅仅是达标的空气质量和先进的城市设施，更重要的是向全世界传播了我国环境公共治理制度的优越性。亚运会的宣传口号是"绿色亚运"。首先，省政府颁布了《广州亚运会召开前空气质量保障措施方案》，采取"五个一律"措施保障环境安全质量：一是10 月 31 日前未能按照要求完成治理任务或治理后仍不达标的企业或项目，一律责令停产治理；二是亚运会期间发现有超标排污或偷排的一律停产整治；三是外市籍车辆未持有绿色环保标志的，一律禁止进入广州、佛山、东莞三市；四是珠三角区域内未完成汽油回收治理工作或未申请环保验收及环保验收不合格的油罐车、储油库、加油站一律暂停营业和使用；五是涉亚 11市包含所有近海海域，一律禁止散装液态污染危害性货物过驳，船舶的原油洗舱、驱气作业。[②]其次，亚运会之后，"广州市全市工业烟尘排放量由2004 年的 2.39 万吨下降到 2009 年的 1.19 万吨，下降 50.2%，同期工业粉尘从 0.76 万吨下降到 0.22 万吨，下降 71%；机动车环保标志管理已全面实行，黄标车限行范围扩大至 260 平方公里；全市列入整改的 13 座储油库、388 辆油罐车、514 座加油站已全部完成油气回收综合治理；对全市 4.2 万家饮食服务业户进行全面排查，全市饮食服务业清洁能源使用率 97.57%"。[③]

---

① 广州市环境保护局：《"十一五"及 2010 年广州市环境保护工作总结》，http://sthjj.gz.gov.cn/zwgk/gs/ndjhzj/content/mpost_2802466.html, [2021-09-23].
② 吴敏平、郭军：《广州亚运环保成效显著 空气优良率逾 97%》，http://www.chinanews.com/ty/2010/10-26/2611361.shtml, （2010-10-26）[2021-09-23].
③《广州空气质量持续改善 将惠及"后亚运"时代》，http://www.chinanews.com/ty/2010/10-28/2618928.shtml, （2010-10-28）[2021-09-23].

再次，利用亚运会作为撬动城市与产业发展之杠杆。广州市早在 2002 年就获得"联合国改善人居环境最佳范例（迪拜）奖"，为生态城市的建设奠定了基础。亚运会举办权的申报成功为广州市带来了 2000 亿人民币的城市基础设施和配套设施建设资金，除体育场馆、交通、通信设施的现代化建设和改造外，城市市容市貌、城市绿化等人为自然景观都因此得到改善。"到 2010 年，广州市新增园林绿地 36 平方公里，绿化覆盖率达到 40%"。政府在《珠三角环境保护规划纲要（2004—2020 年）》中就计划将珠三角建成结构性生态控制区，"对连绵山脉、河流干道进行维护，沿交通干道和经济走廊建立完善的防护体系，形成连通区域内各结构性生态控制区的生态通道；加强对城市群之间的孤立山体绿地的保护和恢复，形成城市群绿核"[①]；此计划与亚运会的城市改良工程结合起来，使广州市完成了 142 条道路绿化升级改造和 44 个城市出入口景观节点建设，全市森林覆盖率达 41.4%，建成区绿地率达 35.5%，绿化覆盖率达 40.15%，人均公共绿地面积达 15.01 平方米。[②]

综上，广州市在城市运动会前后进行的城市环境公共治理运动彰显了对生态城市发展理念的创新和价值诉求，提出以人类与自然的平衡发展为出发点建设森林城市、绿色城市、生态城市等理念，推动形成城市环境治理的发展纲要及规划。政策话语和环境传播实践具有三个明显的公共治理性质和特征：①细化生态城市的公共治理目标：运用各项减排治污的技术改造项目对城市空气污染、水污染进行防治与治理。②对城市环境公共治理制度的创新：提供生态城市建设的制度配置，设立环保机构监测、监察、执法的垂直管理机制，完善污染源全过程监管机制。③创新"公众共治"的环境治理体系：如实行农业空间保护红线、生态空间保护红线、林业生态红线等生态安全管理的村级合作机制，等等。这些蕴含参与、沟通、协商、合作、共识等公共治理原则和决策在推进乡村绿化、美化、建设东部生态廊道、提升粤东西北地区经济等方面所发挥的示范、引领、辐射带动作用，为广州及其周围城市群居住环境的改造，亦为广州市成为具有一定国际影响力的生态城市提供了一个政府主导型的公共治理典范。

---

① 《印发〈珠江三角洲环境保护规划纲要（2004—2020 年）〉》的通知，http://www.gd.gov.cn/gkmlpt/content/0/136/post_136279.html#7，（2005-02-18）[2021-09-23]．

② 《"迎亚运"劲头未减"五个更"征程再续》，https://news.ifeng.com/c/7faKQqOnyHb，（2011-09-09）[2021-09-23]．

第二章　城市环境公共治理机制的
形成与发展

　　环境公共管理是一项系统工程，它需要运用生态政治学、环境管理学和环境传播学等人文社会科学知识，在向人们传授自然的本质以及自然界、生物界与人类社会、经济、文化的互动对人类生存环境产生的影响力基础上，提升人们对环境管理的知识、价值观和相关技能的认知及其参与解决环境问题相关活动的主动性与能力。公众参与是环境公共治理事业的社会基础，也是保证生态文明建设成果的原动力。因而，由政府主导的环境公共治理政策传播系统深入基层社会，打破环保冷漠症，引领各级社会组织进入高度参与的生态社会化运动；社区公共教育论坛和环境公共治理的培训体系由一批知识结构、智能结构和专业结构优化的环境治理专业队伍和意见领袖组成，他们从思想观念的更新入手，鼓励公众和社会机构关注、参与环保活动，为解决环境问题提供决策性理论和环保能力培训。以上这两种常设的、"零门槛"的组织传播和社会传播系统正是通过普及环境保护的宪法权利、法律意识和生态伦理意识，成功地构建了一个崇尚生态公共治理理念、结构、使命和目标的价值建构领域。

第一节　政府主导的环境公共治理机制

　　环境公共治理的第一层意蕴，是政府但又不限于政府的一套社会公共机构和行为者在各种不同的制度关系中运用权力去引导、规范社会和经济发展，以最大限度地增进公共利益。首先，立法与决策部门根据生态运行规律和自然环境的承载力出台了新的环保法《中华人民共和国环境保护法》，制定了对环境治理的奖惩制度，强制产业界尊崇可持续发展政策、严格规定产业技术更新换代的执行标准，以遏制产能过剩及高耗能、高污染的粗放式发展模式；其次，发展非政府环保组织，构建环境保护的公共领域规则，制定公共领域中的环境信息传递、反馈和互动的有效渠道，完善党政、企业与社会团体在环境问题中的协调与制约关系；最后，开放环境决策过程，赋予基层组织和社区以自主权和自决权，社团组织除了协作解决环境问题和环境冲突外，还可以社会整体利益和未来环境利益为优先准则，制止基层政府在经济发展中的非理性决策，遏制企业对自然资源的肆意开发和不负责任的排放行为。环境公共治理制度的全面推进提升了现代政府的环境治理能力，有效回应了社会的环境诉求，加强了管理层与社会组织之间的合作及其对环境污染主体的监控。2015 年，我国摒弃了过去以 GDP 为政绩考核的唯一标准，出台了《党政领导干部生态环境损害责任追究办法（试行）》，使环境公共治理模式发生了根本的转变，它不仅赋予了民间环保组织和社会组织通过参与环境决策、环境监督来倒逼基层政府尊重自然规律、尊重公民环境权的社会责任与自律行为，也推动整体社会对生态伦理意识的内化进程。

一、在环境立法中推进公共治理的民主协商机制

中共中央印发的《关于加强社会主义协商民主建设的意见》指出：协商民主是在中国共产党领导下，人民内部各方面围绕改革发展稳定重大问题和涉及群众切身利益的实际问题，在决策之前和决策实施之中开展广泛协商，努力形成共识的重要民主形式。[①]十八大以来，社会主义协商民主获得前所未有的发展。以协商渠道为例：从国家政权机关、政协组织和党派团体 3 个协商渠道扩展为 5 个，形成立法协商、行政协商、民主协商、参政协商、社会协商；再从 5 个协商渠道进一步扩展为 7 个，提出重点加强政党协商、政府协商、政协协商，积极开展人大协商、人民团体协商、基层协商，逐步探索社会组织协商。与此同时，协商主体更加广泛，协商形式更加多样，协商内容更加丰富，协商层次更加明晰，协商制度不断完善，协商效果日益凸显。[②]民间环境保护组织如"自然之友"等作为践行环境协商民主的"主力军"，曾亲身参与制定关系到公民生存环境的环境法或直接参与地方环境决策的民主协商，从实践理性的角度定义了"环境治理"的协商模式和话语传播模式，促进了全体社会包括产业界对环境正义理念和以公民环境权与健康权为环境资源配置原则的认同与共识。

1. 环境立法与环境决策中的民主协商机制

詹姆斯·博曼（James Bohman）认为，通过参与立法机构和行政机构

---

① 王骏：《协商民主是中国社会主义民主政治的特有形式和独特优势》，《中国政协》，2020 年第 11 期，第 33-40 页。
② 王骏：《协商民主是中国社会主义民主政治的特有形式和独特优势》，《中国政协》，2020 年第 11 期，第 33-40 页。

的协商实现对管理机构的规范和约束，是公共治理的核心内容。公民得以在公共领域内自由地进行论辩、对话、发表并交换意见、不受约束地变换主题、分享各种信息和话语权。①其社会效果是：第一，这种具有政治合法性、充满政治合作意愿的民主运作体系使决策层有机会倾听公众的利益诉求、与参与者共同追求社会普遍能够接受的政治价值，为达成符合公共利益的决策而发挥民主协商的治理作用。例如，2014 年我国通过"史上最严"的环保法，在其修订过程中，"一改以往的封闭模式，以一种相对开放性的姿态纳入了多个利益相关方，尤其是非政府组织的参与，从一定意义上填补了以往政府、市场、社会三方中社会的'不在场'而导致的认同缺失"②。非政府组织作为利益相关方之一参与环保法从"修正"到"修订"的全过程，使环保法准确地反映了公众和社会组织的合理期待，有利于增强国家政策与法规的针对性和治理效应，提升公众的政治信任度。根据民主协商的结果，环保法回应了社会发展需求，特别增加了环境公益诉讼的规定，针对违法成本低、守法成本高的问题设计了按日计罚的严管措施。在法律规定的实践理性中体现法律的秩序性目标和核心地位，亦凸显出我党立法协商的创新理念——尊重社会组织道德诉求和重建社会环境正义价值的理性导向，将集体决策过程中的协商运用于立法和治理活动中，使环境决策充分反映实践理性的正当性原则。③

　　第二，在基层社会冲突中解决资源分配权、环境知情权和决策权的失衡与矛盾中注入实践理性原则。瑞典环境学者埃里克·海森认为，"通过改革民主政治体制来应对环境问题才是我们时代的一项重要的政治挑战"④。埃里克所指的"民主政治体制改革"内容包括：通过组建社区环保委员会、公民陪审团（或环境诉讼组织）、专业协会等方式为公民授权，让公民直接参与到环境司法的过程之中，以此提升环境法对环境污染主体的有效制约。其中，社区环保委员会的一项重要职能就是监控环境违法和违规行为对公众造成的健康危害和环境风险，依靠法律协商途径停止其环境侵权行为。政府对市场经济领域微观层面的负外部效应监控比较单薄，环境治理的民主参与机制有效地弥补了环境管理的欠缺。在我国，环

① 詹姆斯·博曼、威廉·雷吉主编：《协商民主：论理性与政治》，陈家刚，等译，北京：中央编译出版社，2006 年，第 55 页。

② 林红：《从非政府组织参与〈环保法〉修订看其政策倡导新特征》，《绿叶》，2015 年第 4 期，第 58-64 页。

③ 乔治·M. 瓦拉德兹、何莉：《协商民主》，《马克思主义与现实》，2004 年第 3 期，第 35-43 页。

④ Erik Hysing. "Representative Democracy, Empowered Experts, and Citizen Participation: Visions of Green Governing". *Environmental Politics*, 2013, 22（6）: 955-974.

境专业组织参与环境司法协商的主要方法是，针对引起争议的环境决策及其缺陷进行意见交换和道德论证，使国家环境政策和法规"偏向"维护公民利益的基本价值定位。以广东省环境科学学会为例，该学会科研人员通过考察，发现农村某些地方土壤、水资源和空气被固体废弃物与重金属严重污染，为此而开启了对农村环保政策的监督、制定和参政、议政的一系列协商活动。2012 年，该学会首先举办了"区域性重金属污染与健康研讨会"，会议以广东大宝山矿区的重金属污染为核心论题，使与会者获知该区人群严重的重金属暴露水平及其健康所遭受到的危害，并意识到解决电镀行业长期以来对环境造成损害的问题刻不容缓。为了引导电镀污染防治技术的规范发展，该学会与政府环境管理部门就如何遏制污染的问题进行对话和协商，在达成共识后参与制定了相关产业国家标准的决策活动。之后，通过与上级部门的辩论、证明其决策的正当性，于次年（2013 年）牵头编写了《电镀工业污染防治技术政策》，最终形成对重金属行业具有集体约束力的公共政策。此个案显示，"民主的制度安排既包括正式或官方的决策论坛也包括延伸的次级社团"①，正是这些基层社团的决策参与活动为复杂社会中的民主参与提供认识论的基准，也提供了道德判断的基础。②

　　第三，环保组织拥有的司法参与权在变革环境治理模式和强制企业自律行为、实现政府治理和社会自我调节与居民自治等方面设定了"双向"的良性互动模式。一方面，我国非政府环保组织建立了与人大代表和环境专家的长期联系，通过参与立法协商，或者通过人大代表的议案传达环保决策建议；另一方面，环保组织设立法律咨询部门，为公众提供环境公益诉讼服务，运用法律理性制约或纠正环保实践中的非理性行为。由于《中华人民共和国民事诉讼法》将公益诉讼的起诉主体限制为"法律规定的机关和有关组织"，公众必须依靠正式的环保组织对人民法院和人民检察院在环境侵权案件中的执法行为进行协助和商议。例如，广东省环境保护基金会专门设立了环境公益维权法律服务中心，并成立了首个环境公益维权专项基金。该基金会在广东省环保部门、司法部门的指导下，作为环保公益组织负责发起、执行、指导、协助公民的环保公益维权行为。法律协商方式主要是，在"接到群众来信来访反映企业、个人违法排污和环境侵权时，环保基金会的公益维权组织利用自身的专业技术力量或联合专业

---

① 詹姆斯·博曼、威廉·雷吉主编：《协商民主：论理性与政治》，陈家刚，等译，北京：中央编译出版社，2006 年，第 212 页。

② 詹姆斯·博曼：《公共协商：多元主义、复杂性与民主》，黄相怀译，北京：中央编译出版社，2006 年，第 25 页。

机构进行前期调查，通知污染企业和个人，分析污染行为，评估其对生态、环境的损坏。并联系地方政府环保部门、污染企业和个人、受害者等，主持协商、调解，就承担停止污染行为、赔偿污染损失、恢复环境和生态等民事责任达成协议。监督协议的履行，并实施"①。环保组织引导公众参与环保诉讼程序，形成了一股对环境资源垄断和污染主体的对抗性力量，为公众实现其环境权和健康权提供了法律保障。

2010 年 6 月昆明市中级人民法院环境资源审判庭受理了全国首例环境民事公益诉讼案。昆明三农农牧有限公司和昆明羊甫联合牧业有限公司污染了嵩明县杨林镇七里湾大龙潭水质，影响了当地居民的生活质量。市环境保护局作为公益诉讼人、昆明市检察院作为支持起诉人起诉被告。"通过审理，一审判决两被告向昆明市环境公益诉讼救济专项资金支付417.21 万元。云南省高级人民法院二审维持原判。"②该案的裁决终结了我国"环境公益诉讼不受理、当事人无法举证、环保部门处罚难"的历史，开启了谁污染谁赔偿、污染型企业必须为其"负外部效应"付出沉重代价的环境治理"模式"。"据环保部统计，截至 2015 年 11 月底，全国实施按日连续处罚案件 611 件，实施查封、扣押案件 3697 件，实施限产、停产案件 2511 件；环保与司法部门通力合作，移送涉嫌环境污染犯罪案件 1478 件。"③由此可见，通过司法协商的互动模式鼓励公众监督企业的违规排放行为、促进民意表达、增强公民对环境司法权行使的认同感，对于提升国家环境立法和环境司法权威性和环境保护的社会效益方面具有深远的意义。当然，在环境诉讼案例中，地方干扰难题仍然存在，某些基层政府在经济发展和环境保护之间摇摆，使符合公益诉讼资格的有关组织在调查取证等方面的工作困难重重。为此解决环境污染受害者诉讼权的缺失问题，已成为社区公众参与环境司法协商的一大挑战。

2. 通过环境公共协商营造社区"共同的善"

公共协商是指"政治共同体的成员参与公共讨论和批判性地审视具有集体约束力的公共政策的过程，形成这些政策的协商过程最好不要理解

---

① 陈鹤森、陈彦鸿：《广东将设立首个环境公益维权法律服务中心》，《珠江环境报》，2014 年 5 月 6 日。

② 《昆明环境公益诉讼的尴尬：从审出全国经典案例到四年无案可审》，http://www. xinhuanet. com/politics/2016-05-23/c_129007223.htm，(2016-05-23)[2021-09-23]．

③ 《党的十八大以来加强生态文明建设述评》，http://www.xinhuanet.com/politics/2016-02/15/c_1118049087_2.htm?isappinstalled=0，(2016-02-15)[2021-09-23].

成政治讨价还价或契约性市场交易模式，而是将其看成公共利益责任支配的程序"①。在面对冲突性的环境决策或环境事件时，公共协商在决策层与非政府环保组织之间搭建了一座政治协商与合作的"桥梁"。根据协商民主的基本原则，参与者在本质上承认不同利益群体间的分歧和差异，在获得权力层的认可后进入决策程序之中，他们严格按照协商制度的合法性，以平等、自由的身份参与公共决策制定与实施的各个环节，理性地审慎、客观冷静地协商，最后形成具有合法性的、为多元利益群体所接受的冲突解决方案。②公共协商不仅为政府提供了以非暴力征服、非权力斗争方式解决对抗性社会冲突的理性治理途径，使"建制化的意见形成和意志形式程序"有效地超脱了狭隘的短期利益观，认同并接受一套符合自然发展规律的"伦理协商和道德协商"方案，同时也解决了环境管理层对公民环保诉求做出反馈、回应及后续体制改革与政策革新的延缓性问题。例如，2005 年，国家环境保护总局召开了关于圆明园湖底防渗工程的听证会，"自然之友"和"地球纵观"等民间环保组织对该工程可能产生的环境隐患进行了监测和调查，在听证会上以生态伦理与国家发展之间的关系为价值诉求，以工程带来的环境隐患作为环境道德观的立论基础，使决策层不仅改变了原有的立场停止该工程的施工，同时也更为注重民主协商中理性诉求对于维护社会稳定、强化政策合法性的实用价值，而加速出台了《推进公众参与环境影响评价办法》。尤尔根·哈贝马斯（Jürgen Habermas）曾设想，"商议性政治与一个呼应这种政治的合理化生活世界情境之间存在着内在联系。这既适合于建制化意见形成和意志形成过程的形式程序所支配的政治，也适合于仅仅非正式地发生于公共领域网络之中的政治"③。可以想见，长此以往，基层社会维权组织面对冲突所采用的对抗性手段亦将逐渐地被理性、规范的协商策略所取代，而转化为一支维护和谐社会的政治文化力量。公共协商机制因可以消除原有不适应甚至与民主精神根本相悖的制度障碍而被视为社区环境公共治理理想化的有效路径和社会冲突治理的有效范式。

二、开通政府与公众合作协商的环境公共治理渠道

基层政府对企业环境保护政策的实施及其监察属于间接的宏观管

---

① 乔治·M. 瓦拉德兹、何莉:《协商民主》,《马克思主义与现实》, 2004 年第 3 期, 第 35-43 页。
② 陈家刚: 《协商民主》, 上海: 上海三联书店, 2004 年, 第 313 页。
③ 哈贝马斯: 《在事实与规范之间: 关于法律和民主法治国的商谈理论》, 童世骏译, 北京: 生活·读书·新知三联书店, 2003 年, 第 375 页。

理。一是因为在市场经济中，由分散的、有各自经济利益的经济单位参加市场交易，政府的规范措施和法规难以渗透到各个微观生产活动；二是某些地方政府的自利性质使之与经济部门结成利益联盟，促成微观层面政策实施过程中的"走样"。例如，2014 年 6 月在湖南衡东县大浦镇发生了300 多名儿童血铅超标事件，但地方环境机构此前对肇事厂家的检查结果却显示"合格"。说明该化工厂从环评到生产规范再到排污监控整个过程都与某些机构有"合作"①。当地环境管理部门的"失察"及法律的失灵是造成湘江被污染、附近儿童血铅值超标、身体受到极大伤害的结构性因素。为此，政府推动环境民主管理变革，就是为公民创造合法性的维权渠道，使公民能够顺利地公布环境现状监测信息及环境污染源，为政府检验环境政策的实施效果提供一个现实的监测"窗口"。同时引导公民在宪法的框架下，寻求公共媒介的接近权，通过公共论坛设置媒介的环境议题，让环境"变异"信息和公众诉求得以在环境公共领域中顺利地公开和交流。更为重要的是，实现环境管理部门与实践部门的交流与互动，使环境问题不再是公众领域隐匿的技术问题，而成为推动实践理性的法制原则，达到遏制环境隐患和环境冲突爆发的目的。本节将以广东省环境保护厅（今广东省生态环境厅）官网——"广东省环境保护公众网"（简称环保公众网）为例，探索政府环境管理机构在创建公众环境参与机制、鼓励公众与政府环境管理机构互动，实现理性维权的创新途径。

环保公众网内设有 8 个版块："政务公开""网上办事""网络问政""环保业务""环保质量""数据查询""环保法规""环保标准"（表 2-1）。②通过这些栏目，政府一是要达到建立统筹、协调环境问题的监督与管理机制的目的，如落实污染应急处理和减排目标的具体责任，组织制定主要污染物排放总量控制制度并监督实施，提出实施总量控制的指标，督察、督办、核查各地污染物减排任务的完成情况，牵头实施环境保护目标责任制、总量减排考核并公布考核结果；二是牵头协调对环境污染事故、生态破坏事件的调查处理和重点区域、流域、海域环境污染防治工作，指导协调全省重大突发环境事件的应急、预警工作，协调解决跨区域环境污染纠纷，指导、协调和监督海洋环境保护工作。

---

① 《湖南衡东县儿童血铅超标事件舆情分析》，http://yuqing.people.com.cn/n/2014/0624/c210114-25193722.html，（2014-06-24）[2021-09-23].

② 注：此节关于"广东省环境保护公众网"的内容研究成文于 2014 年左右。该网站已更名为广东省生态环境厅公众网。上述 8 个栏目已改为"机构概况""政务公开""政务服务""互动交流""环境质量""数据发布""法律法规""环境标准""专题专栏"。

表 2-1　广东省环境保护公众网版块一览表

版块名称	服务内容
政务公开	政府信息公开、环境统计、行政权力信息、纪检监察、污染源监管信息目录、财政预决算、政府采购、政府文件、排污费征收管理、重点行业环境整治信息公开、行政处罚
网上办事	办事结果查询、公告告示、行政许可审批事项、社会事务服务事项
网络问政	领导信箱、污染投诉、业务咨询、意见征集、民声热线、网上调查、办理情况查询
环保业务	大气污染、水污染、固废与重金属、污染源管理、环境检测与科技、环境影响评价、生态保护、核安全管理、辐射环境管理、环境监察执法、环境应急管理、环保责任考核、环保模范城市创建
环保质量	城市空气质量报告、水环境质量、生态环境治理、环境状况公报、环境质量报告、环境检测管理
数据查询	机动车排气检测机构、机动车环保车型、环保达标车型、污染源企业信用管理、环境标准查询、环境影响评价机构、网上办事检索、环保知识查询、环保机构查询、重点企业清洁生产审核、环境行政处罚、电镀企业污染防治、皮革鞣制企业、冶炼企业信息、涉重金属采选、集中式污水处理厂、环境污染治理设施运营、铅蓄电池生产组装及回收企业环境信息
环保法规	政策法规、行政许可法、环境保护及相关法律、环境保护及相关行政法规、环境保护部门规章及规范性文件、环境保护厅规范性文件、环境保护地方性法规、环境保护地方政府规章及规范性文件、环境保护立法、行政执法及司法解释
环保标准	地方标准、水环境保护标准、大气环境保护标准、生态环境保护标准、土壤环境保护标准、噪音环境与振动标准、核辐射与电磁辐射保护标准、固体废物与化学品环境污染控制标准

1. 创建一个统筹、协调环境治理的公共监督机制

政治民主理论必须在实践中得到落实，习近平总书记曾指出，"民主不是装饰品，不是用来做摆设的，而是要用来解决人民要解决的问题的"。"在马克思看来，真正的民主应是人民主权、人民意志的实现，就是人民自己创造、自己建立、自己规定国家制度，以及运用这种国家制度决定自己的事情。民主和人民，本来就是一家，民主就是人民当家作主。也就是说，民主是以解决问题为前提存在的"[①]。其中，"批评与自我批评作为政治民主的一种手段，可以在每一级组织、每一个群体，甚至任何与公共事务有关的个人之间使用"[②]；而群众路线则是建立社会基层与管理者关系、配以基层村民选举等制度、使每一个公民都能行使政治民主权利的管理方式。

---

① 秦志勇：《人民政协报：民主不是装饰品》，http://cpc.people.com.cn/pinglun/n/2014/1211/c78779-26190338.html，（2014-12-11）[2021-09-19].

② 刘仰：《民主的理解与中国的实践》，http://theory.people.com.cn/n1/2016/0726/c148980-28586114.html，（2016-07-26）[2021-9-19].

对比传统的自上而下的政治管理模式，环保公众网采用自下而上的环境监管模式，重在设定理性化的规则，以规约企业生产实践的理性化为目的。网站内的"政务公开"版块在"重点行业环境整治信息公开"网页中公布了政府环境决策的执行程序和细节部分，如"2013 年火电企业检查整治表""2013 年水泥企业检查表""2013 年铅蓄电池生产、组装及回收企业环境信息表""2013 年排放废水企业环境违法行为信息公开表"等信息，制定了以上行业主要污染物排放的总量控制标准，公布考核结果，以落实各行业的污染处理和减排目标的具体责任；与此相呼应，"网络问政"版块中的"意见征集"、"业务咨询"和"网上调查"部分则根据环保工作重心，寻求公众对以上工作的评价和改进意见。如"征求企业对环保公众网服务需求的意见""征求《环境空气质量标准（二次征求意见稿）》意见""城市空气污染指数改进我参与"，以及"网上调查"中的"您认为应该如何有效地解决汽车带来的能源消耗和环境污染问题"等征询项，与政策发布类网页形成互补，增加企业环境保护举措的透明度，为督察、督办、核查各地污染物减排任务的完成情况，实施环境保护目标责任制提供了一个环境监控的开放式平台。

此外，广东省政府官网设置了预防公共环境危机和环境突发事件的一个"干预窗口"，使公众对环境污染的投诉能够直接到达决策层并得到及时处理。据环保公众网的报道，"从网民投诉的情况来看，去年（2012年）全省的环境投诉超过 10 万件，网络投诉这块，1～9 月，受理的问政信息是 2065 条，比去年同期增长了 190%，这说明大众网络关心环保问题的热情比较高。群众反映的问题比较多的，第一方面是水污染问题，水是生命之源，确保饮用水安全，这是环保部门的重要职责，也是人民群众关心的问题。第二方面就是大气污染的问题，还有就是噪音污染的问题。这三大问题占了网民投诉量的 95.5%"。这些非理性的生产实践行为对生态文明建设事业带来的危害性难以估计，损害了政府环境管理形象和公众政治信任。环境保护公众网一年一度的"在线访谈"为环境舆情找到了一个"泄洪"的出口，虽然在访谈中相关人员无法及时处理网民的问题，但承诺将问题"带回去研究、核实再做处理"，对缓解社会不满情绪起到暂时的作用。但是，公众通过网络实行的环境监督并非干预基层环境危机爆发最有效的手段。为弥补网络传播虚拟性和无法取得人际传播直接互动效应的缺陷，环保公众网在"民声热线"、"网络问政"和"信访大厅"版块中设置了"在线访谈"、"投诉举报"和"我要问政"等网页，为公众环保诉求提供一个全方位的表达渠道。如 2014 年 4 月公众反映了某些村垃圾分拣作坊污染环境问题、塑料厂办在密集居民区等问题，"民声热线"2013 年 6 月邀请了时任广东省环境保护厅副厅长陈光荣、广州市环境保护局副局长杨柳、广东省环境保护厅生态与农村环境保护处处长刘奕玲、广东省环境保护厅核安全管理处、水环境管理处①相关负责人回答网民提问：

> 在从化太平镇有一家民机印染厂，有 24 小时的有毒气体，我们打电话环保局都是替他们说话，他们建了有十多年，有一个小区，风往我们那边吹，吹我们整个的小区，印染厂排出来的东西很臭的，还有一个问题，他们 24 小时上班，都是用矿山的铁轮，很吵，我们靠近工厂旁边的小巷，窗户都关起来，一个气体，一个声音，投诉都无门。环保队长的检测，说我们这个厂是先建的，那个楼盘是后建的。
>
> 陈厅长：我们很多的环境问题，包括废气污染问题，噪声污染问题，水污染问题，很多都是因为规划上的问题导致的，上期节目我们也说过这个问题，就是厂是先建的，居民区后建，本来应该说建了厂之后，周围就应该对这个规划进行控制，不要再建住宅区，现在问题出现了，我们就要保障人民群众的环境权益，保障人民呼吸好新鲜的空气，这是我们政府应该履行的职责，我们想请广州市对这个事情进行处理，并且给居民一个好的答复。
>
> 杨柳：这个印染厂是我们曾经挂牌督办的企业，他们这个厂的污染情况我们一直都是非常重视的，这是一个，第二，在挂牌督办的当年是取得一定的治理效果的，从这位先生反映的情况来看，有一点死灰复燃。我们会严查，特别想说明，无论是先有厂，还是先有民房，我们都会全力去查处。②

公众通过环保公众网直接对政府环境管理问题提出疑问，促使环境管理部门对违反环境法的行为进行调查处理，纠正偏离生态文明建设轨道的非理性实践。再如，"在线访谈"也曾经邀请时任广东省环境保护厅副

---

① 广东省上述政府机构现在分别改为：广东省生态环境厅、广州市生态环境局、广东省生态环境厅自然生态保护处、广东省生态环境厅核与辐射安全管理处、广东省水生态环境处。

② 详见广东省环境保护公众网"在线访谈"栏目：http://pub.gdepb.gov.cn/pub/interview/interview_index.jsp.

厅长李晖直接到网上回答网民关于广州市水污染为什么一直得不到解决的问题，李晖的答复反映了广东省对企业理性的丧失和污染排放秩序的混乱所采取的治理手段。

> 一方面是有些企业直接将污水排放到地下去，到水里面去，造成了污染，另一方面，过去上游的漂染企业、电镀企业、造纸企业，这些都是污染物排放比较大的企业，这些企业缺乏规划，同时缺乏完善的治理设施，再加上一些企业偷排。还有污水处理厂的建设滞后了，2002 年当时全省的污水处理能力只有 200 多万吨，很少，大家的生活污水没经过污水处理厂处理直接排到河里，这必然会造成黑臭。另外对一些落后产能进行淘汰，包括漂染、制浆、造纸、制革等。电镀行业，广东省的创新是所有的电镀现在不批了，必须要求每个市要建一到两个统一的电镀园区，把老的企业逐步转到园区里面，统一治理，统一排放。还有一个是对生态的修复。另外，为了水的问题，我们出了十几部法规，专门是针对水的。①

2. 将理性化的公众舆论引入环境法治建设的话语体系

环境事件"仍然威胁到周边及沿线地区群众正常的生产、生活秩序和生命健康与财产安全，引发加害方与受害方之间的社会矛盾和社会冲突，成为危及社会稳定与和谐的重要因素。例如 2010 年，国家环境保护部受理举报的环境污染事件 1469 件，接报并处置的突发环境事件 149 起，其中比较重大的 43 起"②。广东省环保公众网的"信访大厅""领导信箱""污染投诉""建言献策""问政查询""监察执法""污染防治""环境应急"等版块在环境治理的话语实践中均透露出，地方政府在预防小的环境污染发展成大的污染事件方面仍然"力有不逮"，环境管理机构无法在环境应急事件中成为"权威"部门。

有个帖子暴露了环境政策与公民环境权保障之间的差距，这个差距由环境政策的"失灵"造成："有一污染企业因擅自扩建，已被责令停止

---

① 详见广东省环境保护公众网"在线访谈"栏目：http://pub.gdepb.gov.cn/pub/interview/interview_index.jsp.

② 孟幻.《环保部今年受理环境污染案件 1469 起 环境形势严峻》，http://www.chinanews.com/gn/2010/12-17/2728458.shtml,（2010-12-17）[2021-09-23].

生产，但现在仍继续生产。该如何处理？"（2013-01-05 17:08:08）网站对该帖的回复是："依据现行环保法律法规，环保部门依法责令违反'三同时'制度的项目停止生产或者使用。当事人逾期不起诉、不复议又不执行行政命令的，环保部门应当依法申请法院强制执行。"对此，有市民提出："环保部门应当依法申请法院强制执行，环保部门申请法院执行了吗？解释法规，应执行，有行动才说话（原文如此）。难道只是一纸空文么？如企业是污染性企业，从立案到处罚到移送法院强制执行，估计少不了3～4个月吧。那么长的时间一直让企业污染环境？"①此帖反映了环境管理部门的政策与政策执行之间出现了脱节之后，对污染型企业实行跟踪监控的责任落实问题。显然，公民事后投诉虽然能够起到亡羊补牢的作用，但环境应急职能部门的缺失却延误了遏制环境污染的最佳时机。投诉、回复、层层上报、审核事实的真实性、制定解决方案等一整套的回应程序导致了处理环境污染事件的拖延。而且，由政府组织的环境监察稽查机构主要是监督下级政府部门的环保工作。如上级机关对工业污染源现场的环境监察和环境行政处罚案件现场调查取证工作开展专项稽查、对下级环保机构环境监察专项稽查工作情况的调查、对下级环保机构的"污染源现场监察工作制度（计划）、污染源名单和现场监察记录表以及实施过的环境行政处罚案件名单和行政处罚卷宗等档案材料"进行检查等。

显然，政府环境管理机构对基层环保机构的任务下达和监督机制比较间接，无法起到环境预警作用，而对于基层尤其是乡镇与山村中已经存在的环保问题，以及对农民环境权利的维护问题也缺少直接回应和直接处理的机制。正因为如此，有很大部分的环境冲突事件发生在乡镇和乡村，发生在较大市、镇的公民环保诉求往往得到媒体和政府更多的关注，其诉求得到回应和处理的机会更大。换言之，非理性的违法行为没有得到妥善处理，从微观的角度直接地影响到生态文明机制的运行和环境法的落实。农村自然环境和农民环境权的保护更涉及我国广袤的乡村田野、森林和城市人赖以生存的粮食生产基地的安全问题。所以，我们亟须建立一种长效的、回应环境投诉的"应急组织"，需要法律对"应急组织"进行授权，指定一个"专职的环保警察"承担该组织巡视污染型企业的职责，由其负责直接处理公民对水、空气和土地污染的各类投诉；并授予"应急组织"对影响甚至破坏乡村自然环境的行为进行及时有效的干预和纠正、强力制

---

① 详见广东省环境保护公众网"在线访谈"栏目：http://pub.gdepb.gov.cn/pub/politics/pub_politics_view.jsp?caseUuid=b7b2d320-013b-1000-e000-058f0a0a0a02.

止其违反环境法和侵犯公民环境权利行为的行政处罚权。国家环境保护总局环境应急与事故调查中心①成立于 2002 年，其主要职责是：①负责督查、督办环境污染和生态破坏案件，承担并协调与指导突发性、重大环境污染与生态破坏案件的调查、处理工作，参与跨省界区域、流域重大环境纠纷的协调工作。②负责全国环境污染与生态破坏事故应急响应系统的建设和管理工作。③负责受理环境问题群众举报电话，并负责处理群众举报的重大环境案件。④协助总局承担全国环境执法监察、环境稽查和排污收费的政策、法规、规章和标准的拟订及前期准备工作，发布后监督实施。⑤受总局委托负责管理和规范全国环境污染及生态破坏现场监督执法，组织开展对污染源、生态环境和农村环境的现场监察，组织全国环境保护执法检查活动。⑥受总局委托负责对全国排污收费工作进行稽查，组织开展全国环保行政执法稽查工作。②自 2008 年起，"公安+环保"队伍建制在全国多地试点，逐步突破环保执法困境。2019 年 6 月，中共中央办公厅、国务院办公厅印发的《中央生态环境保护督察工作规定》提出："中央实行生态环境保护督察制度，设立专职督察机构，对省、自治区、直辖市党委和政府、国务院有关部门以及有关中央企业等组织开展生态环境保护督察。"机构主要职责是："原则上在每届党的中央委员会任期内，应当对各省、自治区、直辖市党委和政府，国务院有关部门以及有关中央企业开展例行督察，并根据需要对督察整改情况实施'回头看'；针对突出生态环境问题，视情组织开展专项督察。"③在环境保护的实践中，"应急组织"更具有灵活处理危机的运行机制和执行力，最大限度地降低环境污染事件的影响和损失。一是可以直接接受公众的环境投诉，由组织内的环境专家和环境法专家对公众所投诉的案例进行判断和决策，并有权对可能引发环境冲突和环境污染危机的相关行为体实施强行制止；二是根据突发环境事件的特征，对空气、土壤和水域的各类污染事件、生物物种安全事件、辐射事件、海上石油勘探开发溢油事件、海上船舶和港口污染事件等事件易发生的地点或相关产业界的变化趋势建立常设的、专门统一的监控机制，有权对那些安全生产基础薄弱、科技投入不足、重生产、轻安全、重经济利益、忽视安全管理的企业实行坚决关闭或停产整顿。

---

① 该中心目前名称是：生态环境部环境应急与事故调查中心。

② 《关于组建国家环境保护总局环境应急与事故调查中心的通知》，https://www.mee.gov.cn/gkml/zj/wj/200910/t20091022_172090.htm, (2002-03-28)[2022-08-25].

③ 中共中央办公厅 国务院办公厅印发〈中央生态环境保护督察工作规定〉》，http://www.gov.cn/xinwen/2019-06/17/content_5401085.htm, （2019-06-17）[2022-08-25].

"应急组织"不负责生态环境的恢复工作,亦不负责在公民生命财产受到环境污染事故的危害时的救助,而是专门探测潜在的环境突发事件,保证在复杂原因引起的环境事故爆发前排除事故的隐患。

第二节　创新城市环境公共治理的动员机制

社区是人类活动的基本场所,在社区场域内进行的活动主要以公众日常生活及与其生存环境相关的利益冲突为核心内容。社区内不同的构成主体依据自身利益最大化原则,对社区资源的分配和占有构成了城市社区固有的利益冲突和矛盾形态。社区环保团体或公民行动等组织通过人际传播和群体传播方式,将社区居民在日常生活中的环境保护活动与政府环境政策精神及政策的执行过程连接起来,让公众逐渐培养成生态文明的思想意识和对环境保护的身份认同,即对环境价值、环境权利和环保行动达成共识。这将是一个长期的系统工程,需要按部就班地进行。

一、城市社区环境传播渠道与传播内容

环境污染使社区居民成为首当其冲的受害者,但个体却无力阻止各类企业对社区带来的"环境负外部效应"。于是,以集体行动展开对环境秩序的合理诉求,不仅构成了社区民主政治的出发点,也成为公众参与城市环境公共治理的主要渠道。社区政治的主体是社区居民和社区组织,影响社区居民政治行为的动因主要有三个:利益、愿望和能力。社区环保运动兑现其环保诉求的程度往往取决于居民的参与度、参与能力以及社区组织对公共权力的掌握程度。正因为如此,社区环境治理的动员必须从以下三个方面展开:①构筑社区公共权力;②通过环境教育形式"开辟"社区居民的生态价值观传播渠道和环境自治的沟通渠道;③通过动员模式的授权功能强化居民对环保组织的身份认同。

1. 构建社区环保组织的公共权力

社区环保组织产生于社区日常生活的公共领域,主要通过社区内人际关系的互动和交流发挥环保作用。社区居民为了维护共同的利益而组织起来,形成一个具有相同环境价值观和利益共享的"环保共同体"。这个共同体运用传播渠道、传播战略和传播技术进行社区环境管理和环境保护等实践活动,在改善环境质量、加强人际合作、塑造具有高度社会责任感并乐意接受低碳生活方式和生态价值规范的"环境公民"方面发挥组织和

渠道的作用。系统的传播过程由 4 个步骤构成：①评估环境问题：环保组织及时识别并通过面对面的方式告知组织成员本社区所面临的环境隐患，促进组织成员对环境问题的关注和对话。这个面对面的传播方式可以迅速整合社区力量，强化环保组织成员间的联系和组织的影响力；②研究环境问题：环保组织内的专家和技术人员对环境问题的原因、性质及其潜在的影响与解决途径进行解释，其关键是探索如何运用和分配社区资源，制定解决问题的战略，达到维护社区利益的目的；③组织环保活动：召集组织成员、媒体、政府机构人员和与环境问题相关的机构人员，向其发布对环境的评估和研究结果，揭示社区内污染主体破坏生态价值的行为和政策，并按照行动计划和战略动员社区居民参与环保活动，该行动计划具有详细的实施步骤和明确的目标，同时含有 AB 两套互补计划；④总结环保经验：反思传播战略的有效性，讨论成功的经验或失败的教训，寻找活动中出现的领导型人才，并思考组织资源的分配和运营方式，对未来的发展方向提供参考。

在民主社会，城市社区的政治稳定是现代国家政治稳定的微观基础。一方面，城市社区在民主协商与民主参与的过程中获得了决策制定和资源分配权，环保组织在面对关系着人类健康生存环境与经济增长之间的矛盾与冲突时，通过有序的协商和谈判督促社区内各种政治实体适应环境保护的利益格局，达成对生态价值的共识和遵从；另一方面，社区环保组织在与政府互动过程中获得了社区居民的认同，成为社区理性规则和秩序的权威维护者，不仅减少了冲突危机的产生，更重要的是强化了社区环保组织参与基层民主的原功效，为环境管理奠定了基层民主的范式。

2. 打造社区环境教育平台，培育"环境公民"

环境公民是环境保护的社会动力源，是指能够理解可持续性发展原则和生物多样化保护途径，明白酸雨、沙漠化、臭氧耗竭等生态问题对人类生活质量产生严重影响，具有低碳生活意识和环境监控能力的人。换言之，社区环境教育的主旨即是培育公民对环境污染的认知度及其对环境保护的态度和立场，具体的教学内容围绕环境价值观、领导能力、团队合作和实际的环保行为能力等 4 个领域而设置。

（1）科普知识：介绍社区乃至整个国家所面对的环境问题，如气候变化、温室效应等产生的原因及其对人类的影响，水土污染和空气污染的根源与人类疾病的相互关系、过度消费和经济过度增长与碳排放的关系等。

（2）环境伦理：包括产业及环境管理应遵循的生态文明建设、可持续发展和低碳生活方面的价值观，介绍家庭节能减排等行为模式，培养公民理性的生产伦理和消费观，养成环保的生活态度和行为习惯。

（3）环境传播与人际传播的技巧：培育人们的组织协调能力，如设计社区环保活动蓝图、动员社区资源以及与其他社会机构交流和沟通的能力，同时培养人们对不同种族、经济地位、宗教信仰或教育背景以及不同性格人的尊重和对话的技巧等。学习方法包括参与某个环保组织的活动、了解该组织的功能、积累环保方面的工作经验。

（4）基层民主制的运行规则：建立民主的决策制定程序、参与程序和协商程序，将政府环境管理政策的落实与环保效果纳入监控过程，以培育社区居民对环保事业的参与兴趣与决策能力，使部分居民愿意为社区环保事业付出精力和智慧，成为环保组织内的意见领袖，代表社区参与公共协商会议或政府咨询会议等决策制定过程。

3. 社区环境公共治理中的参与模式

强制型的变迁手段往往遭到社区的抗拒，因而社区资源的重新分配和利益协调以协商式的管理和引导为主。协商式管理的特征是各方参与者具有同等地位和相同的权利，能够在彼此尊重、相互回应的前提下充分地表达其意愿和建议。在我国，社区的环保动员机制呈现出以下特征。

（1）社区环境参与的两种模式：协商或抗争。社区环境公共治理的一个重要体现就是与政府环保机构进行合作共治，并对国家和社区环境治理进行自觉监督和制约。国家利益虽然优先于社区利益，但在环境保护的目标方面，国家利益与社区利益基本一致。当环保制度的变迁及政府与社区主体责权划分明确、社区组织架构的角色定位和与社会资源配置程序公正透明时，社区对政府环保政策的认同感将得到提升。社区环保治理行动以协商式参与为主，居民在社会地位和权利平等的基础上参与环保决策的制定和实施，呈现出合作与配合的形式。由此，在社区环保政策的调整过程中，政府和基层管理机构的环境传播过程是：动员、参与、服务，并在与社区居民共同实施某项环保政策的过程中，满足社区的环保诉求，化解社区主体之间的利益矛盾，形成相互配合、相互制约、多元参与的社区环保架构。

当社区场域的利益主体之间与政府环保政策或行为产生利益冲突时，尤其是当社区的基本生存环境资源被单一利益主体所垄断造成不可调和的矛盾时，社区将进入自主动员和自发参与的社会运动前期。它决定了社区治理方式是否由协商式治理向控制型治理的转变，如果此时政府根据利益资源分配的公正原则和国家生态文明建设的价值目标，主导社区主体之间的利益交换和均衡，就有可能引导社区环保力量向协商式的利益博弈推进；如果继续维持环保制度安排的失衡则很可能产生暴力型的抗争，其结果既无益于建立国家生态文明建设的正面形象，更有损于环境公民的理性配合意愿。同理，社区采取的环境传播模式也影响着国家环保政策的取向，社区主体在环境传播的互动过程中，建构了各种信息反馈制度和信息资源传播渠道，汇集了公众的智慧和集体优势，从而促进政府环保政策与群众需要和现实需要的相结合。

（2）对社区环境组织的授权与身份认同。社区参与是环保事业的结构性驱动力，环保动员则是环保事业成功的前提。一般而言，社区居民比较热衷于关注那些影响其眼前利益和局部利益的环保事件，而对影响其长远利益和全局利益的环保事件则在"外围徘徊"。为此，社区环境传播的第一步便是动员社区居民的参与。一个团体必须形成对人类共享的生态价值和环保精神的追求才能成为权威的、值得信赖的组织。具体到某一项环保活动中，则需针对实际的环保任务"塑造"不同的动员话语结构，如针对危害动物生存环境的人传播自然界的内在价值和生物多样性对生态平衡的重要性，培养人们对保护其他物种生存的生态道德感，同时劝服人们对动物和所有生命以及整个生态系统实行伦理关怀；向违反排放政策、造成水土污染的人宣传产业伦理和环保法，强调污染对企业可持续发展形成的障碍及其对企业职员健康的损害等；对实行以环境破坏为代价提高 GDP 政策的基层政府宣传环境公正原理及公民环境权对维护公平与稳定社会的重要性；等等。环保组织正是运用以上环境政治学和生态伦理学理论彰显自身的公益性质和"权威性"，以此提升社区居民对环保运动的政治信任度。

环境传播的第二个组织功能来源于社区居民对环保运动的身份认同。社会认同理论认为，人们认同某个群体的方式是将该群体对于实现自身利益的正面功能最大化，在情感和利益联系上形成对该组织的归属感，从而与该群体成员拥有共同的信仰、价值和行动取向。在现代社会，建构有效社会认同的主要方式是，以价值渗透为主，以利益补偿为辅。环境传播以环境正义和环境平等原则作为环保组织成员的是非判断标准，将生态文明建设的价值观培育和环保互动活动作为群体精神交往和情感共鸣的公共空间，为组织成员提升人生价值、维护其生存环境搭建平台。从组织成员的视角来看，当其财产权、健康权和生存权受到另一个群体的侵犯、使之产生"集体剥夺感"时，就会寻找与自己利益一致的人联盟，运用集体的力量应对其他群体带来的"侵犯"。这类群体常用的一种诉求即是运用国家与所有群体都认同的主流信仰体系去改变社会制度中不合理的结构，美国民权运动便是一例。与此同时，组织成员也必须以该组织的道德标准作为自己的行为准则，以组织的宗旨作为完善自身的目标。所以，身份认同具有强大的号召力，它在培育公民人格精神、整合社会价值规范、激励公民参与与自己切身利益相关的活动方面有无可比拟的号召力。

2007年世界银行发布与中国国务院发展研究中心合作完成的《中国污染的代价：人身损害的经济评估》报告称，中国每年因污染导致的经济损失达1000亿美元，占GDP的5.8%。到2012年仅"空气污染损失近2万亿"[①]。2014年3月，中央政府在全国人大会议上正式提出"向污染宣战"，将全国人民带入一场环境保卫战之中。既然是一场"战争"，环保组织就需要配合政府的战略部署，迅速开展下一个"战役"：①争取扩大环保组织成员在各级人大代表中的比例，由他们直接向立法机构反映基层环保监控结果，如环保组织的人大代表有义务将地方政府没有完成的环保承诺一项一项地公布于众，督促官方问责；②环保组织代表社区居民取证并发起和领导公益民事诉讼。比如空气污染造成的过早死亡，环保组织可承担起建立环境诉讼绿色通道的领导责任，将环保法的传播直接与公民利益挂钩；③各类环保媒体急需转换角色，及时公开环境监控数据和环境质量信息，告知人们环境污染对生命财产造成的损害，动员和引导整个社会对企业违规的排放行为及基层政府在排放规制中的寻租行为进行微观层面的监控。总体而言，这场"战役"将是一场环境传播的"实战演习"，中央政府向污染的"宣战"既是为环境传播授权亦是一场声势浩大的全民环保运动的动员令，而环境传播组织的一项伟大的历史使命便是在这场"战役"中使上至决策层、下至企业和公众实现可持续发展观和低碳发展观的真正内化。

二、社区环境公共治理主体间的互动模式

社区环境传播的主体政府机构和媒介通过环境政策传播、大型国际会议、运动会、展览会、博览会、各类文化节、美食节、国际旅游节或者开通政府环境投诉网络等传播方式与公众产生互动关系；而社会组织和学界则利用网络、新媒体、生态伦理研讨会、环境保护培训班等创建完善环境信息公开机制、举办环境决策参与活动、提供环境法律救助、培育社区居民环境保护意识、提升社区居民对政府生态政策的认同及其对生态城市的归属感。以上两类环境传播都围绕公众的环境需求展开。

---

① 王文婷：《我国防治大气污染的公共政策演进》，《治理现代化研究》，2018年第2期，第83-88页。

1. 满足公众环境知情权

第一，定期向公众发布环境治理政策、条例、企业污染数据和治理效果，告知公众其周围环境特征，如污染指数、工业污染源给人类健康带来的危害以及对污染源的防范和监控途径。例如 2010 年关于"我国约 1/5 的城市大气污染严重，113 个重点城市 1/3 以上的城市空气质量达不到国家二级标准，机动车排放成为部分大中城市大气污染的主要来源"[①]的信息传播，使公众深刻地意识到社会中每个人都对空气污染负有一定的责任，从而对"绿色出行"社区活动产生价值认同和行为配合。第二，及时传播社区周围空气污染和水污染的相关数据，引导公众对自身污染行为进行反省。例如，生产一匹布所产生的水污染数据，开车 500 公里的碳足迹等。第三，以环境冲突事故为个案研究，告知公众社区周围生产部门可能存在的环境隐患，此举一是提升居民的环境监督意识，二是引发企业生产部门思考"本公司的生产方式产生了何种环境代价？对社区生存环境产生了何种不可逆转的影响？本公司的环境隐患将对公众身心健康产生何种负面作用？"等问题。此类环境信息的传播"搭建"了企业与公众之间的环境治理互动桥梁，使公众成为各类污染源的监控主体，亦将提升企业对环境治理的责任感和自我约束力。

2. 对公众环境素养、环保技术能力的培育

社区居民在参与环境自治方面具有地域和人际传播的优势，但常常缺少环境检测技术的支持。社区环保团体一是可以直接从技术培训的角度切入，向公众开放其实验室，接受公众对环境的监测诉求，回答他们对水污染、空气污染和食品污染的质疑和检测需求。长此以往便可形成一个由社区环保技术专家和公众对话的环境科研论坛，逐步激发公众监控住地周围的水、空气和土壤的主动性，提升公众的环保技术能力。

社区环保组织可借鉴欧美国家多种形式的"非正式生态教育"方式，针对社区某个具体的环境问题设置某类中心议题，或通过室外教学方式如田野调查、远足、游园和登山活动等引导公众参与环保自治活动。比如选择建筑垃圾污染严重的社区，组织田野调查让该社区公众直接感受化工污水、工业垃圾混杂造成的土地污染、空气和水污染等的危害性，之后鼓励社区居民进行角色转换，联系相关生产单位和政府管理部门，咨询被污染社区环境问题的解决政策，引导公众与环境污染主体进行沟通和协

---

① 《环保部：全国 1/5 城市大气污染严重》，《刊授党校》，2010 年第 10 期，第 43 页。

商，提出解决问题的方法。如此可加强公众在环境监控和垃圾管理方面的环保责任感和参与积极性。

再如，组织本区域居民参观森林城市、森林公园，宣传适于人类居住的生态城市指标和指数，演示社区中存在的环境破坏行为，强化社区居民对本区环境保护的价值认同及环境保护（如植树、垃圾回收）活动的参与热情，在社会基层形成一道环境污染的防范网络，为缓解中小新兴城市因过度装修和垃圾围城造成的土地污染和水污染、提高整体社会在环境公共治理事业中的合作意愿提供群众基础。

3. 社区公共论坛与社区组织的"生态社会化"

社会化本来指"由自然人到社会人的转变过程，每个人必须经过社会化才能使外在于自己的社会行为规范、准则内化为自己的行为标准，这是社会交往的基础，社会化是人类特有的行为"[①]。从组织社会化的理论视角看，新成员应该学习组织新价值观、规范和行为方式。具体包括：组织的基本目标；达成这些目标所采用的手段；新成员角色中所蕴含的基本责任；切实履行角色所要求的职责；维持组织原则的一致性与完整性[②]。换言之，角色学习过程即社会化过程。在这个过程中，个人逐渐了解自己在群体或社会结构中的地位，领悟并遵从群体和社会对自己的角色期待，学会如何顺利地完成角色义务，其功能在于维持和发展社会结构。本节借助个体或组织社会化过程来寓意一个国家或社会管理层（包括决策机构和环保政策执行层）在环境公共治理中学习世界上其他国家生态文明建设的战略和政策规范，向公共组织或公众学习环境治理准则的过程。例如，北京市环境保护局（今北京市生态环境局）和广东省《南方都市报》（以下简称《南都》）通过与 NGO 和知识界专家共同举办定期的学术研讨会，设立常设的、"零门槛"公共论坛，借以引导决策层的生态伦理、生态忧患意识，同时借鉴先进的国际环境保护制度设计，带领一批高层决策者和环保参与者进入"生态社会化"状态。

（1）可持续消费和生产论坛。2012 年，联合国驻华系统与北京市环境保护局共同举办绿色消费论坛，参与者有联合国驻华系统（环境署、工发组织、教科文组织等），瑞士、德国、美国等国驻华大使馆，中国消费者协会，中国连锁经营协会及其企业，国际环保非政府组织，研究机构和

---

① 李百鸿：《人防建设应当向社会化转型》，《中国人民防空》，2011 年第 12 期，第 24 页。
② 杨岸、李燕萍：《组织社会化理论研究述评》，《经济管理》，2007 年第 21 期，第 91-96 页。

北京市环保系统等各类机构的代表。该论坛的主旨一是"围绕中国绿色消费现状、可持续生产、可持续零售与消费、城市与生态、'清洁空气与绿色消费''北京生态保护行动'等主题进行经验交流，市环境保护局还在论坛期间发布了《绿色驾驶》倡议"；二是向公众发出绿色消费、绿色驾驶和绿色生活的倡议，并向"联合国驻华系统、国际环保组织和各国驻华系统宣传介绍北京市治理大气污染取得的成就"；三是"建立与联合国驻华各机构、国际环保组织和各国驻华使领馆以及在京国际企业和行业协会之间在推进城市可持续发展领域的沟通渠道和合作平台，汇集各方力量，为建设美丽中国做出共同的努力"；四是由世界自然基金会每两年发布一期《地球生命力报告》，报告地球上生物多样性的下降趋势、人类所需要消耗的可再生资源现状。此报告告诫人们，"若不改变现状，到 2050 年，人类需要第三个地球"[1]。

（2）"南都公众论坛"。主办该论坛的宗旨是，改变人们仅仅将工业生产和城市化生活视为环境污染主因的认识，邀请中国人民大学农业与农村发展学院教授郑风田传播"农业已成为中国最大污染源"的信息、知识和原因。人们"为了提高产量，怎么在有限的土地上生产出更多的粮食，所以采取各种方法，第一个方法是大量的化学农药"，未被吸收的化肥渗入地下水进入人们生活的水循环中。[2]在此次论坛上，郑风田教授还向公众介绍了国际上的化肥使用规范，欧洲一些国家不允许所有的化肥、农药直接进入土壤中，化肥经过技术处理后才能使用，同时要求减少化肥施用量，以避免化肥对地下水的污染。农业生产是我国经济支柱产业，"农业成为最大污染源"的警示唤起决策层对于农村水资源的保护意识。2016年颁布的《中华人民共和国国民经济和社会发展第十三个五年规划纲要》规定，"大力发展生态友好型农业。实施化肥农药使用量零增长行动，全面推广测土配方施肥、农药精准高效施用"[3]。科技部和农业部继而成立了国家"十三五"规划农业项目——"化学肥料和农药减施增效综合技术研发"专项，为推动化肥农药零增长"对症下药"。[4]

（3）中国水危机之论坛（治·水——中国水危机与公共政策十人

---

① 王德培：《中国经济 2021 开启复式时代》，北京：中国友谊出版公司，2021 年，第 196 页.

②《学者称"农业是中国最大污染源"》，《农村·农业·农民(B版)》，2013 年第 5 期，第 34-36 页。

③《中华人民共和国国民经济和社会发展第十三个五年规划纲要》，http://www.xinhuanet.com/politics/2016lh/2016-03/17/c_1118366322.htm，(2016-03-17)[2022-05-23].

④《访国家十三五规划"药肥双减"项目组专员吴青松》，https://www.sohu.com/a/135400675_508911，(2017-04-21)[2022-05-23].

谈）。《南都》早在 2007 年就做过"中国水危机"系列报道，以实地见闻和翔实的数据资料勾画了中国水资源面临的困境，此后又举办了"中国水危机与公共政策论坛"，邀请了国家环境保护总局的官员、专家、学者和国际、国内多家环境 NGO 及基金会的代表，探讨中国面临的严重水污染现状及原因。在论坛上，专家们剖析了产生水危机的根源：国际上通行的是水资源开发不能超过 40%，可是，"中国水资源短缺，人均水资源占有量约为 2100 立方米，为世界平均水平的四分之一。按国际标准，人均水资源低于 3000 立方米为轻度缺水，低于 2000 立方米为中度缺水，低于 1000 立方米为重度缺水，低于 500 立方米为极度缺水。照此，目前中国有 16 个省（区、市）重度缺水，有 6 个省、区极度缺水"①。参加论坛讨论的官员和相关学科专家提出对水危机的缓解措施：坚持节水优先，实行最严格水资源管理制度，强化水资源刚性约束，实施国家节水行动，全面推进农业节水增效、工业节水减排、城镇节水降损。同时吸引公众参与对水污染的监控，发动基层组织寻找并遏制水污染源的行为；实行官员问责制，采用环保水平作为评估官员政绩的标准之一；在国家政策中禁止高耗水、高耗能的公共建设，同时让此类企业退出股市。

（4）"生活垃圾分类处理：从政府战略到公众参与"论坛。由广州市城市固体废弃物处理公众咨询监督委员会（以下简称"咨委会"）、广州市科协、《南都》主办，此次论坛主要针对公共政策与官民信任危机问题，就垃圾焚烧方面的分歧和解决途径实行官民互动。受邀的 8 位嘉宾中有学者、网友、媒体代表、企业代表等，他们开出的众多"药方"之一是，"政府不要帮企业'打包票'、公务员先带头垃圾分类以示政府诚意等"。对垃圾分类处理话题感兴趣的市民、城管、物业、街道、居委会、资源回收企业代表等参与了论坛的讨论，他们的发言让广州市固体废弃物处理工作办公室相关负责人明白了公众不相信政府垃圾处理战略的原因：政府在处理类似的涉公共安全问题上不要先站出来说、先拍胸脯说这是绝对安全的。相反，要把问题原原本本地交给公众去讨论，政府应该站在和公众一样的立场上。把用于垃圾焚烧的钱，放在垃圾的回收和分类上，效果也许比简单的焚烧垃圾更有效，也能更好地减少阻力，政府和群众之间的对抗也可以大大减少。当然，政府官员也可以界定公众的环保责任，如希望市民采纳低碳的生活方式，尽可能少地生产

---

① 《中国 16 省市重度缺水》，http://www.cnr.cn/360/queshui/201405/t20140514_515508976.shtml，（2014-05-14）[2022-06-02].

垃圾，比如少用一次性用品、不过度包装等，达到垃圾减量的目的。①

《南都》论坛的核心价值，在于促进行政部门与市民的对话，确保"声音多元，坦诚相见，不预设立场"，就公共利益、信任与质疑、政策执行和民意等进行有效沟通，形成一个官方与民间相互激励的环境公共治理渠道。

（5）低碳时代（国际）论坛。什么是低碳？如何重塑社会的商业形态以实现低碳生产？《南都》《中国石油报》在 2010 年 10 月承办了"低碳时代（国际）论坛"，与政界、学界、商界、民间力量共同探讨与低碳有关的经济、商业等诸多领域的议题。受邀机构包括国务院发展研究中心、中国社会科学院、北京大学等学术机构和世界自然基金会、气候组织、美国芝加哥气候交易所等国际组织。

此次论坛有三个目标：一是借绿色活动引起公众对低碳、环保议题之关注，并掀起一场社会讨论；二是进行"低碳时代十大年度人物评选"，树立低碳生活的学习榜样，塑料袋重复使用，选购小排量汽车，尽量搭乘地铁，安装双层节能隔热玻璃……绿色就是时尚，就是时髦，告诉你的热衷于驾驶高排量的四轮驱动越野车的邻居，他已经"落伍了"，发动一场方兴未艾的绿色低碳运动，使绿色低碳成为一种自觉，环保将成为每个人生活的一部分；三是动员与鼓励人人争当低碳模范：如"转变唯 GDP 经济增长方式的地方官员"，在绿色经济和公共管理领域颇有建树的学者，或在低碳技术领域有创新突破的科学家，或在业界开低碳先河的企业领袖，或是低碳生活方式、低碳价值的倡导者和传播者。

过去，我国社会曾缺少新能源科技的创新者和致力于改变能源使用结构、推动中国低碳技术的变革者。事实证明，唯有一批"推动制度变革、积极转变'唯 GDP 论'经济发展方式的实践者"成长起来后，我们才能通过他们改革公共资源分配方式、实现绿色经济的公共管理模式；唯有一批研究低碳经济的实践路径、政府职能转变、公共政策转型并创新环境教育内容和观念的专家队伍，通过他们壮大绿色社会组织，低碳发展观才能成为时代的主流。凭此，我们才有可能真正地迈进可持续发展的新型社会，让可持续增长模式真实地运行于广阔的神州大地。正是媒体在培育厉行低碳和环保生产理念的创业人士方面，在动员和鼓励实行产业绿色革命、践行低碳生活方式和低碳文化价值方面承担了倡导者、教育者、传播者的历史责任。

---

① 《广州市科协借助论坛搭建官民良性互动平台》，https://www.wenmi.com/article/pvqrm301y3zf.html，(2019-08-05)[2021-09-23].

《南都》已连续举办多届低碳时代（国际）论坛，每届论坛都有外国领事及企业界、政界和学界的领袖人物等聚集在一起，共商生态文明建设之国家大事。论坛之后选出每个年度的"低碳人物"，展示产业界和管理界优秀人员的"生态社会化"程度——低碳模范人物的低碳生活及其绿色经济效益。例如 2012 年的"低碳人物"是来自宁夏盐池县的白春兰。她和政府在过去的 32 年里，坚持在沙漠里种下了 10 万多棵树木，把一万多亩沙漠耕耘成绿色的"植物园"。由此可见，各类环境公共论坛以高瞻远瞩的目光叩开了中国可持续发展的绿色大门，其中蕴含的生态文明的精神内核对引领国家环境公共治理潮流、强化国家公职人员的"生态社会化"进程起到了明显的启示作用。

第三节　环境公共治理思想的内化机制与途径

学者们认为，解决中国环境问题的途径，必须是走环境民主的道路，鼓励广大民众知悉环境实情，参与环境监督和环境决策。如郇庆治教授认为：通过动员组织公众参与对环境挑战的应对来解决生态环境难题。这一思路的好处包括：可以赋予民主制度以生态价值基础，可以把民主政治文化与环境话语有机结合起来，可以从根本上解决绿色变革的动力等难题。[1]回到我们正在面临着的环境挑战（这种挑战的艰巨性、复杂性与全球影响性已成为学界共识），它要求政府部门公开信息，保证老百姓有从多样的信息中进行充分选择和辩论的权利。这些信息包括环境政策的制定、环保监控数据、产业界的发展方向和方式、公众的诉讼权利等方面。媒体在其中扮演着瞭望塔的角色，从急速发酵的媒体报道，到微博转发的热烈讨论到非政府环保组织（Enviromental Non-Governmental Organization，ENGO）的积极行动，都起到了让环境公共治理理念渗入社会和民众思想的作用。

一、中国 ENGO 的行动领域及其传播策略

中国已有 6000 多家 ENGO[2]，按其组织结构大致分为四类——由政府部门发起并组建的、民间自发组建的、大学生环保社团及国际环保民间组织在中国的注册机构。它们经历了诞生兴起、壮大和高效介入三个发展

---

[1] 郇庆治：《环境危机与民主政治》，《绿叶》，2007 年第 11 期，第 51 页。
[2] 刘晓晓：《环保民间组织的前世今生》，《中华环境》，2014 年第 2 期，第 60-61 页。

阶段，并活跃在环境监督、决策参与、环境教育、邻避运动等领域。近年来，ENGO 在环境监督方面越来越活跃，对金光集团云南毁林事件、圆明园湖底防渗工程、年度水污染地图、保护野生藏羚羊、长江江豚保卫战等环境事件进行发掘、持续跟踪和信息传播。例如"自然之友"是中国本土最早的全国性民间 ENGO，是迄今为止会员人数最多的环保组织，其工作领域包括城市垃圾减量、城市减碳行动、草根支持、公众参与和信息公开、环境教育、坚守生态保护底线六类。该组织近年的工作重点是回应中国快速城市化进程中日益凸显的城市环境问题，探寻中国的宜居城市建设之路。成立 20 多年来，自然之友参与和发起了多起引起全国关注的环境保护活动。比如保护滇金丝猴、藏羚羊，怒江建坝的环境评估，并且出版了《环境绿皮书：中国环境发展报告》等各种环保书籍和期刊，是中国影响力最大的 ENGO 组织之一。再如国际背景的 ENGO 国际绿色和平组织也是中外研究者较为关注的环保组织，它的工作领域包括：气候变化及能源、空气污染、消除有毒化学品、食品安全与农业、保护森林、保护海洋以及抵制核试验等[①]。概而论之，ENGO 的行动领域涵盖了环境民主的四个主要方面：指导环境政策和环境公共治理行为、组织环保运动、动员公众参与、改变产业界的发展理念和发展方式。

1. 环境决策参与机制是推广和普及环境公共治理思想的"培养基"

在环保制度设计上，ENGO 以参与环境决策的方式，引导我国环保伦理意识和环境公共治理的发展方向。参与方式包括：与政府沟通、以组织自身名义或内部成员个人的公民身份参与政府环境治理项目、自发地与政府管理机构联系，或要求提供某项服务，或表达对某项政策或某个环保机构的不满，提出环保建议和指导，等等。尤其是在公民听证会和咨询委员会中，ENGO 以独立的专业咨询意见说服相关机构改变环境治理策略，甚至阻止对环境产生负面影响的工程实施。这些活动增强了公民和政府在社会公共事务上的话语权，促进了社会组织的发展和环境善治的形成。具有示范意义的典型案例是绿色家园发起的"保卫怒江"行动。2004 年 2 月，国务院总理温家宝在《怒江中下游流域水电规划报告》上做出批示："对这类引起社会高度关注，且有环保方面不同意见

---

① 国际绿色和平组织成立于 1971 年，目前在世界 40 多个国家和地区设有分部，拥有超过 300 万名支持者。参见 https://www.greenpeace.org.uk/about-greenpeace/victories/.

的大型水电工程应慎重研究，科学决策。"①一纸批示驳回了原开发规划，此规划再次提交国务院时，不但级别从 13 级降为 4 级，而且需再次听取环保人士的意见。

组织环保运动直接提升了公众环境道德的"内化效应"。民间环保组织改变的不仅仅是环境决策，其行动方式更是影响了一个时代公众的环境道德意识，引导人们遏制过度消费欲望，推动生产部门的环境自律。如绿色和平组织信奉"非暴力直接行动"；中国红树林保育联盟常年致力于白鹭自然保护区的生态修复；广州市绿点公益环保促进会组织"珍惜粮食，争当剩斗士"活动，引导小学生节约粮食，认识厨余垃圾；未来绿色青年领袖协会联合多家媒体，共同发起"拒绝鱼翅　年年有鱼"公益活动；贵阳公众环境教育中心自 2010 年开始发起贵阳市绿色江河全民保护行动，建立长效管理和监督机制，探索"中国母亲河保护贵阳模式"；中华环保联合会向海南省海口市中级人民法院递交诉状，对海南罗牛山养殖基地污染红树林公益诉讼案，法院正式立案，经央视曝光后，推进了养猪场的搬迁工作，监督并改变了产业界的发展理念和发展方式。不良企业一般不希望公众获知其生产方式对环境造成的影响，以各种卑劣的手段掩盖给环境带来的负外部效应。社会可以依靠环保组织以科学的研究数据，对环境现状作出公正的评价。例如，2013 年 8 月 1 日，绿色江南、公众环境研究中心、自然之友、环友科技和自然大学五家环保组织共同发布了《谁在污染太湖流域？》调研报告，指出一些制造企业涉嫌污染排放，使太湖流域昆山地区的皇仓泾河和娄下河的底泥重金属超标。调研报告建议政府和公众对太湖周边企业实行严格监督，利用环保法中条例实施罚款，迫使相关企业承担其环保责任，从而遏制了不良企业的恶意排放行为。

对于神华集团在内蒙古造成的水污染和水枯竭问题，环保组织绿色和平气候与能源项目组十一次深入当地调查取证，在 2013 年 7 月发布《噬水之煤——神华鄂尔多斯煤制油项目超采地下水和违法排污调查报告》②。但由于环境监督的缺失，这份报告未能引起内地传媒的广泛报道。于是他们趁中国神华（1088.HK）在香港举行业绩发布会的时机，向神华高层递交请愿信，并在随后的记者会上，向神华集团代表提问，要求他们正视问题，立即停止破坏水资源。以此为突破口，绿色和平组织与全世界的传媒及投资者广泛接触，倒逼大型企业检视自身问题。正如神华鄂

---

① 文娟：《怒江计划反对备忘录》，《新经济》，2004 年第 6 期，第 77-81 页。

② 邓萍：《噬水之煤》，《青海科技》，2013 年第 5 期，第 54-57 页。

尔多斯煤制油项目负责人在多次与绿色和平接触之后坦承的那样：如果我们当这是一场战争，一切沟通都不会发生。这从一个侧面反映了 ENGO 的环境监督作用及其传播沟通的有效性。不言而喻，说服产业界开展循环经济探索、推进工业园区集聚发展和节能降耗改造等是一个漫长的过程，ENGO 不是执法单位，不是新闻媒体，更不是企业的主管部门，它们发挥的监督和传播推动作用是不可替代的。

2. ENGO 的环境监督与环境教育策略

不同属性和发展阶段的 ENGO 具有不同的媒介传播策略。官方背景的 ENGO，比如中国环境科学学会，主要依靠行政化的媒体动员。草根 ENGO，如自然之友、绿色家园和北京地球村，与媒体联系紧密而获得媒体较多的关注与传播。有的环保组织创办人与媒体有着密切关联，有的组织直接吸纳一批对环境议题有强烈兴趣的记者，所以一旦它们发起相关议题，就有大量的媒体跟进报道，这主要还是一种个人网络式（personal network）的媒体动员；而国际 ENGO 绿色和平的媒体动员模式则非常专业化——其通常会提前半年到一年进行项目策划，媒体策略是整个项目设计中一个重要的构成部分，项目执行前，负责人考虑最多的是"怎样设计项目才能得到更多的媒体关注"。在绿色和平一份完整的媒体策略计划书上，往往会列明目标受众、目标媒体、媒体报道框架、故事版本、故事链（storyline）、活动的各个阶段（stages）所包含的新闻叙述方式等多项内容。[①] 在 ENGO 的发展初期，媒体是其展示存在的重要舞台，而 ENGO 亦是媒体环境新闻的重要消息来源。到了发展的成熟和稳定期，ENGO 除了保持与媒体的良好合作关系之外，也利用媒体进行社会动员，发起环保运动，积极介入环境事件，获得自身的合法性。

在新媒体时代，ENGO 灵活采用多元传播策略和渠道开展环境教育活动。

（1）与政府、企业加强合作，为完善环境治理提供战略思路。国内多数的环保组织力量比较单薄，有依托行政权力、挂靠政府资源等特点。例如 2004 年，北京地球村、自然之友等 6 家环保民间组织联合在北京发起"26 度空调节能行动"，当时并没有多少人能完全接受这一环保理念，到了 2005 年，在全国 51 家 ENGO 的积极推动下，国务院办公厅要求所

---

① 曾繁旭：《NGO 媒体策略与空间拓展——以绿色和平建构"金光集团云南毁林"议题为个案》，《开放时代》，2006 年第 6 期，第 22 页。

有公共建筑夏季室内空调温度不得低于 26 度。2007 年 6 月，国务院办公厅下发了《关于严格执行公共建筑空调温度控制标准的通知》。

企业是环境污染的主要源头。为促进企业开展清洁生产，深化工业污染防治，走循环发展、绿色发展、低碳发展的可持续发展道路，中华环保联合会发起成立"中国环境友好型企业联盟"，组成一个集咨询、研究、议事、服务于一体的非营利、半紧密型的互动平台。ENGO 通过加强与企业互动，提高企业参与环境管理的意识和能力。

（2）构建多媒体传播平台，扩大影响力。ENGO 通过媒体途径得以向全世界传播其理念，随之获得决策制定者的关注，引起政策层的反思和制度变革。如湖南岳阳市江豚保护协会的传播平台，包括：第一，由该协会会长开设的全国党报首个野生动物保护专栏《拯救江豚——亚平手记》；第二，由国内外媒体共同参加的联盟网络；第三，拯救江豚的网站，公益广告、微博、微信等新媒体，照片、雕塑、模型、影像等五大巡展。可见，媒体报道对于促进 ENGO 组织和动员活动及营造社会舆论等方面的功能不可或缺。

（3）打通社区和学校传播渠道，强化社会教育机制的功效。社区和学校是开展人际传播的核心区域。ENGO 在社区文化中融入环保理念，形成"圈子"和居民的共识，强化了社区的归属感。如自然之友与北京一些垃圾分类试点小区的核心家庭开展深度交流互动，通过降低"低附加值"可回收物的回收量，激励四百多户持有"绿色账户"的居民逐渐养成分类习惯，年垃圾减量达三十余吨。他们在北京、江苏等地推广的"小小环境观察员"课程，成为一些中小学的选修课，从孩子抓起，让孩子影响家庭成员、影响社会大众。

二、地方环保组织在公共治理中的民主协商功能——以广东环保组织为例

2017 年，广州市环保部门共联合开展水环境、小锅炉、重点行业专项执法等环保专项行动 22 次，检查企业 68 906 家、机动车单位 20 106 家，立案查处环境违法案件 5103 宗，按时办结环境信访案件 37 994 件，妥善处置一般环境应急事件 19 起。对白坭河（白云和花都段）水环境整治等 7 个突出环境问题及 5 家重点企业进行挂牌督办，对 135 家企业 2016 年度环境信用状况进行评价。配合开展省大气和水污染防治专项督查，专项督查组检查我市 953 家企业，我市立案 271 宗，责令改正 246 宗，查封 15 宗。我市自行组织开展重点环境问题交叉执法督查，第一阶

段检查企业 451 家，立案 136 宗，责令改正 274 宗，查封 25 宗；第二阶段检查企业 2172 家，立案 328 家，责令改正 291 宗，查封 30 家。[①]罚款的治理手段使物品或物品的价格得以反映全部的社会边际成本。私人边际成本是把双刃剑，它一方面提高了污染的成本代价和进入污染型产业的门槛，另一方面却降低了社会对污染型产业的纠正效度。换言之，环境执法系统的处罚手段虽然增加了污染者的交易成本和外部经济费用，但它无法改变污染产业的性质，也无法彻底铲除污染源。

仅仅鼓励社会生产部门和公民珍惜地球有限资源，改变生产、生活形态，远不是确保自然资源永续的根本途径。地方环保组织被认为是在每一个社区安置的"环境雷达"，其对各类企业的排污行为进行不间断的监控，并且在社区受到潜在污染威胁时，联合社区居民迫使企业决策层放弃污染型生产行为，确保公民获得健康的生存环境。笔者对广东省不同类型的环保组织进行了初步的调查和分类，对其作为践行"环境民主"主体机构所发挥的民主参与功能和协商功能进行了系统的总结。

1. 开展环境保护的科学研究、检测环境、发挥环境危机的预警功能

参与环境保护事业不能仅凭一腔热血，而是需要掌握交叉学科理论基础，最好拥有生物化学、能源经济、生态科学和国家政策等方面的相关知识，才具备对环境的监控能力。如广东省级的环境类学术性社团共有两家，分别是广东省环境科学学会和广东省环境经济与政策研究会，备案的市县级的学术性社团大约 40 家，它们在"科学环保"事业中发挥了不可替代的作用，如召集科学家一起进行实地检测，对农村环境、土壤、工业、水资源、固体废弃物和空气污染进行监测，告知环境污染的真实现状等。以广东省环境科学学会为例，该学会对广东省大宝山矿区的研究为政府的系统治理提供了参考。学会在 2012 年举办了"区域性重金属污染与健康研讨会"，召集科学工作者对大宝山矿区的重金属污染和当地人群的暴露水平与健康状况之间的关系进行了研究，学会用微波消解-石墨炉原子吸收光谱法检测暴露人群全血中镉、铅、铜、锌含量，结果发现，高暴露区人群全血中镉、铅、铜、锌的几何均数明显高于其他人群，证明其健康受到了影响。该矿区周围土壤也受到多种重金属复合污染，污灌稻田土中重金属的平均浓度远远超出了土壤环境二级标准值，对周围生态系统将

---

① 《2017 年广州市环境保护工作总结》，http://www.gz.gov.cn/zwgk/zjgb/bmgzzj/2017n/content/post_2865538.html，（2018-01-29）[2021-09-23].

产生较大的潜在危害，此项研究带动了环境科学界对大宝山矿区地压控制与残矿安全回收问题的大规模研究。

绿色选择联盟旗下的 34 家 ENGO 于 2010 年联名发布了《IT 产业重金属污染调研报告》，针对珠三角等地区 IT 企业重金属污染情况进行披露，曝光了一批企业污染案例。如惠州美锐电子科技有限公司，被查出部分生产废水未经处理直接外排，铜、锌、镍、铁均超标排放，惠州市环境保护局[①]责令惠州美锐电子科技有限公司立即改正环境违法行为，将蚀刻、电镀车间清洗地板废水引向废水处理设施进行处理，并处以 5 万元罚款。此次监控行为对决策部门和 IT 行业发出了预警，引起了社会对重金属污染的巨大反响，促使政府加大了对企业整改的力度，并且终于在 2011 年通过《广东省重金属污染综合防治"十二五"规划》和《广东省重金属污染综合防治行动计划（2011—2012 年）》。[②]2012 年，广东省将重金属污染防治工作纳入全省环保责任考核，对考核不合格且问题突出地区实施涉重金属项目的区域限批，年内搬迁、淘汰重金属污染企业 255 家。[③]此外，广东省还针对铬排放量较大的茂名高州市皮革企业进行彻底整改，以缓解河流污染问题。

2. 参与环保决策过程，参与制定相关产业的国家标准和行业标准

例如，广东南方土木建筑科技研究院曾接受政府职能部门委托，参与、承担土木建筑（包括室内外环境检测和污染治理）的技术标准制定、专业技术资格评审和职业资格的认证鉴定。广东省环境科学学会自 2013 年起也主导编写《电镀工业污染防治技术政策》，针对电镀行业的环境污染问题，提出电镀污染防治技术的规范性政策。

3. 监督政府的环境保护工作，敦促政府调整或叫停部分污染项目规划，防患于未然

例如，"深港西部通道环境维权组织"的环保活动便是成功案例之一。它由深圳居民自发组建，旨在反对"深港西部通道"的排污方案。该通道是连接香港与深圳的跨海大桥，工程侧接线需要通过地道穿过东滨路和后海湾填海区。近 3 公里侧接线隧道积累的汽车尾气通过开口直接外

---

① 惠州市环境保护局现更名为惠州市生态环境局。
② 《省环境保护厅召开全省重金属污染综合防治规划实施工作会议》，http://gdee.gd.gov.cn/shbdt/content/ post_2326470.html，(2011-11-18)[2021-12-20].
③ 《粤重金属污染综合防治工作会议召开 许瑞生出席会议》，http://www. gd.gov.cn/gdgk/gdyw/201205/t20120523_161531.htm，（2012-05-23)[2021-9-23].

排，污染了附近小区居民的居住环境。^①"深港西部通道环境维权组织"
2003 年 6 月开始收集业主签名、募集活动经费，同时通过聘请专业人士进行
环评、组织后海祈祷会，并递交了游行活动的申请书和业主的意见。最
终，政府顺应了舆情对工程侧接线的方案做出适当调整，保证了工程质
量、规划效率和施工进度，使深港西部通道最后能够正常投入使用。深港西
部通道环境维权组织的环保活动是践行"环境民主"的一次成功的尝试。科
尔曼在《生态政治：建设一个绿色社会》中提出，参与型民主是环境运动的
变革性力量，它使人们获得了"把爱护环境转化为公共政策的力量"[2]。

4. 引导环境保护的立法进程

2006 年前后，广东省对电磁辐射的管理十分薄弱，公众对辐射的投
诉占环境投诉的 70%，引发了多起群体性事件。[3]2006 年，广东省土壤学
会、广东省生态学会、广东省环境科学学会等机构在省人大会议上提出了
"加快我省电磁辐射环境的立法工作"的建议，2007 年，《广东省电磁辐
射环境管理条例》便被纳入了广东省立法计划预备项目名单。2012 年，
广东省辐射防护协会正式成立，并作为辐射领域的专业环保组织，参与制
订辐射安全与防护法律法规、技术标准和规范。

"据广东省环保志愿者指导委员会不完全统计，全省已有各类环保社
团组织 194 个，约占全国的 5.5%，数量上在全国仅次于北京。'通过组
织各种活动倡导绿色生产生活，促进节能减排和生态保护，传播生态文
明，至今环保民间组织已经成为公众有序参与环保事业的一个主渠
道。'"[4]然而，环保组织对环境污染的监督作用非常有限，因为环保组
织本身受到太多的制约，一是需要自己寻找所谓的"婆家"即监管单位才
能注册，不能注册的环保组织仅仅是学校或社区社团的一个分支；二是没
有资金来源，缺乏人才和专业知识，也缺少对话渠道，根本无法进行与政
府、企业合作或行动，对企业重大污染事件产生影响。

如上述，我国城市环境公共治理机制创新涵盖三个方面：一是上层
建筑领域中设定的生态文明建设方针、政策与制度机制；二是对社会生活

---

① 中华环保联合会：《中国环保民间组织发展状况报告》，《环境保护》，2006 年第 10 期，第
60-69 页。

② 丹尼尔·A. 科尔曼：《生态政治：建设一个绿色社会》，梅俊杰译，上海：上海世纪出版社，
2006。

③ 《广东电磁辐射管理加快立法》，《羊城晚报》，2006 年 11 月 22 日。

④ 《粤将培育 300 骨干环保社团》，http://gdee.gd.gov.cn/shbdt/content/post_2296483.html，（2011-
12-26）[2021-09-23].

领域中的环境权与健康权保护运动已获得不同程度的宽容和认同；三是决策层设立的生态文明建设的监督机制被融入基层治理体系。其中，党和政府在制定生态文明建设政治制度、法律制度及生态道德教育工程和环境科技创新等工程中纳入了更多环境专业工作者与生态科学家。政府对由科学工作者带领热心环保的公民组成环保 NGO、参与环境立法和环境监督、为环保事业出谋划策实行进一步的放权和授权。[①]同时，我国地方政府环境组织管理政策进行了深度调整和改革，如 2011 年 11 月，广东省民政厅提出，"从 2012 年 7 月 1 日起，除特别规定、特殊领域外，将社会组织的业务主管单位改为业务指导单位，社会组织直接向民政部门申请成立"[②]。降低了环保组织的登记门槛，广东省创建省级绿色学校 1415 所，省级绿色社区 307 个，省级环境教育基地 139 个。[③]使该省绿色创建工作与构建全链条式的全民环境教育体系相结合，为逐步形成具有广东特色的绿色创建工作新格局铺设了广阔的发展前景。[④]民间环保组织承担了连接政策层、政策实施层与公众之间的环保桥梁角色，为强化公民参与和环境监控的成效而清除了管理方面的制度障碍因素。总之，政府环境决策制定部门、城市社区环保组织和乡村基层组织共同承担了环境公共治理动员、建构与组织者的角色功能，在传播民主、公民权、公共利益、共同领导、多元主体参与等公共治理思想方面，培育了一代懂得沟通、联络、具有环保责任感和环境监控能力的"绿色"生产者、管理者和参与者，为"打造一个共建共治共享的社会治理格局"奠定了社会资本和思想基础。

---

① 《粤将培育 300 骨干环保社团》，http://gdee.gd.gov.cn/shbdt/content/post_2296483.html，（2011-12-26）[2021-09-23].

② 《社会组织"松绑"后怎么办》，https://epaper.gmw.cn/gmrb/html/2012-09/05/nw.D110000gmrb_20120905_1-16.htm，（2012-09-05）[2021-07-07].

③ 截至 2018 年 6 月，广东省共创建省级绿色学校 1415 所，省级绿色社区 307 个，省级环境教育基地 139 个。广东省绿色创建工作与构建全链条式的全民环境教育体系相结合，逐步形成了具有广东特色的绿色创建工作新格局。详见：《"广东特色"绿色创建新格局逐步形成　全省已创建 1415 所绿色学校》，http://www.gd.gov.cn/gdywdt/bmdt/content/post_100084.html，（2018-06-06）[2022-05-23].

④ 《"广东特色"绿色创建新格局逐步形成　全省已创建 1415 所绿色学校》，http://www.gd.gov.cn/gdywdt/bmdt/content/post_100084.html，（2018-06-06）[2022-05-23].

第三章 环境公共治理的话语建构与话语实践

话语分析的基本假设是，语言不仅是对事物现状一种中性的镜像呈现，而且是对世界和现实的一种建构和看法。[①]人们对生态公共治理的讨论，无论是地球的可持续发展、温室效应，还是关于环境污染的危害性，都可能掺杂着话语主体对生态环境意义的创造、对环境问题的偏重和对环境事件的意义解读，更可能是为促成环境法律法规的修订或环境管理机构变革的"说教"。环境传播中的科学知识和污染指数、环境法律和制度的影响结果都将成为环境话语的具体语境。然而，话语的意义通常是通过突出日常工作运程和现实社会生活中的某些冲突和障碍赋予事物以规律性和连贯性，话语与其所应用的具体实践的相关性被置于社会学中的解释学或社会建构主义研究传统之中。对环境话语的分析，一是可以发现语言在环境政治中的作用与能力，二是能够揭示语言在社会环境实践中的嵌入性能力，即让人们洞察不同参与主体试图影响对某个问题的理解及其发展趋向的意图，三是环境话语分析呈现了我国环境传播与环境治理的政治结构要素之间的互动作用。[②]

古柏（E. Guba）与林肯（Y. S. Lincoln）指出，社会建构主义的研究传统秉持反本质主义的本体论，它认定，社会不是单一的，而是多元建构的现实，社会建构被某种亘古不变的社会规律所支配。建构主义甚至对"真理"也持批判立场，强调通过知识的交换进行传播。为此，话语分析被运用于当现实被视为社会构成之时，其意义的分析成为话语研究的核心[③]。例如，在解释性的环境政策研究中，其研究对象不是某个重要的环境现象，而是弄明白这种现象中人类思维和实践行为的规律性。如垂死的森林本身可能不受公众的重视和关注，但社会建构主义者对其引发的自然界的连锁反应与环境保护的紧迫性研究，对于环保政策和环境政治学研究人员来说，却具有一定吸引力。它表现出社会建构方法在支配人们思维方式和行为方式方面的符号功能，让人们充分认识到现实和复杂制度的相

---

① Kenneth Burke. *A Grammar of Motives*. Los Angeles: University of California Press, 1969.

② Egon G. Guba, Yvonna S. Lincoln. *Fourth Generation Evaluation*. Newbury Park: Sage, 1989.

③ Egon G. Guba, Yvonna S. Lincoln. *Fourth Generation Evaluation*. Newbury Park: Sage, 1989.

互作用实际上是"建构"环境政策必不可少的话语过程。在此过程中，众多的环境概念，如可持续发展、温室效应、环境预警原则、高耗能、低碳社会、节能减排、降耗等相关的环境管理理念和生产伦理并非以简单的灌输或强制执行的方式得到认同，而是在不断地关于其意义的探索、解释、说明和执行生效的"挣扎中"得以贯彻。①

第一节 再现环境污染根源，诠释环境
公共治理的"焦点"

工业文明的价值观在社会领域表现为人类中心主义。人类中心主义的话语内核是，一切从人的利益出发，自然资源的开发为人的利益服务，以满足人们的物质享乐和需求为主要目标。政府和社会机构奉行消费主义的发展伦理观，与产业界联手对自然资源和环境进行竭力开发和利用，以扩大消费作为生产和社会运作的根本动力；管理机构及其政策条例中流行着"生产效率、利润、国家 GDP"等衡量社会"进步"的话语体系；社会个体则在宣传机器鼓动的消费主义追求中，以物质财富的占有率和对物质的享乐度作为人生成功的目标，追求生活的舒适和轻松，排斥简约的朴实生活。消费主义的发展观在全球生根开花，结出了系列的生态"恶果"：资源枯竭、森林锐减、生物灭绝、草场退化、土地侵蚀、荒漠化、大气污染、温室效应加剧、淡水资源短缺等。

公共治理语境下的环境传播倡导尊重自然界的发展规律、尊重自然界的生命系统和地球资源的"自然价值"，以可持续发展作为人类发展的根本原则，要求在国家和地区之间、社会不同阶层之间以及当代人与后代人之间实现资源利用和资源占有等方面的平等权利，确保资源在可再生的范围内被开采，将人类的发展活动限制在地球对环境污染的吸纳能力和资源枯竭的承载极限之内。因而，公共治理理论视域中的媒介将对生态伦理、"人类中心主义"发展观的批判作为环境传播的中心话题，其涉及的领域包括对自然资源的平等使用权、对公众环境利益和权利问题的认知，也包括对气候变暖应对政策的态度立场，以及对环境污染源的管理原则等等话语体系。概言之，我国环境媒介话语的发展历程基本上是由对环境现实、环境治理

---

① Liz Sharp, Tim Richardson. "Reflections on Foucauldian Discourse Analysis in Planning and Environmental Policy Research". *Journal of Environmental Policy & Planning*, 2001, 3(3): 193-209.

和环境科学的建构，向环境知情权、环境决策权的诉求以及环境法的制定与
执行等政治领域的演进历程，与生态保护立场和环境利益争夺紧密相连。其
间，资本逻辑与生态伦理之间的冲突、环境污染与社会治理、环境管理与公
共秩序等议题和话语成为环境新闻报道的主要议程，体现出媒介话语在选择
事实、解释、评介事实的立场和环境保护"偏好"。本节选择《南方周末》
2010 年 6 月至 2014 年 8 月"绿版"（电子版）的环境报道作为内容分析的
总样本框架，对其进行密集式（逐条）筛选，从中抽取 522 条关于环境公
共治理的话语文本作为研究样本，分析《南方周末》五年来环境话语体系
中对我国环境公共治理进程的建构方式。样本被归为三大类：①环境现状
的建构——资本逻辑与生态伦理之间的冲突（198 条，约占 38%）；②对
环境污染的归因与追问——环境负外部效应与环境管理的冲突（158 条，
约占 30.2%）；③政策导向——提出环境管理理念与环境民主思想的冲突
（166 条，约占 31.8%）。这三大类话语基本呈现了我国环境公共治理过
程中经济发展与自然价值的对立、经济生产与生态伦理的背离以及环境管
理与法律规则的革新等。

一、对环境污染现状的再现——资本逻辑与生态伦理之间的冲突

工业文明社会的生产与消费活动围绕着对有限自然资源的抢占和掠
夺，使得人类的生存空间逐渐狭窄，人类生活质量（包括衣食住行）得到
相应的提高，但生存环境却可能被各种"毒素"包围。生态文明建设的推
进必然引发工业发展观与生态伦理观之间的冲突，来自《南方周末》的研
究样本再现了资本逻辑下的生产"原貌"，将其种种"症状"呈现在两个
框架之下。

（1）资本特权对自然环境的掠夺。"资本具有驾驭资本主义社会各
种生产力的力量和能力。""从某种意义上可以说，资本本身也是一种生
产力，资本生产力既具有极大的推进资本主义社会发展的积极作用，但也
由此带来了对自然生态的破坏、人类社会的停滞以及人的异化等不容忽视
的消极影响。""资本主义生产为了利益大肆破坏人与自然之间的物质变
换，一边无节制地掠夺着作为'一切财富源泉'的土地，另一边则将规模
巨大的污染物毫无节制地向河流与山川间倾倒。"①

（2）自然环境的异己力量，公众健康的"杀手"。"工业特别是高耗

---

① 徐水华、杨泽光：《马克思关于"资本的生产力"思想探析——以〈资本论〉及其经济学手
稿为例》，《黑龙江社会科学》，2022 年第 4 期，第 1-5 页。

能、高污染行业增长过快，占全国工业能耗和二氧化硫排放近 70% 的电力、钢铁、有色、建材、石油加工、化工等六大行业增长 20.6%，同比加快 6.6 个百分点。与此同时，各方面工作仍存在认识不到位、责任不明确、措施不配套、政策不完善、投入不落实、协调不得力等问题。"①致使地下水、土壤、空气被污染，人民群众生命财产受到一定程度的威胁（表 3-1）。

表 3-1　高污染、高消耗产业产生的环境代价例文

新闻标题及报道日期	新闻报道内容简介
	（一）资本特权对自然环境的掠夺
青海最大煤田蚕食黄河支流水源地，黑金矿区的生态"挣脱术"（2014.8.7）	国家级祁连山冰川与水源涵养生态功能区、黄河支流大通河的水源涵养区管理机构涉嫌非法开采，其开采理由是"为积极协调解决好区域经济发展与生态保护的关系，对祁连山自然保护区范围较小调整"。结果是祁连山自然保护区最终被缩小了4.8%
"开坑验毒"追踪 苏北刮环保风暴，埋毒量依然是谜（2014.2.20）	江苏省灌南县从原本年财政收入不足1亿元，到在两个工业园区的推动下，2012年一跃升至25亿元。江苏和利瑞科技发展有限公司擅将危险固废填埋在自家厂房底下，化工业的污染使黄海生态接近崩溃，黄海的海岸线，正在变成一个巨大的排污场，能钻进一个成年人的粗大排污管道，沿着海岸线随处都是。中国科学院烟台海岸带研究所进行取样调查，证实了致癌性污染物苯、二氯甲烷、二氯乙烷、三氯甲烷在园区内水体中超标上千倍，危及多处国家湿地自然保护区和珍稀动物保护区
	（二）自然环境的异己力量，公众健康的"杀手"
毒地之上"粤北某地"的难言之隐（2014.1.9）	广东省珠江三角洲三级和劣三级土壤占到珠江三角洲经济区总面积的22.8%，主要超标元素为镉、汞、砷、氟。粤北某地铅锌矿就在家门口。20世纪80年代开采硫铁矿，20世纪90年代以来开采铅锌矿和钼矿。村民们都用被污染的河水灌溉稻稼，种出来的大米镉含量超过国家标准的两倍。后来改种花生，但一开花就死
丹江口：准备好了吗？入库河流劣五类，航运死灰复燃（2013.10.24）	1982～1992年，东风汽车有限公司将五千余个含多氯联苯的电力电容器，分3次在4个填埋区进行了集中填埋，总共达1700余吨，个别填埋区距丹江口水库的直线距离不足10千米。这批危险废物填埋时限已超30年，超过国家规定年限。一旦发生泄漏，将直接威胁南水北调中线核心水源地的水质安全。2009年，省市环保部门会同东风汽车有限公司，着手转移处置这批"定时炸弹"。转移工程耗资1.16亿元，历时3年多
重金属移民（2013.7.4）	早在2007年初，国家环境保护总局南京环境科学研究所对苏门村土壤检测后发现，大多数取样点的土壤中铜、锌、铅、镉、砷的含量均高乎寻常，部分地区含镉超标30倍。据媒体报道，江西省9个市、18个县、41个自然村，约2.2万人受到重金属污染。苏门村的检测结果最终变成了当年《人民日报》一篇批评性报道。江西省政府迅速召开协调会议，要求苏门村整体搬迁。这项耗资3.1亿元的项目，可能是江西最早的重金属污染搬迁工程。靠近贵冶厂的其桥村数十位村民在江西广济医院体检，结果显示部分村民不同程度的重金属超标，"有的超标一倍多"

---

① 《国务院关于印发节能减排综合性工作方案的通知》，http://www.gov.cn/xxgk/pub/govpublic/mrlm/200803/t20080328_32749.html，（2007-05-23）[2021-09-23].

美国教授加勒特·哈丁（Garrett Hardin）在《公地悲剧》一文中提出了"公地悲剧"（the tragedy of the commons）理论。该理论认为，生产者从自私的角度出发，都希望从公用的领地中获取最大的收益。尤其是工业界，为了占据市场份额而不顾自然环境的承受能力扩大生产规模，在缺乏管理的情况下向大气、地下和水流中过度排放污染物，造成环境状况迅速恶化，悲剧就这样发生了。公地作为自然资源的拥有者，没有权力阻止其他人使用，最后造成资源过度使用和枯竭。如过度砍伐的森林、过度捕捞的渔业资源及污染严重的河流和空气，都是公地悲剧的典型例子。①《南方周末》的环境报道使人们意识到，公共治理的疏忽是造成资源过度使用而枯竭的重要原因。为此，在环境公共治理过程中增加对公共资源的产权界定和碳排放约束制度是严格公产监管、限制越权使用公产的一个必要条件。媒介的环境报道系统地呈现了企业忽视远期利益，只为眼前利益而"杀鸡取卵"，导致人类赖以生存的自然环境濒临崩溃的监管漏洞，不仅提醒决策层对无节制的、开放式的资源利用进行关注，更重要的是使人们认识到，在环境公共治理中，法律的强制性和问责制管理途径是遏制"公地悲剧"蔓延不可或缺的前提条件。

二、归因与追问——企业环境负外部效应与环境公共治理的冲突

环境公共治理的一个重要议题设置是，建构和传播生态伦理思想，使之成为整个决策层、产业界和消费层的共识；引导决策层摒弃不合理的环境管理制度，淘汰和改制大量高污染、高耗能企业和生产项目，使企业改变以牺牲环境为代价的经济增长模式，决然地放弃对环境产生破坏的短期利益项目；也使消费者怀着对自然价值观的信仰和崇敬，放弃奢侈的消费行为，回归自然、朴实的生活方式。从环境传播的视角来看，这正是环境媒体在促进环境公共治理的制度化、规范化、传播人类与自然和谐发展愿景时所构建的生态"乌托邦"。该话语实践中充满了对环境事实与生态价值的论证、对产业道德与环境现实的追问、对科学与归因的协商和探索，清晰地呈现了"社会不同部门和群体间权力的抉择、利益的争夺和艰难的纠错"等治理困境，再现了生态文化、环境制度规范和社会愿景及生态文化艰难的涵化过程。这个涵化过程在《南方周末》"绿版"中以对环境负外部效应的归因框架展开。

---

① 陈新岗：《"公地悲剧"与"反公地悲剧"理论在中国的应用研究》，《山东社会科学》，2005年第3期，第75-78页。

　　负外部效应亦称为外部不经济，指某些人的生产或消费使另一些人受损而前者无法补偿后者的现象。"高污染、高耗能产业加剧生产扩张与资源消耗造成的环境恶化"问题就是典型环境负外部效应。如果没有政府干预，处于竞争的行业为了缩减成本而无视企业对环境的污染和损害。当社会中的企业可以肆意排放超过环境容量和环境自净能力的污染物，直接导致人类生存环境的破坏和人民身体健康受损，其直接原因是资源配置与自然环境处于失衡状态、产业界生态意识低下，生态科技创新能力驱动力不足；其间接原因是，环境公共治理的运行机制缺乏校正这种外部性的能力或效力，环境法和政策的实施遇到困难，环境监管能力不足，鼓励新能源、循环经济和绿色产业发展的制度安排失灵，针对污染型企业的法律框架执行不到位，公民环境权的保障还没有在制度层面和法律层面形成共识（表 3-2）。

表 3-2　污染型企业产生的负外部效应与环境监管之间的冲突例文

新闻标题及报道日期	新闻报道内容简介
	（一）政策失灵、监管漏洞
发改委开5.19亿罚单十家燃煤发电企业脱硫设施未正常运行（2014.7.15）	脱硫是指用特定的方法将煤中的硫元素变成固体，防止煤燃烧时生成二氧化硫，污染大气。部分燃煤发电企业擅自停运发电机组脱硫设施，脱硫设施未能与发电机组同步投运，在享受脱硫电价补贴的同时脱硫设施不正常运行。企业拿补贴不脱硫并非个案，2013年脱硫设施存在突出问题的19家企业被开出共计4.1亿元的罚单。19家上榜企业中，华能、中电投、华电、国电和大唐五大电力集团及其下属子公司，在其脱硫设施运行过程中，存在监测数据造假、设施投运率低等问题。它们一边拿着国家脱硫补贴，一边非正常运行脱硫设备，情节非常严重，可以说是骗取国家补贴
PM$_{2.5}$污染：1艘轮船=50万辆货车，移动的"火电厂"（2014.7.11）	根据国际环保组织自然资源保护协会（NRDC）的《船舶港口空气污染防治白皮书》，一艘使用3.5%含硫量的燃料油的中大型集装箱船，以70%最大功率的负荷行驶，一天排放的PM$_{2.5}$相当于50万辆使用国四油品的货车。 我国尚缺乏船用燃料油和船舶排放国家强制标准。已有的船用燃料油排放标准大多属于推荐标准；船舶污染物排放标准（GB3552—83）只涉及船舶废污水和垃圾；2014年6月份更新的《非道路移动机械用柴油机排气污染物排放限值及测量方法》也只涵盖了37千瓦以下的小型船用柴油发动机。船舶流动性强，难以通过地方标准进行管控。交通部门涉及"绿色港口"等的相关计划又主要针对的是节能和温室气体减排
贵州国家森林公园改建高尔夫球场2万余亩山林遭破坏（2014.6.24）	贵州独山县紫林山国家森林公园内的2万余亩山林遭到严重破坏，且被改建为高尔夫球场和别墅，并正在筹建原生态养老养生中心、生态农庄示范园区等。毁林造球场，国家禁令成一纸空谈，项目如何得到审批？又为何得以顺利建设？黔南州独山县国土资源管理局工作人员称，紫林山国家森林公园内修建高尔夫球场和别墅确实存在，土地审批也确属该局管辖范围，相关工作人员曾到现场通知项目方停止违法用地，但对方仍在违法用地上施工

续表

新闻标题及报道日期	新闻报道内容简介
	（一）政策失灵、监管漏洞
环保组织举报泰达威立雅水务巨头的污水处理"魔术"（2014.6.20）	国际水务巨头威立雅在天津的合资污水处理厂被举报在检测方法上偷天换日，出水水质长期不达标，污染渤海。然而其背后也一直在接收远远超过入厂标准的企业废水，涉嫌既向企业收费，又从政府获取污水处理费。天津绿领水安全项目负责人朱清称，使用高浓度检测法显示，泰达威立雅出水并不达标。这家污水处理厂的出水直接排入渤海。如举报情况属实，这家设计日处理污水能力10万吨、服务企业3800余家的污水处理厂，治污不成反而是在排污。污水处理厂接收外水的做法未经环保局批准属违规
	（二）法律失灵、环境管理制度的漏缺
我国已成立180多个环保法庭"无案可审"？（2014.6.13）	环境保护部发布的《2013年中国环境状况公报》显示，74个实施空气质量新标准监测的城市中，仅有3个城市达标；长江、黄河等十大水系的国控断面中，9%的断面为劣V类水质。4778个地下水监测点位中，较差和极差水质的监测点比例为59.6%。2014年4月发布的《全国土壤污染状况调查公报》也指出，我国土壤超标率为16.1%。与此同时，环境污染犯罪案件也不断增加。据人民网报道，最高人民检察院6月12日通报，从2013年6月至2014年5月，全国检察机关共批准逮捕涉嫌污染环境罪案件459件799人，起诉346件674人。相比2012年至2013年同期的批准逮捕56件116人、起诉49件145人，案件数量有了大幅提升。然而，180多家专门化环保法庭的设立并没有很好地解决环境纠纷的困境，甚至面临着"无案可审"的局面。与环境污染案件总体数量较少相对应的，是环境公益诉讼面临的起诉难、举证难、审理难、执行难的困扰。据《法治周末》报道，此前，我国民事诉讼法中没有明确环保类案件的诉讼主体，对于起诉的主体、管辖地、举证规则等方面，也没有相应的司法解释，所以法院面对这类案件时无法可依，常常难以受理
环评成缓评，缓评成难评东部数省力推简政"土政策"（2014.5.15）	容缺预审，这一广受东部数省赞誉的简政利器，却可能为建设项目逃避环评大开方便之门。在多地，这一隐忧已成明患。环评者吐槽正常环评工作成"瞎编"，业内专家抨击涉嫌违法。环评走过场的乱象早已被诟病，如今却摇身一变成了地方明规则。多地官员向《南方周末》记者承认，潜藏其后的更多是GDP冲动，使得环评的制度价值几乎丧失殆尽。在厦门，就有个"容缺"的造纸项目已投入巨资，最后因不符合规划而陷入困境。这些最后定稿不符合环保要求的项目，只有两个结果，要么是被否，造成巨大浪费；要么就是业主想尽别的办法继续违法推进
管空气的：没权力管汽车的：不放权尾气里的江湖（2013.7.18）	车主只要交钱给"兔子"就能保证通过安检，包括针对尾气的环检。安检站里的警察却连什么是环检都不知。在湖北，机动车环检成了摆设。交管部门"既是运动员又是裁判员"，环保部门背负大气污染治理任务，却成了"打酱油的"。机动车尾气对大气污染贡献率达1/3，环检是杜绝不达标机动车上路的关键一环。失守，意味着大气污染治理可能成一纸空文
广东江门一工业区日排6000吨废水入西江基层环保执法难（2013.5.13）	环保违法成本低、守法成本高、执法成本高、执法举证难、追究法定代表人难和强制整改难。荷塘镇环保所负责人容先生表示，围仔工业区的企业有20多家，它们都通过20世纪八九十年代修建的暗渠排污。暗渠的出口就是冒出黑水的地方。容先生说，"管网设置很混乱，目前每天排到这里的废水就有6000吨，一年就差不多200万吨。我们正计划今年内实施排水管改造，把所有暗渠改造成明渠，令偷排难以遁形，经处理的废水统一排放到离这里地势更高的江段。"当地环保执法人员更无奈地表示，"环保部门只能罚款，象征性地要求停止生产，并无责令污染企业停业和关闭的权力"。根据《中华人民共和国环境保护法》第三十九条规定，"罚款由环境保护行政主管部门决定。责令停业、关闭，由作出限期治理决定的人民政府决定；责令中央直接管辖的企业事业单位停业、关闭，须报国务院批准"

续表

新闻标题及报道日期	新闻报道内容简介
	（二）法律失灵、环境管理制度的漏缺
水资源"大盗"是如何炼成的：一份报告揭露的制度"黑洞"（2013.4.25）	2009年，全国工商企业通过低标准、低水价获利达到2000亿元以上。同年，我国工业用水量732亿吨，大部分企业直接从天然水体取水，缴纳的水资源费仅为0.13元/吨，只等于取水成本的1/5，而江西省竟然只有0.015元。在排水环节，"企业更愿意自己处理后直排天然水体，这样只缴纳0.13元/吨的污水排污费，而纳入管网交给污水厂处理，则需支付工业污水处理费1.28元/吨"。所以，对于直接从天然水体取水，又将废水自主处理后排入天然水体的工业企业，只需缴纳0.26元/吨费用即可。这样的低水价帮助企业降低了治理成本，获得了巨额利润。2009年，全国工商企业支付水费只占生产成本的0.2%，利润的1.7%，通过低水价获利达到2000亿元以上，相当于安徽、四川等省份的年财政收入。为之付出的代价则是环境污染和资源退化
七千工业园，藏全国之污？——环保部主管NGO怒揭全国工业园区"七宗罪"（2011.10.6）	环评成了"必须且一定能通过，建设到什么程度就验收到什么程度"。工业园区的污水处理厂相当部分是"过水厂"，"一般都属于地方政府，很敏感，我们无法介入"。有些企业甚至扬言要把一年的罚款都提前交了，"这相当于罚款换排污权，违法变合法"

媒体对环境负外部效应的归因，在于阐释他人或自己行为的原因，引导社会对事物产生与归因者相同的认知角度，旨在通过分析和推测行为的因果关系，以影响人们对环境的认知及其相关行为。1928年英国经济学家阿瑟·塞西尔·庇古（Arthur Cecil Pigou）提出以庇古税作为对付环境负外部效应治理方法，即对制造污染外部效应的企业和个人征税或给予环境保护的企业同等数额的补贴，如对煤、石油、天然气等化石燃料企业按其含碳量征收碳税，对石油、煤炭和天然气企业征收能源税，可使企业产生的边际成本内部化。然而表3-2中的案例显示，在实践中征收环境税、提供补贴、发放污染许可证、收取押金等都是间接预防和事后惩治的控制方法。如表中第一条关于国家发展和改革委员会（简称"国家发改委"）对燃煤发电企业的罚款报道，就揭示了即使征收排污费，也无法制止企业的污染行为，尤其是在按单位排放量征收排污费或发放排污许可证时，排污的企业似乎获得了排污"合法性"，有时还会因无法确定污染的基准点而使企业获得"赖账"的借口；同时发放许可证或补贴的办法均有导致企业"飘绿"和欺诈等行为的可能性，连带产生管理人员的寻租行为。可见，以上报道向我们揭示，企业的违规成本低与环境监管机制的漏缺正是企业"肆意排污"的重要原因。

为此，《中华人民共和国环境保护法》①规定，可借助国家行政手段

---

① 此为旧的环境保护法，新的环境保护法于2015年1月1日开始施行。

强制实行重污染企业的退出制，如第三十九条规定："对经限期治理逾期未完成治理任务的企业事业单位，除依照国家规定加收超标准排污费用外，可以根据所造成的危害后果处以罚款，或者责令停业、关闭。前款规定的罚款由环境保护行政主管部门决定。责令停业、关闭，由作出限期治理决定的人民政府决定；责令中央直接管辖的企业事业单位停业、关闭，须报国务院批准。"①不过，早在 2005 年，广州市就对境内的水泥、火电、电镀、印染等重污染行业进行清理整顿，严格按照工业企业排放污染物全面达标的要求，对排放污染严重、能耗大、效益差的工业企业有秩序地进行搬迁、改造或停产、关闭②。这个政策对污染企业具有较大的震慑力，可以在短期内取得明显效果。

三、环境公共治理的"最佳途径"——"环境民主"

福柯认为，话语不再是"单纯"的描述，在当今世界，话语被视为"规训社会的一次尝试"。"规训渗透到各种权力的运作机制当中，重新组织和扩展了它们的内容与形式，从而使得权力可以细致入微地触及每个个体和元素身上。"③福柯运用"治理性"的概念来识别和限定现代权力部署的扩张，如应对公共安全以及各类新形式的环境问题都涉及"治理性"的概念及其话语分析。"这种新的治理理性不再着眼于国家力量的无限制增长，而是从内部对治理权力的实施进行限制。……这种新的治理理性事实上构成了对'国家理性的增强和内在精炼，其原则是为了国家理性的维护、全面发展和完善'。"④例如，环境公共治理采取与民主体制同样的运行原则，激励公众参与环境事务的管理，"限定"和抵制经济势力对环境资源的侵占，并通过法定的程序表达对自身利益的诉求和与公共环境利益密切相关的意见。在环境公共治理的过程中，媒介通过一系列的"治理性话语"——公正的治理原则、环境权益和环境信息的平等共享、对环境权受到威胁时的抵御策略以及对基层扭曲的环境决策的有效抗拒等等，使环境民主机制成为解决福柯提出的所谓"治理性问题"的最佳路径或框架。

---

① 《中华人民共和国环境保护法》，http://www.gov.cn/bumenfuwu/2012-11/13/content_2601277. htm，（2012-11-13）[2021-10-19].

② 《转发市环保局关于维护群众权益打击环境违法行为专项行动》，《广州市人民政府公报》，2005 年第 16 期，第 33-39 页。

③ 米歇尔·福柯：《规训与惩罚：监狱的诞生》，刘北成、杨远婴译，北京：生活·读书·新知三联书店，2003 年，第 247 页。

④ 崔月琴、王嘉渊：《以治理为名：福柯治理理论的社会转向及当代启示》，《南开学报（哲学社会科学版）》，2016 年第 2 期，第 58-67 页。

　　然而，环境民主治理程度随国家生态意识和环境素养的提高而提高。部分地方政府将 GDP 作为衡量其政绩的主要指标、地方政府官员肩负着区域经济发展"重任"时，他们在面对社区居民的环境诉求时，将较少地考虑公民对环境管理机构的心理期待，公众环境权益大打折扣。随着环境负外部效应现象的激增，公众必将对环境决策的制定及其执行过程中暴露出来的环境资源分配不公或环境管理失误质疑、抵制，乃至于出现反抗行为，成为推动环境民主进程的社会力量。媒介作为掌控话语权优先权的"场域"，再现了决策层与社会群体之间关于环境价值与环境民主追求的话语博弈，也体现了媒介在引导环境决策和社会争议问题两个特定议程的态度与立场。尤其是十八大后，我国媒介在推动生态文明建设的报道方面全面地反映了我国环境政策、环境管理机制及环境执法准则的革新与权力变迁，环境媒介依托政府环境治理理念的权威性，成为基层环境治理绩效的合法"评估者"，代表社会群体的利益对基层政府环境决策及其治理行为的有效性给予评价，本书从《南方周末》"绿版"抽取的样本中亦"再现"了以下几类环境公共治理话语。

　　（1）评价环境管理机构对国家环境政策的实施效能。即基层环境管理机构是否"遵从"国家环境保护法律和政策，是否秉承环境正义原则，使经济发展与环境保护处于协调状态。

　　（2）评价基层政府的环境管理能力。基层环境管理机构是否有能力解决地方发展过程中产生的环境代价过高而引起的种种问题，是否有能力正确引导企业遵从环境保护政策、贯彻政府环保方案；是否善于洞察环保事业中遇到的困难和风险，适时地化解生产与环保之间的矛盾和冲突。

　　（3）评价政府管理理念与实施效果。是否坚定地站在环境保护立场，关心群众的利益、维护其知情权，抵制以环境为代价、以人民健康权和环境权为代价的经济高速发展的理念（表 3-3）。

表 3-3　环境民主管理话语分析例文

新闻标题及报道日期	新闻报道内容简介
	（一）环境管理机构对国家环境政策的实施效能
争议千岛湖引水工程——杭州：要喝水，建德：拒"抽血"（2012.5.10）	这是一个八年前即被反对声淹没的引水工程，八年后重启，质疑声再度鹊起。从千岛湖（即新安江水库）向东北，钱塘江（上游称为新安江）下游的杭州市、嘉兴市对优质水源的千岛湖虎视眈眈，而上游的建德市则力保既有的生态，一场争夺水源的博弈再度拉开序幕。业已征得2100多名市民签名、号召保卫新安江的建德志愿者们表示"现在我们只希望能公开讨论、透明决策"。虽然浙江省各届领导对治理钱塘江——杭州母亲河都很重视，但职能部门的治理不力，让钱塘江水质确实很难好转

新闻标题及报道日期	新闻报道内容简介
	（一）环境管理机构对国家环境政策的实施效能
三年等待，发改委终核准；半年欣喜，环保部再棒喝 最敏感PX项目环评违规始末（2013.1.31）	2013年1月21日，环境保护部公布的对腾龙芳烃（漳州）有限公司的《行政处罚决定书》称，该公司80万吨/年对二甲苯（即PX）工程及整体公用配套工程原料调整项目报批的变更环境影响报告书未经批准，擅自开工建设。腾龙芳烃的凝析油装置早在2012年4月即已开建，这也就意味着，在国家发改委2012年7月1日的核准文件下发之前，腾龙芳烃就已先行动作。从腾龙厂区到码头的管线有1300多千米长，如何做到不泄漏需要慎之又慎。该调整项目的环评公示显示，若发生凝析油储罐最大可信事故泄漏，经预测挥发出来的甲硫醇约在50米范围内浓度大于800mg/m³，可能导致此范围内（厂区内）人员伤亡
	（二）环境机构管理能力的评价
泄漏真相，为何倒逼才出现？（2013.1.10）	山西长治苯胺泄漏事故后的媒体采访曝出更令人吃惊的新内幕。下游的邯郸市政府一位负责人透露，这起事故早于2012年12月26日就已发生，这意味着事故被瞒天数长达"11日"，比长治方面声明的时间，整整多了6天之久。上游支柱企业出现环境污染大事故，污染河流、威胁健康，公众一无所知；信息被封闭，导致环境保护部错过了将污染事故控制在萌芽状态的机会，直到下游无预警突然大规模停水，造成社会恐慌后，真相才被倒逼出来。从2010年的福建紫金矿业溃坝污染到2012年初的广西河池市的镉污染事件，从汀江、龙江到松花江再到此次的漳河，一起起震惊全国的跨流域水污染事件，敲响了中国环境治理的新警钟，考验着地方政府的执政智慧
广东江门核燃料项目不予申请立项（2013.7.13）	鹤山核燃料加工项目原先选址在鹤山市址山镇，投资额约为370亿元，2013年3月，项目双方已签订投资意向书。7月4日，江门官方网站公布《中核集团龙湾工业园项目社会稳定风险评估公示》，引发了各界的广泛关注。7月12日是项目社会稳定风险评估最后一天，江门市政府曾在当天召开媒体通气会，宣布将公示期延长十天。一天之后，江门市通过多种渠道发布信息表示，中核鹤山龙湾项目不予申请立项，终止引进
老河沟轶事：民间保护区的改革野心（2013.6.27）	采矿场老板是外村人，一年上百万的收入，却只给村里交三千元的植被恢复费，拉矿石的车还压坏了村里的公路。乡长熊钰华说，采矿场的产业链可以带动全乡一两百万元的务工，"没有替代产业，我们无法停掉"。针对采矿场带来的经济效益，美国大自然保护协会提出生态农业的替代方案。2013年上半年，当地的蜂蜜、黄豆、腊肉等优质农产品已经收到了30万元的预购订单。美国大自然保护协会勾勒了一千万元产业规模，远高于采石场。最后，老河沟的50年保护管理权"出售"给了二十多位知名企业家发起的四川西部自然保护基金会。但在过去尽管法律规定保护区内禁止开矿，地方政府总是默默站在所谓的"发展"一边。如果生态农业没有在老河沟建立保护区，采矿场一样不会停
	（三）环境机构管理理念
粉尘里的死亡阴影（2013.3.21）	2004年，司法部门试图为这些发病的农民工维权，但发现这是一条可能永远也走不完的路。一是诉讼时效，最早发现的患病者距今已有十多年，而硅肺病潜伏期较长，民工离开金矿数年后才陆续被诊断患病，造成案件历时较长，无论按劳动关系或人身损害赔偿法律关系，绝大部分患者均已超过诉讼时效；二是证据难以搜集，农民工流动性大，许多都没有与金矿签订劳动合同；三是跨地区，务工地在海南，前往维权代价很大，难度也大；四是寻人难，当时的金矿目前都已关闭多年，不少矿主已经转行。但硅肺病患者罗时伍说，维权的事他一直放不下，当年一起打工的工友中，只有他保留着当年的暂住证和工资表，今年还是想准备尝试一下，如果能有司法部门帮助他们介入，也许就会有希望

续表

新闻标题及报道日期	新闻报道内容简介
	（三）环境机构管理理念
杭州欲建垃圾焚烧厂引民众担忧（2014.5.12）	浙江杭州因一垃圾焚烧发电厂的项目选址，引发附近居民担忧，从5月7日起，就不断有村民到规划建造垃圾焚烧发电厂的余杭区中泰乡九峰村聚集抗议。有居民表示，尽管要建造垃圾焚烧发电厂的地方是一处几乎废弃的石矿区，但周围毗邻众多水源地，且当地还是重要的龙井茶产地，因此担心建垃圾焚烧发电厂会造成对环境的污染。"政府承诺采用国际先进设备，民众担心监管不力"
垃圾焚烧厂急上马，二噁英信息难公开（2012.4.19）	在2011年历时7个月绘制了中国民间首个"垃圾焚烧厂地图"之后，安徽芜湖4个关注垃圾焚烧的年轻人开始了一场新"战役"：2011年12月以来的近5个月间，她们陆续向环境保护部、全国31个省份环保部门递交正式申请，要求公开二噁英重点排放源企业名单。她们申请公开的致癌物二噁英被称为"世纪之毒"，在近年来各地垃圾焚烧厂选址风波之中，二噁英信息公开一直是公众聚焦的关键点。除了垃圾焚烧厂，二噁英污染源还包括氯碱工业、染料工业、造纸废水、金属冶炼等。在芜湖环保志愿者提出申请之前，河南、四川、广东、青海四省已主动公布相关企业名单，而其他省市的申请回复均不容乐观。直至2012年4月17日截稿日，除了贵州省提供了一份包括317个企事业单位的重点排放源详尽名单之外，天津、云南等六省市称"尚无监测能力"，上海、湖南等七省市回复"相关信息不予公开"，北京回函是"该信息属于国家机密"，而新疆则认为公开该信息"可能对社会稳定造成不利影响"，其他省市至发稿时未有任何形式的回复

　　本内特（J. Bennett）和查卢普卡（W. Chaloupka）指出，自然的发展一直以来都在证明自然法则的权威性，关于自然价值的话语暗示着人类的管理重点与人类发展的必然性[①]——权力和资源的配置从根本上交织在一起。上述媒介报道折射出环境民主与环境公共治理之间交叉重叠的话语体系：作为环境管理主体的权力机构掌握着资源配置和环境信息的决策权，而环境媒介在实现环境公平与正义、满足公众环境知情权的民主运作过程中使"话语成为规训社会的一次尝试"，暴露出环境公共治理中的现代权力关系、公共安全以及环境污染造成的"治理性"冲突话语：①环境决策权与环境保护之间的冲突：如垃圾焚烧发电厂项目的选址和核燃料加工项目的选址等。②环境监控与环境知情权之间的冲突：全国土壤污染信息、污染项目的环评报告、环境突发事件如山西长治苯胺泄漏事故等信息均遭到地方相关环境管理机构的屏蔽。这些信息关系着环境污染承受者的健康和生命，早一天公开，就可以早一天避免更多的人"中毒"。表 3-3 中最

---

① Jane Bennett, William Chaloupka. *In the Nature of Things: Language, Politics and the Environment.* Minneapolis: University of Minnesota Press, 1993.

典型的事例是，安徽芜湖 4 个关注垃圾焚烧的年轻人向环境保护部、全国 31 个省份环保部门递交申请，要求公开致癌物二噁英重点排放源企业名单，除了贵州省提供了一份包括 317 个企事业单位的重点排放源详尽名单之外，天津、云南等六省市称"尚无监测能力"，上海、湖南等七省市回复"相关信息不予公开"，北京回函是"该信息属于国家机密"，而新疆则认为公开该信息"可能对社会稳定造成不利影响"。除了垃圾焚烧厂，被称为"世纪之毒"二噁英污染源还包括氯碱工业、染料工业、造纸废水、金属冶炼等，在近年来各地垃圾焚烧厂选址风波之中，二噁英信息公开一直是公众聚焦的关键点。很显然，上述基层环境管理机构不仅违背了环境管理保护公众健康的基本宗旨，也违背了公民对环境状况享有法定知情权的环境民主基本原则①。③环境管理"赶不上"产业界的污染步伐，对公民健康权的保护法律难以落实（见《粉尘里的死亡阴影》，《南方周末》，2013.3.21）。

建设生态文明社会，离不开环境民主制度的"保驾护航"，而清除阻碍社会进步的旧的意识形态，树立尊重自然规律、优化人与自然关系的生态价值观，摒弃人类生产过程中以破坏自然为代价的经济发展伦理，则更需要环境传播媒介通过对环境民主话语的建构，将有序的生态运行机制"渗入"国家政治文化意识及其制度运行之中。

四、再现环境公共治理语境中的话语冲突

媒介具有促进团体的组织目标实现，提供领导与公众沟通的渠道，为团体提供组织概念、思想和信息以及向广泛的受众推广组织意图等功能。②纵观世界各国环境公共治理运动的发展历程，主流的与另类的环境传播媒介均以抗击粗放式增长方式和消费模式产生的环境危害为宗旨，号召人类改变对自然环境掠夺式的开发方式，使人与自然和谐相处的精神追求与健康生存的目标植根于人的信念系统，并成为其行为导向和行为评价标准。纵览《南方周末》"绿版"对我国环境公共治理问题的话语再现可以看出，各国在经济发展与环境保护目标之间、力争本国平等享有发展权与可持续发展目标之间还存在着种种话语矛盾和利益冲突。

---

① 叶俊荣：《环境政策与法律》，北京：中国政法大学出版社，2003。

② James P. Curran."What Democracy Requires of the Media". In Geneva Overholser & Kathleen Hall Jamieson（Eds.），*The Press: Institutions of American Democracy*. Oxford: Oxford University Press, 2005, pp.120-140.

1. 国家能源安全与可持续发展目标之间的冲突

可持续发展理论要求"人类遵循自然界所固有的客观规律，有节制地开发和利用自然，自觉维护人与自然之间的生态系统，以使人类自身的生存和发展稳定地持续下去"[①]，同时要求现代国家依靠科技进步，改变耗竭式的发展和消费方式，为子孙后代保持可持续发展的资源基础。建设社会主义现代化，唯有满足能源的需求才能保证国家经济中长期的全面发展，保障国家能源安全即是保证充足的能源供应。"十五"期间，我国资源型企业、行业即第二产业中的重化工产业发展过快、过热、过于依靠投资拉动增长，如"2005 年我国一次能源生产总量达到 20.6 亿标准煤"，"煤炭产量达到 21.9 亿吨"，"原油生产稳中有升，产量达到 1.81 亿吨"，"天然气产量大幅上升，达 500 亿立方米"[②]。能源的高速发展与全球温室效应节能减排的目标背道而驰，因为能源行业和能源密集型产品行业是重要的温室气体 CO_2 的主要来源，化石燃料燃烧、开采、加工、交通运输以及工业利用过程中的挥发占全部石油制品消耗量的 90%左右，是产生 CO_2 的最大人为排放源。[③]解决以上问题的主要途径是创新能源产业和低碳技术，如石油气化或天然气制油技术的发展不仅提高能源的效率，还能减少石化工厂生产过程中的用水量。当前，我国"能源消费结构向清洁低碳加快转变。初步核算，2019 年煤炭消费占能源消费总量比重为 57.7%，比 2012 年降低 10.8 个百分点；天然气、水电、核电、风电等清洁能源消费量占能源消费总量比重为 23.4%，比 2012 年提高 8.9 个百分点；非化石能源占能源消费总量比重达 15.3%，比 2012 年提高 5.6 个百分点，已提前完成到 2020 年非化石能源消费比重达到 15%左右的目标。新能源汽车快速发展，2019 年新增量和保有量分别达 120 万辆和 380 万辆，均占全球总量一半以上；截至 2019 年底，全国电动汽车充电基础设施达 120 万处，建成世界最大规模充电网络，有效促进了交通领域能效提高和能源消费结构优化"。[④]

---

① 王永明：《生态道德：建设生态文明的伦理之维》，《社会科学辑刊》，2009 年第 5 期，第 35-37 页。

② 《发改委：去年我国一次能源生产量 20.6 亿吨标准煤》，http://news.cctv.com/financial/20060912/101147.shtml，（2006-09-12）[2021-09-23]。

③ 齐玉春、董云社：《中国能源领域温室气体排放现状及减排对策研究》，《地理科学》，2004 年第 5 期，第 528-534 页。

④ 《〈新时代的中国能源发展〉白皮书》，http://www.scio.gov.cn/ztk/dtzt/42313/44537/index.htm，（2020-12-21）[2022-08-26]。

2. 城镇化发展与环境公共治理的冲突

城镇化运动将我国拉入每年新建建筑量最大和钢铁与建材耗量最大的国家之列。中国高耗能产业包括钢铁、建材和化学工业等。建材工业中有水泥生产、化学工业的合成氨生产等，"其中，每吨水泥生产释放的二氧化碳为 0.136t（以碳计）"。[①]此外，中国采暖、空调、炊事、家用电器和私用汽车等民生能耗所占的比例也成为 CO_2 的一个重要排放源。2013 年广州汽车数量突破 250 万辆，6 年增 1.5 倍。另据统计，私用汽车的单位能源消耗约为公共汽车的 3.3 倍，铁路的 5.9 倍。[②]

仅以地产业为例，《中国行业研究网》数据显示，"2012 年广东省实现商品房销售额 6407.8 亿，同比增 9.5%，销售面积 7898.99 万平方米，商品住宅均价达 7668 元/平方米，上涨 1.4%。2013 年广东省房地产市场可预售的供应量超过 1 亿平方米"[③]。地产业的投资可以拉动金融业、制造业、商业、建筑行业、化工业、社会服务业的就业与增长，但对环境污染的作用却更大。除了粉尘、空气污染外，建筑垃圾经雨水渗透浸淋后，其废砂浆和混凝土块中含有的水合硅酸钙和氢氧化钙、废石膏中的大量硫酸根离子、废金属料中有大量重金属离子溶出，同时废纸板和废木材自身发生厌氧降解产生木质素和丹宁酸并分解生成有机酸，堆放场建筑垃圾产生的渗滤水一般为强碱性并且含有大量的重金属离子、硫化氢以及一定量的有机物，如不加控制让其流入江河、湖泊或渗入地下，就会导致地表和地下水的污染。"破坏土壤内部的生态平衡，……妨碍植物生长，甚至导致植物死亡"[④]。20 世纪 80 年代后，我国各地城市化建设提速，大批楼房密集建成，其平均寿命只有 25～30 年，一些城市良莠不齐的建筑正在进入"质量报复周期"[⑤]，产生了一批新的建筑污染群。

"按照国际通行惯例，空置率在 5%～10%之间为合理区，商品房供求平衡，有利于国民经济的健康发展；空置率在 10%～20%之间为空置危险

① 高树婷、张慧琴、杨礼荣，等：《我国温室气体排放量估测初探》，《环境科学研究》，1994 年第 6 期，第 56-59 页。

② 高树婷、张慧琴、杨礼荣，等：《我国温室气体排放量估测初探》，《环境科学研究》，1994 年第 6 期，第 56-59 页。

③ 《2012 年广东住宅均价情况统计分析》，https://www.chinairn.com/news/20130131/093547319. html，（2013-01-31）[2021-07-07].

④ 徐俊莉、崔卫、王罗春：《浅议我国建筑垃圾产业化中存在的关键问题》，《科技信息》，2008 年第 29 期，第 339-340, 37 页。

⑤ 段菁菁、裴立华：《媒体：我国新建建筑寿命 25 至 30 年，英国平均 132 年》，https://news.qq. com/a/20140406/006468.htm，（2014-04-06）[2021-09-23].

区，要采取一定措施，加大商品房销售的力度，以保证房地产市场的正常发展和国民经济的正常运行；空置率在 20% 以上为商品房严重积压区。"①住房空置率虽然不能算是不良资产，但却可以证明地产业发展的两种不合理趋势：一是商品房投资过热，现有产品超过了市场购买力；二是空置商品房浪费了巨大的土地资源，虽然地产业及相关的上游产业均有获利者，但就其所侵占的可耕种农田的面积和所消耗的自然资源来估量，某些城市房地产的发展已经远远超过地方环境的承受力，所产生的负外部效应将对城市可持续发展产生不利影响。

概而言之，环境媒介展现我国产业界所秉承的生产观与可持续发展思想之间的矛盾，诠释我国生态文明建设中低碳经济、循环经济和绿色经济的缺位，使决策部门认识到对自然资源资产产权制度、国土空间开发保护制度、空间规划体系、资源总量管理等制度进行不可避免的全面调整和规划的必要性。2015 年 9 月，中共中央、国务院印发了《生态文明体制改革总体方案》，重新构筑了资源有偿使用和生态补偿制度、环境治理体系、环境治理和生态保护市场体系、生态文明绩效评价考核和责任追究制度等八项制度，并重申改革政绩评价考核机制，将资源消耗、环境损害、生态效益指标纳入地方党委和政府考核评价体系，正式开始执行生态环境损害的责任追究制。《生态文明体制改革总体方案》的颁布，昭示着我国环境公共治理运动进入一个全新的阶段。2021 年 11 月 2 日中共中央、国务院印发的《关于深入打好污染防治攻坚战的意见》指出："到 2025 年，生态环境持续改善，主要污染物排放总量持续下降，单位国内生产总值二氧化碳排放比 2020 年下降 18%，地级及以上城市细颗粒物（$PM_{2.5}$）浓度下降 10%，空气质量优良天数比率达到 87.5%，地表水 I－III 类水体比例达到 85%，近岸海域水质优良（一、二类）比例达到 79% 左右，重污染天气、城市黑臭水体基本消除，土壤污染风险得到有效管控，固体废物和新污染物治理能力明显增强，生态系统质量和稳定性持续提升，生态环境治理体系更加完善，生态文明建设实现新进步。"因此，人与自然和谐共生的生态治理理念将更加深入地"渗入"经济、政治和社会建设各个领域，环境管理部门引领产业界由粗放型向集约型增长方式转变、由劳动密集型向技术密集型转变、从资源导向型战略向市场导向型战略转变，将

---

① 《国家统计局：全国商品房空置率 26% 到达危险边缘》，http://jsj.zhangzhou.gov.cn/cms/siteresource/article.shtml?id=10432289575270000&siteId=530418345107680000,（2005-12-19）[2021-09-23].

具有权威话语权和决断力，如此，我国全面实现清洁生产、文明消费和低碳、循环、绿色发展才能获得制度性的保障。

第二节　《中国环境报》的雾霾议题对环境公共治理产生的推动作用

《中国环境报》创立于 1984 年，是全球唯一一份国家级的环境保护报纸，见证了中国环境保护发展的历史进程，记录了中国环保人的前进足迹。《中国环境报》是以宣传环境保护为基本内容，立足环境保护，面向整个社会，其宗旨是：宣传我国环境保护基本国策，促进环境与经济协调发展；宣传环境法规，强化环境管理；宣传先进的环保科技成果，推进环保产业发展。加强环境教育，不断提高全社会的环境意识。主要报道中国的环境保护政策法规、污染防治、生态保护、环保科技、产业信息以及国际环保大事。①本节选择该报内容作为研究中国雾霾报道的样本，是因为该报对雾霾的报道比较全面地反映了我国雾霾治理推动环境信息公开机制变革的历程。它从仅仅发布党和国家有关环境保护的方针、政策、法律、法规，到监督环境违法行为，从积极报道防治环境污染和保护生态的动态与经验、传播国内外环境保护相关知识和技术，到反映公众的意见与要求和聚焦环境热点、焦点问题，真正发挥了媒体推动环境公共治理发展的积极作用。1986 年，联合国环境规划署授予《中国环境报》银质奖章，以表彰该报在中国普及环保意识、促进中国环保事业发展上所做出的突出贡献；1987 年，《中国环境报》又荣获联合国环境规划署"环境保护全球 500 佳"荣誉称号，标志着《中国环境报》作为我国环境报道领域的典型代表，在引导国家环境政策及法律的制定取向、培育公众对环境问题的认知等方面所具有的先进性和前瞻性②。

本节采取全样本研究方法，以"雾霾"和"PM$_{2.5}$"为关键词对《中国环境报》的全文数据库进行搜索，从 2000 年到 2014 年搜索到共 190 篇关于雾霾主题的报道。③从样本的分析中探索媒介关于雾霾公共治理的议题设置和话语建构对公众的环境认知及其态度所产生的影响，全面展示媒

---

① 参见 https://www.cenews.com.cn/about/introduction/.

② 许正隆：《联合国授予我们银质奖牌——关于〈中国环境报〉风格特色的几点思考》，《新闻记者》1999 年第 5 期，第 26-28 页。

③ 关于 PM$_{10}$ 的报道属于环境信息机制闭塞时期新闻不透明的一种报道模式，故而未将关于 PM$_{10}$ 的报道作为分析样本。

体通过雾霾报道所推动的环境治理政策变迁及其落实过程。

一、"雾霾治理话语建构"与环境信息公开机制的确立

我国媒介的"雾霾治理话语"是借助新媒体的传播渠道走向公开辩论与传播的发展阶段。在雾霾事件发生的初期，环境信息的分享理念还没有确立，各种监测数据被视为保密信息，党媒对雾霾进行深度调查和报道很少见。2011 年，北京的空气质量持续下降，多个城市的大气可见度降低，是微博的信息分享互动机制使 $PM_{2.5}$、雾霾等科学词汇和术语进入公众日常生活视野，使 $PM_{2.5}$ 和整个雾霾问题从最开始的"负面词语"变为官方环境管理机构优先考虑的政策热词和引发我国信息公开制变革的"优先议程"。可以说，新媒体传播的"雾霾话语"与我国环境信息传播机制之间的"良性互动"成为"发动"雾霾治理的一个"引擎"。

1. "雾霾话语"从微博走向决策层

关于雾霾的讨论兴起于微博，意见领袖参与到雾霾讨论后，纠正了传统媒体将北京地区雾霾解读为"雾"的提法，之后雾霾进入公共领域。2012 年 10 月，环境保护部、国家发改委、财政部印发《重点区域大气污染防治"十二五"规划》。这是我国第一部综合性大气污染防治的规划，标志着我国大气污染防治工作逐步由污染物总量控制为目标导向向以改善环境质量为目标导向转变，由主要防治一次污染向既防治一次污染又注重二次污染转变。该规划指出，"当前我国大气环境形势十分严峻，在传统煤烟型污染尚未得到控制的情况下，以臭氧、细颗粒物（$PM_{2.5}$）和酸雨为特征的区域性复合型大气污染日益突出，区域内空气重污染现象大范围同时出现的频次日益增多，严重制约社会经济的可持续发展，威胁人民群众身体健康。"为此，政府采取"总量减排与质量改善相统一"的原则，"建立以空气质量改善为核心的控制、评估、考核体系。根据总量减排与质量改善之间的响应关系，构建基于质量改善的区域总量控制体系，实施二氧化硫、氮氧化物、颗粒物、挥发性有机物等多污染物的协同控制和均衡控制，有效解决当前突出的大气污染问题"。[①]《重点区域大气污染防治"十二五"规划》在全国范围的实施，让公众对 $PM_{2.5}$ 有了新的认识，对环境信息公开制度提出了新的要求。一些医学家和环境专家在此期间也

[①]《关于印发〈重点区域大气污染防治"十二五"规划〉的通知》，http://www.gov.cn/zwgk/ 2012-12/05/content_2283152.htm,(2012-10-29)[2022-08-25].

大力传播关于 $PM_{2.5}$ 与 PM_{10} 的差异、$PM_{2.5}$ 对人体危害等科普知识及防治措施，传统媒介亦开始转载微博上国际组织对 $PM_{2.5}$ 增加人类罹患肿瘤、心脏病、呼吸病及死亡风险等议题的新闻，由此而"发动了""雾霾话语"的密集式传播，改变了公众对雾霾的认知。

2013 年初，一场波及 25 个省份、100 多个大中型城市的大范围雾霾天气再次推动了"$PM_{2.5}$ 数据与公众健康关系话语"的讨论和环境信息公开机制的开放。环境保护部率先公布的官方环境检测资料显示，仅在当年 1 月份，中东部城市密集地区就出现了四次大范围的雾霾天气，1 个月之后，其他地方又相继出现多次雾霾天气，使全国平均雾霾天数达 29.9 天，创 52 年来之最。官方媒体承认，雾霾的影响范围逐渐扩大，我国空气质量日益下降[①]，"雾霾"一词成功入选当年十大年度热词。2013 年，亚洲开发银行和清华大学联合发布的《迈向环境可持续的未来：中华人民共和国国家环境分析》报告称，中国 500 个大型城市中，达到世界卫生组织制定的空气质量标准的城市很少。官方媒体的传播赢得了政策制定者的支持，当年 9 月，国务院随即印发了《大气污染防治行动计划》，不仅要求全面整治燃煤小锅炉，加快煤改气、煤改电工程建设，"禁止新建每小时 20 蒸吨以下的燃煤锅炉"；在化工、造纸、印染、制革、制药等产业集聚区，逐步淘汰分散燃煤锅炉；并要求"所有燃煤电厂、钢铁企业的烧结机和球团生产设备、石油炼制企业的催化裂化装置、有色金属冶炼企业都要安装脱硫设施"[②]，而且正式提出开通环境信息传播渠道，组织实施生态环境保护信息化工程，强化信息公开机制的建设，完善信息公开督促与审查机制。《大气污染防治行动计划》提出，"各级环保部门和企业要主动公开新建项目环境影响评价、企业污染物排放、治污设施运行情况等环境信息，接受社会监督。涉及群众利益的建设项目，应充分听取公众意见。建立重污染行业企业环境信息强制公开制度"[③]。政府的"雾霾治理"话语同时又为公众的环境诉求提供了合法性。到 2014 年，全国人大代表质问环保官员的新闻报道时有出现，以致有 15 个省（区、市）在当年的政府工作报告中[④]都将"治霾"作为政府工作的重中之重，带动一大

---

① 刘春城：《〈中国环境报〉对雾霾议题的框架分析》，《东南传播》，2014 年第 8 期，第 27-29 页。

②《国务院关于印发大气污染防治行动计划的通知》，http://www.gov.cn/zhengce/content/2013-09/13/content_4561.htm,（2013-09-13）[2021-09-23].

③《国务院关于印发大气污染防治行动计划的通知》，http://www.gov.cn/zhengce/content/2013-09/13/content_4561.htm,（2013-09-13）[2021-09-23].

④ 刘春城：《〈中国环境报〉对雾霾议题的框架分析》，《东南传播》，2014 年第 8 期，第 27-29 页。

批城市将 $PM_{2.5}$ 纳入了政府常规监测的标准运作之中。

2. 自媒体"雾霾治理"话语的实践效应

"雾霾与公众健康关系"的话语加深了公众对生存环境的忧虑,更推动公众参与到雾霾信息的传播活动之中。2015 年 2 月 28 日上午 10 点左右,人民网、优酷同步播出柴静的《穹顶之下 同呼吸共命运》的调查性报道,激起了国内民众关于雾霾、关于环境保护的激烈讨论。该片以普通市民的角度向观众提出了"雾霾是什么,它从哪里来,我们该怎么办"等问题,通过回答这些问题告诫公众,人类的过度砍伐、过度发展、过度奢侈以及不负责任的排放行为引发了雾霾,使人类遭到自然的报复。"从互联网相关统计来看,截至 2 月 28 日 20 点 43 分,各大视频网站平台播出数量总计近 4000 万条,评论超过 4.5 万条"[①],"雾霾"的话语成为主流与非主流的"话语实践"主题,"雾霾治理"的话语传播达到了"环境治理与公众健康"的峰值,从而使自媒体发起的"雾霾话语""反客为主"转换为主流论坛的议题"热词",从雾霾的危害性到雾霾污染背后的成因、从呼吁公众关注雾霾到参与雾霾监督等现实建构,以既定经验的话语超越了舆论生成机制的范畴。为实现国务院《大气污染防治行动计划》,为国家监察、地方监管、机构负责的监管网络提供强大的社会基础。换言之,自媒体提供的公民监督和公民参与模式,通过赋予公民以健康权和参与权,对于地方政府执行国家环境法律、法规提供了具体的监管目标。

二、媒介议题设置对雾霾公共治理产生的影响力

如前述,雾霾话语从敏感问题成为被媒体公开报道的热词、雾霾数据从最开始的 PM_{10} 到 $PM_{2.5}$、雾霾从人们不了解它为何物到成为"达摩克利斯之剑"。事实上,国家对于空气治理的集体意志对于推动"雾霾话语"从自媒体走上主流话语空间的"演进历程"亦起到了"酵母作用"。

1. 主流媒体营建的"舆论氛围"

从报道数量来看,2011 年末"雾霾"一词从网络进入大众视野,《中国环境报》仅有 5 篇报道,2012 年也只有 26 篇,直到 2013 年至 2014 年才达到每月平均 6.6 篇的报道水平(表 3-4)。2013 年,国务院印发了

---

① 姚宝权:《新媒介环境下电视调查性报道的革新——以〈穹顶之下 同呼吸共命运〉为例》,《怀化学院学报》,2015 年第 7 期,第 79-82 页。

《大气污染防治行动计划》，正式将空气治理纳入国家发展的重要工作内容。该通知指出，"大气环境保护事关人民群众根本利益，事关经济持续健康发展，事关全面建成小康社会，事关实现中华民族伟大复兴中国梦。当前，我国大气污染形势严峻，以可吸入颗粒物（PM_{10}）、细颗粒物（$PM_{2.5}$）为特征污染物的区域性大气环境问题日益突出，损害人民群众身体健康，影响社会和谐稳定。随着我国工业化、城镇化的深入推进，能源资源消耗持续增加，大气污染防治压力继续加大"[①]。同年，《中国环境报》的雾霾报道升至 80 篇，占总体样本的 43%，显示官方媒体紧随政府"雾霾治理议程"步伐，为传播政府雾霾治理理念和方针政策提供信息服务功能，也意味着环境信息与相关数据公开机制的基本确立为雾霾公共治理进入政府治理视域立下"汗马功劳"。

表 3-4   《中国环境报》雾霾报道数量年份分布

报道年份	报道数量/篇
2000	1
2009	1
2010	1
2011	5
2012	26
2013	80
2014	76

2. 从内容来看雾霾报道的情况

2012 年以前关于雾霾的报道基本上是蜻蜓点水式的描述或者是"天气预报式"的动态信息。从 2013 年开始出现了突出雾霾议题显著性的报道模式：除了官方消息来源外，来自气象机构、专家学者、普通民众的声音逐渐增加。气象机构与专家学者对雾霾的概念、成因、发展、治理、应急和影响等问题进行了不同角度的阐述，其余的新闻报道则集中篇幅讨论对雾霾的治理措施。报道主题具体分为六大类：①普及与雾霾相关的科学知识、其成因、与经济发展的关系以及公民应采取的保护性措施等；②城市生态环境和雾霾的发展趋势；③雾霾的危害性及责任归因；④雾霾的社会影响；⑤雾霾的治理措施；⑥雾霾治理经验的历史回顾等（表 3-5）。

[①] 《国务院关于印发大气污染防治行动计划的通知》，http://www.gov.cn/zhengce/content/2013-09/13/content_4561.htm，（2013-09-13）[2021-09-23]。

表 3-5 《中国环境报》2000~2014 年雾霾报道主题及数量分布

报道主题	报道篇数占比[①]
知识普及	9/5%
雾霾发展	21/11%
责任归因	32/17%
社会影响	11/6%
雾霾治理	107/56%
治理经验	10/5%
总计	190/100%

3. 从议题设置来看雾霾报道对雾霾公共治理的"引导功能"

2012~2014 年，《中国环境报》关于雾霾治理措施的报道占总体样本的 57%。其中包括了对城市雾霾治理措施的描述性报道和指导型（亦称为支配性）报道。描述性的报道中包含着各大城市雾霾治理行动及其贯彻执行雾霾治理政策的过程，强调基层管理机构作为雾霾治理主体在执行法律和政府政策方面所取得的进展与成就；指导型的雾霾报道根据政府政策规定提出雾霾治理的规范性建议和要求，对雾霾产生的根源进行反思，批评管理部门对改革环境信息公开机制的不力，要求保障公众环境知情权、及时传播环境事故隐患[②]，推动将 $PM_{2.5}$ 作为环境检测类目的条例出台，强调对地方企业排放进行严格控制等等（表 3-6）。

表 3-6 《中国环境报》雾霾报道对雾霾公共治理的引导功能例文

年份	描述性的雾霾治理报道	指导型的雾霾治理报道
2011	《环境保护部拟制定$PM_{2.5}$标准》 《大连首个$PM_{2.5}$监测点位试运行》 《普遍赞成将$PM_{2.5}$纳入标准》	《由$PM_{2.5}$热议引发的思考》
2012	《河北53个大气监测点联网》 《上海全力做好$PM_{2.5}$监测治理》 《$PM_{2.5}$环境质量基准体系亟待建立》	《$PM_{2.5}$减排需要公众参与》 《全面提高全国环境监测水平》 《像抓约束性指标一样重视$PM_{2.5}$》

---

① 占比数据均为四舍五入后的约数。

② 史韵：《广东 9 市发布 $PM_{2.5}$ 监测数据》，《中国环境报》，2012 年 6 月 19 日。

续表

年份	描述性的雾霾治理报道	指导型的雾霾治理报道
2013	《中泰环保研发成功控制雾霾一体化技术》 《多措并举防雾霾》 《环境保护部将出台技术政策强化PM$_{2.5}$治理》 《南京修订地方法规应对雾霾》 《百万市民共享蓝天白云》 《治霾不能漏了VOCs和烟粉尘——治理方案和治理计划正在制订过程中》 《京津冀联合治霾从何处着手？》	《公众期待"天变蓝"时间表》 《严格实施空气质量新标准》 《加强立法以解雾霾之困》 《河北发布生态园林城市考核指标》 《江苏源解析号脉污染》 《蓝天人心中的"蓝天梦"》 《建立大气污染物与温室气体减排统一监管体制》 《建立治霾联席会议制度》
2014	《PM$_{10}$、PM$_{2.5}$作为首要考核指标》 《PM$_{2.5}$纳入科学发展综合考核体系》 《上海带头破解区域雾霾难题》 《京津冀探索人工减霾》 《河北应对雾霾提前升级油品》 《宁波治气行动计划出炉》 《淘汰黄标车在行动》 《膜分离技术使冶炼烟气更干净》	《雾霾治理"三步曲"：清醒认识科学探讨联手推进》 《雾霾防治要加强预警也要问责》 《优化产业结构严格环评准入》 《将开展治理雾霾亮剑行动》 《重视城市间影响打破行政区划》 《PM$_{2.5}$、PM$_{10}$不降反升的计零分》 《锅炉煤改气老厂换新颜》

　　2012 年，《中国环境报》设置了对 PM$_{2.5}$ 的科学监测、点位布设的报道议程，对部分城市发布的 PM$_{2.5}$ 监测数据进行了密集的报道，揭示产业界违反生态伦理的发展方式，引起决策层和公共舆论对雾霾产生根源的关注。例如，2012 年 6 月 19 日《广东 9 市发布 PM$_{2.5}$ 监测数据》一文，介绍了珠三角区域设定的监测站点到 2012 年 6 月 5 日已经增至 62 个，数据显示，空气达标的站点只有 47 个。[①]描述性的报道让读者意识到自然的脆弱性和地方政府面临的雾霾现状，促使相关法规的出台。再如，2014 年关于政府管理机构治理措施《控制施工扬尘减少雾霾污染》一文兼具描述性与指导型报道的话语特征。该文总结了我国部分基层政府存在的"短命建筑泛滥，爆破时产生大量扬尘""建筑装修更换速度最快""马路成拉链，尘土飞扬"等问题，揭示基层政府环境管理机制中缺少城市规划的前瞻性，促使决策层设立系统的雾霾治理机制，在城市建设方面统筹规划，全盘考虑，遏制短命建筑工程的蔓延，并且配置专职人员负责建筑、装修、爆破、拆除、施工过程中的扬尘污染控制和监管工作。此外，还有专家学者的治理倡议《京津冀治霾要靠减排》《PM$_{2.5}$ 精细预报怎能少？》等文报道一改《中国环境报》往日仅仅作为政府政策传声筒的身

---

① 史韵：《广东 9 市发布 PM$_{2.5}$ 监测数据》，《中国环境报》，2012 年 6 月 19 日。

份，成为地方政府执行雾霾治理政策的监督者，从严格监控企业排放行为，到建立制约企业减排的长效机制，从精确预报 $PM_{2.5}$ 值，满足公众环境知情权，到将 $PM_{2.5}$ 纳入科学发展综合考核体系，强化地方官员减排责任感，该报逐渐"揭掉"了公共领域对雾霾报道的神秘化表述以及基层环境检测、环境信息公开和对环境污染源进行督察与惩治的障碍因素。

三、媒介"归因式"报道框架对公众认知产生的影响

雾霾报道是一次警醒社会，引起公众关注、参与雾霾治理和监督的话语实践。与邻避运动不同的是，雾霾由多元因素造成，无法追究某一个污染主体。除了依托政府管理部门进行全面的整顿外，媒介作为舆论的前哨，站在客观的立场，对雾霾进行责任归因式报道，引导舆论向有利于公共治霾的方向发展。媒介对社会事件或行为做不同的归因，尤其是对社会事件或行为的动机进行责任归因将在很大程度上影响公众对该事件的认知、态度和情感反应。例如，在雾霾事件发生的初期，有官员指责外国领事馆定时播报 $PM_{2.5}$ 的监测数据，是企图干扰我国内政。此类争议性对话引得公众更为关注雾霾信息的披露及政府机构的相关责任。随着决策层对环境信息公开机制的合法性认同，《中国环境报》在对雾霾的归因报道（约占总体报道的 17%）中逐渐将雾霾归因于环境管理方式的失误，敦促环境评估和审核部门认识到治理雾霾的责任感：汽车尾气、煤炭燃烧、工业烟尘、秸秆焚烧、工地扬尘、火力发电等污染行为不是经过了建设管理部门审核批准，就是源于对生产部门的监督和执法机构的疏忽。

1. 雾霾报道中的"问责话语"

归因报道通过对雾霾的因果性分析，引导政府和决策层形成对雾霾客观原因的认知，使之在观念上认同雾霾的危害性和建立雾霾治理长效机制的必要性。2013 年 1 月 23 日《中国环境报》在《面对雾霾我们该做些什么？》的报道中指出，我国产业结构和能源结构的不合理配置是雾霾形成的重要原因。从能源结构上看，我国清洁能源发电占总装机的不到三成。煤炭在中国一次能源生产和消费总量中占 70%左右。此次雾霾出现的直接原因之一，就是北方供暖导致燃煤的增加。每年近 40 亿吨煤炭的消耗，给环境带来了难以承受之重。要减少污染物特别是污染气体的排放，就必须改变以煤为主的能源结构，尽量减少煤炭、石油等化石能源的使用。①加强立法特别是环境立法，才是有效治理污染、实现可持续发展

---

① 史春：《面对雾霾我们该做些什么？》，《中国环境报》，2013 年 1 月 23 日。

的"金钥匙"。①《控制雾霾须减少煤电排放》（2014.3.24）一文则呼吁政府彻底转变电力经济的增长方式，以转向新能源发电作为治理雾霾的必然趋势；同时，环境决策部门和管理机构除了改造现役火电厂，还需要制定确切的排放限值与排放标准。

除了针对政府和决策层提出建设性批评的报道外，也有针对全民环保素质、改变公民对环境污染冷漠态度的报道。如《树立雾霾共治观念》（2014.11.21）一文提出了三个建议：开展环境保护的宣教工作，把市民潜在的环境意识转化为实际行动；树立政府部门的共治观念，政府各部门都负有根治雾霾的责任，环保工作涉及规划、市政、国土、水利、城乡管理、园林绿化、自然保护、资源开发、宣传教育等部门，各部门的官员和职员共同担当，形成合力，才能形成环保的"统一阵线"；落实环保责任制度，让相关部门负责人承担环境污染的责任，将 $PM_{2.5}$ 治理作为政绩考核标准。②

2. 雾霾报道中的"动员型话语"

从 2011 年雾霾话题发端微博开始，《中国环境报》就介入了对雾霾治理的动员型报道。该报首先以雾霾信息公开的"先进"城市上海为例，报道该地区对 $PM_{2.5}$ 进行监测和公布的详细过程。如连续报道《上海加大 $PM_{2.5}$ 污染治理力度》（2012.1.30）介绍了上海作为全国首批开展 $PM_{2.5}$ 监测的城市，承诺在 2012 年底前公布 $PM_{2.5}$ 监测数据、满足公民环境知情权的举措。消息《上海将发布 24 小时雾霾预报》（2013.3.28）赞赏上海气象部门在雾霾监测方面的创新、率先在每天 17 时的天气预报里加入了 24 小时雾霾情况预报的做法。通讯《上海实施清洁空气行动计划》（2013.11.4）详细地描述了上海从数据监测、预报到出台《上海市清洁空气行动计划（2013—2017）》的雾霾治理工作的进程及其治理目标，到 2017 年，上海 $PM_{2.5}$ 年均浓度将比 2012 年下降 20%。③关于上海将 $PM_{2.5}$ 纳入国家空气质量监测体系，再到承诺降低 $PM_{2.5}$ 浓度及其雾霾治理工程和具体步骤等系列报道，成功地建构了地方政府雾霾治理形象，对其他城市雾霾治理提供了指导性舆论引导。

《中国环境报》广泛呼吁尊重公众对雾霾监测工作的监督权。如《治污减霾谁也不能当围观者》（2014.2.28）一文提出"治理大气污染就像下

① 穆治霖：《加强立法以解雾霾之困》，《中国环境报》，2013 年 2 月 27 日。
② 刘四建：《树立雾霾共治观念》，《中国环境报》，2014 年 11 月 21 日。
③《上海市清洁空气行动计划（2013—2017）》，http://env.people.com.cn/n/2014/0117/c369134-24153159.html，(2014-01-07)[2021-09-25].

一盘围棋，每一个部门、每一个企业、每一个人都是其中不可缺少的棋子。只有每一棋子都发挥作用，才是一盘活棋，才能下好一盘棋，才能最终取胜"。①该文一方面对只重速度不重质量的发展观念提出批评，力促基层政府加大环保投入和环境执法力度，敦促地方政府配合中央的各类政策文件、实施办法，采取实际行动督察企业严守环保法律红线；另一方面，指出雾霾现象与国家经济发展方式之间的因果关系，号召环境管理层改变以往只"重视 GDP、忽视雾霾治理"的行为模式，调动公众参与环境监测的话语实践活动。简言之，纸媒的雾霾报道是一次警醒社会、推动环境信息机制开放、提升公共管理机构政治可信度、转变政府环境管理理念的"环境治理营销运动"，为实施产业界的综合治理、还给公众以"蓝天白云"而打了一场富有成效的环境传播战役。

四、雾霾报道对环境公共治理机构提出的"挑战"

十八大将美丽中国作为生态文明建设的理想愿景，是在一定的物质文明、社会发展进步基础上人们对精神文化家园的美好追求，是美的价值形态和幸福生活的实现路径。我国政府于 2012 年 2 月发布《环境空气质量标准》和《环境空气质量指数（AQI）技术规定（试行）》，于 2013年 9 月又推出被称为"大气十条"的《大气污染防治行动计划》。种类齐全的政府文件和规定为环境报道和环境监督提供了合法性保障，媒介报道数量也随之增长。然而，我国雾霾的公共治理依然面临着许多挑战。

1. 改变对负面环境新闻报道的认识

开放的公共治理理念与治理机制为各类声音的表达提供了良好的渠道，但对环境管理机构提出了挑战。在生态文明建设初期，政府在决策过程中免不了出现疏漏与偏差，企业在执行政府环境政策和规定时也难免走样、出错。报道这些疏漏和偏差似乎不利于政府和企业的声誉，但"隐藏"起来也不见得有利于政府可信度的建构。通常而言，负面新闻揭示了环境违规行为或环境事故隐患，对于遏制可能造成的人员伤亡和环境损害起到及时的预警作用。媒介主动、快速公布事件真相，号召人们集思广益、为政府解决危机隐患出谋划策，不仅更有利于提高政府环境管理绩效，更有利于提升环境管理机构的可信度评价。正因为如此，《中国环境报》在生态文明建设初期大都以政府为主要消息源，介绍政府治理雾霾的措施，引领

---

① 史小静：《治污减霾谁也不能当围观者》，《中国环境报》，2014 年 2 月 28 日。

环境公共治理指向污染型企业。以责任归因报道为例，该报将雾霾的形成归因于污染型行业，探索具体生产部门在执行各种环境政策时的微观行为和引发污染的矛盾问题，如我国某些地区当时还存在的一边提倡淘汰落后产能企业，一边在城市边郊区域发展火力发电业等现象。可见，媒介在环境公共治理的不同阶段，揭示社会不同发展阶段所面临的矛盾和挑战，引起决策层的关注、讨论，形成对雾霾源行业进行公共治理的政策议程，既可以强化公共治理部门的决策权，又有利于提升国家公共治理机构的信誉度。

2. 亟须建立环境污染的网络监控机制

建设资源节约型、环境友好型社会，切实把"人与自然和谐发展"理念融入国家的发展理念和规划之中，对于关乎人民生态福祉、涉及健康环境保护的细微之处，必须制定微观层面的监督战术。例如，利用新媒体报道城市雾霾治理措施，明确资源能源节约和污染物排放指标对于"两高"行业新增产能的控制成效与现状，调查和公布新、改、扩建项目所实行的产能等量或减量置换数据，为决策层提供对高耗能、高污染和资源性行业的监督实际状况。如燃油品质、石油炼制企业的升级改造现状与雾霾现状的相关关系，公布非法生产、销售不合格油品行为和对油品质量的监督检查现状，公布农业化肥和杀虫剂的滥用状况以及公然向地下排污的事件，上述环境污染行为难以逃避法律的惩治等等。凡此种种，证明新媒体和社会组织在环境监督方面大有文章可做，因为环境监督既是满足公民环境知情权和环境健康权的前提，亦是落实环境法、环境问责制不可或缺的环节。

第三节　"公共治理话语"中的语境重置模式
——以广州市流溪河的公共治理为例

英国环境学者索尔斯博里（W. Solesbury）提出，"吸引人们的注意力、争取合法性和激发实际行动是发展壮大环境问题的必要任务"[①]；美国学者恩娄（C. H. Enloe）也认为，一个环境事件受到关注，成为"环境焦点"必备的四大条件是，涉及政府机构管理成效、媒体的关注、涉及公众和政府相关决策[②]，他强调环境倡议者的传播作用，认为"环境问题"

① Solesbury W. "The Environmental Agenda". *Public Administration*, 1976, 54（4）: 379-397.
② Herz J. H., Enloe C. H.. "The Politics of Pollution in a Comparative Perspective: Ecology and Power in Four Nations". *Political Science Quarterly*, 1977, 91（1）: 188.

之所以成为问题，有赖于首先关注到某个环境事件的人的传播与倡导，从而让更多的人感知、认同和行动。1996 年，社会建构主义学者巴特尔（F. Buttel）及其同事率先用建构主义的方法研究全球环境变迁问题，总结了城市环境社会学的研究纲领[①]，提出从社会建构主义视角研究环境问题的关注点是：群体成员对其认为有侵犯性或感到不愉快的环境状况的申述与其后的环境行为。之后，加拿大环境社会学家约翰·汉尼根（John Hannigan）在这个关注点的基础上也提出了生态城市建构中的三项关键任务：环境主张的集成、表达和竞争。包括环境问题的发现、命名与详细描述，解决问题所依赖的科学、技术、道德或法律基础；环境价值的表达与诉求则包括寻求社会对生态问题的关注，促进环境诉求的合法化；环境价值的竞争，则是指某项环境提议在众多议案中脱颖而出且能得到实质性的落实与贯彻，最后实现法律和政治上的变革。[②]概言之，城市环境公共治理运用环境话语的传播从引起人们对环境问题的关注到实现法律和政治上的变革，从一系列的生态保护政策得到落实与实践，到最后打造出一个高品质的城市生态系统，经历了漫长的话语建构和话语实践过程。在这个过程中，生态话语的生产不仅为我们展现了话语主体建构环境保护现实、为各类机构和个体环境赋权的跌宕起伏的话语历史进程，也承担着推动主流社会生态伦理知识和环境道德意识进步的历史使命。

一、传统经济产业与城市生态保护的"现实对峙"

水是人类文明发展的源头，在我国传统文化中充满着一种浓郁的"山水情结"，山与水既是人们赖以生存的生命之源，也是人们藏匿于山泉林木之间修身养性和放松自我的一种符号和标志。珠江是我国第三大河流，由西江、北江、东江组成，西江是珠江水系的主流，它具有广阔的陆向和海向腹地，充足的水资源与河海相济，孕育了丰富多彩的"珠江文化"。在近代社会，珠江文化从相对封闭走向日渐开放，培育了岭南多元、开放、重商、创新、领潮等文化风格和人文气息，为广州成为改革开放前沿地提供了精神原动力。尤其是在生态城市建设中，珠江主流与贯通全城的支流的建设、治理和修复激发了生态城市环境空间的活力，形成了珠江流域水文化特质的空间构成和岭南水系与众不同的个性品位。它的主

---

① Frederic Buttel. "Environmental and Resource Sociology: Theoretical Issues and Opportunities for Synthesis". *Rural Sociology*, 1996, 61（1）: 56-76.

② 约翰·汉尼根：《环境社会学》（第 2 版），洪大用，等译，北京：中国人民大学出版社，2009.

要文化功能是传承中国"筑堤治水、以水攻沙"的治水理论。如花果水乡区、鱼塘畜牧业水乡区、旅游观赏水乡区，以及古城、古村镇等水域采用的"引水灌田、变害为利"的疏导式治水方法大都继承了传统的"回旋流理论"，起到节水、蓄水作用。广州市人民政府发布的《广州市生态水城建设规划（2014—2020 年）》（以下简称《规划》）中明确提出了生态水城建设的四个主要工程，即饮用水工程、城乡水安全工程、水污染治理工程、水生态修复工程。它表明广州市政府将水资源的保护工程作为"花城、绿城、水城"三个生态品牌的一个空间识别系统。广州市的水乡区也大都能顺应水势维持经济发展与水系环境的平衡。尤其是旅游观赏水系布局合理、湖滨河岸绿草如茵、参天古树蕴藏着城市悠久的历史和历史人物留下的文化资源，发挥了怡情养性和陶冶情操的文化功能，但唯有流溪河的开发利用和治理成为广州市生态城市品牌建设的一个"瑕疵"。

1. 传统经济结构与城市"水系文化"的空间争夺

在广州，流溪河是珠江的北江支流，是唯一一条贯穿广州市境内的河流，经珠江三角洲河网注入南海。直至 2011 年以前都是广州市民饮用水水源地，全市 70%以上的饮用水来源于此，被称为广州的"母亲河"。然而"近 20 年来，尽管广州市历届政府对流溪河的保护都非常重视，但流溪河白云段水质不断下降已成为不争的事实"①。早在 1997 年，广东省人大常委会通过发布《广州市流溪河流域管理规定》（以下简称《流溪河管理规定》）时，流溪河水质优良，还属于饮用水源。但鉴于流溪河河岸已开始出现养鸭场和餐饮业等污染源、饮水资源保护形势严峻、水资源短缺的情况，《流溪河管理规定》明确地提出了负责保护流溪河的主体。

> 广州市流溪河流域管理委员会、由市人民政府及其有关部门负责人和流域内的区、县级市人民政府负责人组成，管委会主任由市人民政府负责人担任。
>
> 在河道、水库、渠道设置或扩大排污口的，排污单位在向环境保护行政主管部门申报之前，应当按管理权限征得管委会或所在地的区、县级市水行政主管部门同意。向流域水体排放污染物的，必须经过净化处理，不得超过国家规定的排放标准。

---

① 潘柏乐、潘涌璋、左伟：《流溪河白云段水环境质量影响因素及保护建议》，《环境与发展》，2018 年第 6 期，第 6-8 页。

造成污染的，由市、区、县级市人民政府责成限期治理。

违反本规定第十二条、第十五条的，由市、区、县级市水行政主管部门责令其停止违法行为，没收违法所得，暂扣作业工具，限期采取补救措施，赔偿损失，可并处以 2000 元以上10000 元以下的罚款，对直接责任人，还可由其所在单位或者上级主管部门给予行政处分。

违反本规定第十六条，造成水土流失，不进行治理的，由市、区、县级市水行政主管部门责令其停止违法行为，采取补救措施，赔偿损失，并处以 1000 元以上，10000 元以下罚款。①

遗憾的是，以上政府文件只规定了宏观的行政主体及其"宏观的"管理责任，如"造成污染的，由市、区、县级市人民政府责成限期治理"，而无问责与追责的具体对象；对排污主体只做临时处理、罚款了事。惩罚河岸的针织漂染厂、电镀厂、水泥厂等企业向河流肆意排放废水的违法行为处于无法可依的状态。不足为怪，到 2000 年初，流溪河水质逐渐恶化。流溪河沿岸居民发现河水发黑发臭，河上漂浮大量死鸡、死鸭。直至广州的农业专家向广东省委主要领导人投书后，相关部门才派遣相关人员进行现场调查，发现流溪河水不少污染指标已大大超出国家标准，不但工业三废、生活污水造成污染，连沿岸农业也是元凶之一，政府遂提出控制农牧业对流溪河水的污染方案，决定将流溪河两岸水泊 30 米范围内的鸡鸭场全部拆除。流溪河主河道及 18 条支流沿岸被列为一级保护区。根据方案规定，一级保护区内严禁使用高毒高残留农药，也不再新建畜牧场。原有的 20 个大中型畜牧场需要改造。2003 年 11 月，政府组织多个部门协同合作，"对流溪河黄金围段周边的猪棚、窝棚等违章建筑进行了强制清拆，清拆面积达 2 万多平方米"②。与此同时，政府筹建了三个污水处理系统，以遏制流溪河东凤坑陈洞至良田段沿岸 20 余家化工企业每年排放的数万吨工业与生活污水。两年后（2005 年），广州市政府再次开展"西部饮用水源保护地专项整治行动"，以治污保洁和清理违章项目为重点。

清理珠江西航道、白坭河、流溪河水面及河涌垃圾、水浮

---

① 《广州市流溪河流域管理规定》，https://max.book118.com/html/2017/0907/132548828.shtm，（1997-10-05）[2021-09-25].

② 广州老城区自来水水源污染超标，http://gdee.gd.gov.cn/hbxw/content/post_2288429.html，（2003-11-25）[2021-09-25].

莲等漂浮物；清理各水厂一级水源保护区 100 米范围内所有违章项目；清理卫生河沿线卫生死角和违章建筑，组织水源保护区涵养林、景观林带义务植树等。

以清理违章和打击无牌无证为重点。清理整顿珠江广州西航道、白坭河、流溪河、新街河两岸违章建筑和违章项目。重点清理无牌无证的沙场、石场、煤场、矿石堆放场、混凝土搅拌站等违法违章项目。

以打击违法排污和关闭"十五小"为重点。查处、关闭珠江广州西航道、白坭河和流溪河饮用水源保护区内小造纸、洗水、漂染、印染、化工、食品、电镀等"十五小"企业；严查严控工业废水排放，不达标企业由地方政府限期治理，达标无望的 9 月前关闭。①

2010 年 9 月，因举办亚运会需要，西江水全面置换石门、西村、江村三大水厂的饮用水水源。政府公布的《广州市饮用水源保护区区划调整方案》将水质持续恶化的流溪河从主力水源变作备用水源。主力水源的地位被取代后，流溪河的污染命运仍在继续着。至 2018 年 4 月，中央第四环保督察组向广东省委、省政府反馈督察意见指出：流溪河流域 89 条一级支流中 46 条水质为劣 V 类，严重影响流溪河水。其中，作为广州母亲河流溪河的重要支流白海面涌，流域内居住人口约 60 万人，白海面涌水体黑臭问题一直困扰当地居民。②

2. 对"市场失灵"与"管理失灵"的归因

英国生态政治学家英格尔法·布鲁顿（Ingolfur Blühdorn）指出，"无论是地区性或是全球性的绿党、可持续发展学术研究界、技术创新组织和政府机构都未能从根本上改变先进现代化社会的发展轨道。根据这些社会对生态政治学问题的框架解读所依赖的社会文化准则来看，以上组织的努力在可以看见的未来要取得急剧变化的希望非常渺茫"③。生态社会

---

① 《广州展开保护流溪河五大专项整治行动》，http://gdee.gd.gov.cn/guangzhou3072/content/post_2327430.html，(2005-05-12)[2021-09-12].

② 韩静：《广州市白云区水体污染整治——白海面涌支流仍发臭》，《小康》，2018 年第 26 期，第 26-27 页。

③ Ingolfur Blühdorn. "The Governance of Unsustainability: Ecology and Democracy after the Post-Democratic Turn". *Environmental Politics*, 2013, 22（1）:16-36.

主义学者安德烈·高兹（Andre Gorz）则明确指出，经济理性下的利润动机及其对物质财富无限量追求，是造成市场失灵的"祸首"。他认为："要使经济理性服务于人的创造性活动与精神生活，结束市场的统治和商品拜物教，以及由此引起的对地球的毁坏。"[①]国内学者则将管理失灵归因于现代产业的负外部效应："在市场运行中，经济主体都是追求自身利益最大化的经济人，不考虑或较少考虑自身的行为或决策给其他社会成员或社会福利带来的影响。他们有可能在追求自身利益的同时，损害了社会总效益，或不自觉地给其他人或实体带来了利益。"[②]所谓负外部效应，是指外部性行为的实施者生产时，其经济行为对外部造成的负面影响，使"外部"承担的成本增加，收益减少。尤其是产业界粗放式的生产方式加剧了对自然环境的破坏，以至于超过了环境资源再生的能力。流溪河的污染状况不断反复，其原因正是如此。

> 整个流溪河流域内在册工业企业共 186 家，其中企业自建污水处理设施 141 家，主要污染物排放企业类别主要有重金属行业、纺织业、化妆品行业、皮革业等，工业企业分布主要集中在流溪河流域的中下游。工业污水排放量为 1663.6 万 t，其中含有 COD、氨氮、石油类、挥发酚、氰化物、总铬和六价铬等污染物排放量。
>
> 每年排入流溪河流域的点源污染废水达到 8877.37 万 t，其中白云区最多，占整个流域废水排放量的 48.12%；流域内生活污染源的贡献最大，占到整个流域废水排放总量的 75%，其次为工业污染源，占比 19%；畜禽养殖污染占到 6%。[③]

显然，流溪河两岸的各种污染型企业集合，扩大了"市场失灵"和"管理失灵"的负效应。根本原因在于，公共领域、公共物品的产权界定模糊，没有具体的所有者而被众人竞争性地过度使用或侵占，每个人都抱着"多占多得"的心态，由此而加剧了对公地和公物的侵占。发生在流溪河两岸的"公地悲剧"状况标志着当地企业的"重发展、轻环境""先发

---

① Andre Gorz. *Capitalism, Socialism, Ecology*. London and New York: Verso, 1994.
② 陈新春、黄江英：《环境问题的外部效应及政策分析》，《经济与管理》，2003 年第 5 期，第 18-19 页。
③ 黄霞、赵璐：《广州市流溪河流域水环境状况初步调查与保护措施研究》，《广州环境科学》，2017 年第 1 期，第 12-16 页。

展、后治理"的心理阶段。例如，广州市某区政府官网在"流溪河李溪坝以下河段多处取水口取消"之后，"欣喜地"认为"位于流溪河水源地的一些项目都能够松绑，迎来了发展机遇"①。它证实了生态马克思主义者所揭示的现代工业价值体系漠视人类之外存在物的价值和利益的外部性。也证实了松散零星的生态伦理教育和环境传播根本无法为资本拥有者和管理者提供生态道德自律的内化途径，他们并不在乎自身行为给生态环境带来的危害，反而对生态城市空间的景观变迁产生了"不可抑制"的抗拒心理，使得传统经济对生态空间的争夺投射为发展与冲突的一个话语符码。

二、流溪河公共治理话语的战略意义

环境公共治理的话语实践最根本的目标是引导人们改变对环境现实问题的认知和价值判断。本书通过"慧科新闻搜索研究数据库"检索从《南方日报》、《广州日报》、《南都》、《羊城晚报》、《新快报》、《信息时报》、广东广播电视台珠江频道、南方卫视等广东省八大主流媒体中抽取政府和"广州市新生活环保促进会""广州市绿点公益环保促进会""广州市海珠区流溪生态保护中心"等环保 NGO 发表在以上主流媒体、微博、微信公众平台、博客等媒介上关于流溪河水资源的新闻报道和文本资料，筛选后共计 376 篇作为话语研究样本，分析广州市水资源保护的舆论动向及公民多元的价值取向。样本截取时间段是 2011 年初到 2016 年底，这时广州市政府对流溪河的治理进入全面规划和实施的阶段，与流溪河保护密切相关的利益相关方作为环境传播主体进入环保公共领域，就流溪河水源保护议题进行了理性而富有建设意义的话语互动与博弈。

1. 政府话语：凸显政府生态公共治理的责任意识

政府在这段时期内发布的关于流溪河水资源保护的文本共 70 篇。话语包含了三类框架：一是情况调查、界定环境问题和提出解决途径的文本（框架显著度 19.49%）；二是曝光污染情况和污染主体、提供整治方案的文章（框架显著度 12.82%）；三是通过通报政府流溪河污染治理工作计划、治理政策和治理前景等来彰显党的责任意识及其执政能力。如《广州 16 条河涌 12 条水质为劣 V 类 短时间好转难度大》一文中对广佛跨界区域（流入珠江西航道）16 条河涌中有 12 条河涌（其中包括流溪河）年均

---

① 《流溪河水源保护二十年——不容忽视的细节》，https://max.book118.com/html/2021/0213/5210342242003124.shtm，（2016-02-16）[2021-09-25].

水质均为劣Ⅴ类，主要污染物为氨氮、总磷等污染情况进行了归因和提出治理计划。

> 首先是污水处理设施建设相对滞后，广佛跨界河涌相关流域常住人口持续增加，经济不断发展，污水产生量日益增长，相应的污水处理能力和管网完善工作有待进一步加强，截污标准偏低，污水收集能力明显不足，雨天污水溢流污染较为严重。
>
> 白云区、花都区内仍存在劳动密集型、重污染和低端落后产业，无证无照、偷排偷放行为屡禁不止。畜禽养殖和面源污染也是造成河涌水质污染的原因之一，相关流域内部分养殖场废水未经有效处理就直排鱼塘或周边水体。
>
> 目前（2015 年）广州污水管网建设缺口很大，导致一些、甚至是新建成污水处理厂的作用没办法发挥。这种工作滞后是不可以原谅的，污水管网建设应该发挥社会监管力量，要公开污水管网建设的投入和完成等相关情况，看看哪个区、哪条河流污水管网建设长期欠债、不投入。
>
> （广州）今年（2015 年）将全力推进治水工程，以流域为体系，以河涌为单位，逐条整治，整治一条，见效一条。提高截污标准，加快污水管网建设，强化收集处理能力，按照国家新的规范，实现生活污水和初期雨水"全收集、全处理"。①

政府话语中透露出对基层管理工作不力的批评态度，但也强调了环境管理的难度。除此以外，政府话语中还体现了党的环境伦理意识及政府对公共事务的治理职责与承诺。

> 今年（2015 年）广州市环保部门将整合相关部门开展专项联合执法，以工业聚集区、散小乱养殖聚集区为重点，严格查处违法排污行为。此外，将联合市人民检察院和市中级人民法院加强行政执法与刑事司法衔接，重拳打击环境犯罪行为。……督促各区（县级市）政府足额配套资金，确保落实设施用地，加快推进农村生活污水处理设施建设。加强督办协

---

① 丰西西、付淑满：《广州 16 条河涌 12 条水质为劣Ⅴ类 短时间好转难度大》，http://news.sina. com.cn/o/2015-03-21/081431630135.shtml?from=www.hao10086.com，（2015-03-21）[2021-09-25].

调，切实推进河涌整治工程建设，确保广佛跨界 16 条河涌 111 项工程在 2015 年底前完成总体进展 60%以上。①

公共管理的普遍性伦理要求是保证党和政府的合法性依据，政府在保障和落实公共利益、社会公正和人民权利等方面实施的政策和民主管理的立场与态度，体现了国家治理理念的正义价值和增进公民福祉的执行能力，集中表现为对其所执掌的国家政权和公民事务的责任意识，有利于增强公众对政治制度的信任感、形成积极的政治文化和政治文明。

2. 媒体话语：反映环境污染真相，提出治理对策

媒体在这段时间内关于流溪河保护的报道共 264 篇，相关议题所使用的框架主要是提出对策建议（FS＝36.53%）、界定问题（FS＝25.45%）、政府政策规划解读（FS＝14.32%）、调查情况发布（FS＝13.07%）和社会言论表达（FS＝10.63%）。②

首先，媒体对政府治理政策、治理规划进行解读，对政府治理不力、见效慢提出批评。如《新快报》记者黎楚君等人在《过往 16 年环保拉锯战未根治污染 未来 11 年治愈流溪河还有希望吗》（2014.11.6）一文中对当地政府的治理能力质疑。

> 整治流溪河已不缺各类方案、规划、条例、法规，缺的是行之有效的根治办法。目前，流溪河支流排污点游击战式的顽存，不禁让我们对 11 年后流溪河能否洗白，打个问号。③

同时，《南都》也不断地反映环保 NGO、意见领袖和普通市民提出的意见、观点和治理流溪河的对策与建议。如《中大教授袁奇峰认为流溪河水源是广州最重要的战略资源"从化应成为特色中心"》（2014.6.13）的报道中提出，保护流溪水资源作为备用水源在现有水源发生紧急情况时的战略意义，并且提醒市政管理者从化城市的开发将给饮用水源带来极大污染隐患。

其次，媒体担当起报道事情真相的职责，在调查水资源污染情况的

---

① 丰西西、付淑满：《广州 16 条河涌 12 条水质为劣Ⅴ类 短时间好转难度大》，http://news.sina.com.cn/o/2015-03-21/081431630135.shtml?from=www.hao10086.com,（2015-03-21）[2021-09-25].
② 注：FS 代表采样的频率，即此五大类框架在 264 篇样本中出现的频率。
③ 黎楚君、刘正旭、黎秋玲：《过往 16 年环保拉锯战未根治污染 未来 11 年治愈流溪河还有希望吗》，《新快报》，2014 年 11 月 6 日。

基础上，揭露污染源主体。比如，《羊城晚报》《广州 60 条主要河涌超三成黑臭 近八成河流劣Ⅴ类》（2014.6.13）的报道中，就环保局官网上发布的河涌黑臭情况进行了实地调查取证，曝光了流溪河污染的主体，对水质污染的严重状况和治理进展缓慢的情况进行责任归因。

> 流溪河流域污水排放量约 52 万吨/日，约一半废水未经处理直排入河，而流域仅有 12 座污水处理厂。广州市环保局相关工作人员告诉《羊城晚报》记者，以白云区为例，该区仅有石井、龙归、竹料、京溪四个污水处理厂，京溪一天处理量仅仅 10 万吨，处理污水能力严重不足。而污水厂排出的废水依然是劣Ⅴ类水，与流溪河相应的水功能区划不匹配。污水处理厂污水实际上是入河污染物的一大来源。①

另外几家主要媒体如《南方日报》《广州日报》《新快报》等也直接以"流溪河流域污水日排放量 52 万吨"作为标题进行报道，不仅让公众了解治理流溪河刻不容缓的紧迫性，也间接地对污染主体和管理部门敲响了追责"警钟"，为环境执法提供了舆论的力量。

2014 年 6 月 9 日起，《信息时报》联合阿里公益发起了"寻找江河卫士"的系列活动，除了高度赞扬了保护流溪河和保护珠江行动中的环保NGO 人士外，也带动了《新快报》（2015 年）的"新公益"版面连续刊登《草根力量协助政府打造水保护大平台》、《"河去河从"的蓝天碧水梦》、《南方周末》（2016 年）特稿《"闹腾"流溪河：一条城市内河的社会共治样本》等系列报道，形成了一个推动"民间监督、政府治理"的水资源共治舆情。媒体在环境传播中的身份具有多重性，既承担了宣传政府政策的职责，又负责上传普通市民的意见，还是环保 NGO、意见领袖的声援者，在水资源环境议题的设置和话语建构中促进了政府、市民、专家、环保 NGO 的协商和沟通。但值得一提的是，2013 年以前的媒体报道中几乎看不到对污染主体和管理者的"点名"批判报道，影响了媒体舆论监督的影响力。

3. "意见领袖"的"归因型"话语建构

"意见领袖"大都为在省市级媒体评论版面署名"来论"的评论员。

① 杨辉：《广州 60 条主要河涌超三成黑臭 近八成河流劣Ⅴ类》，http://district.ce.cn/newarea/roll/201406/13/t20140613_2974974.shtml，（2014-06-13）[2021-09-25].

样本来自平面媒体上的评论文章、社交媒体新浪微博上发布的动态和为微信公众号写的文章，经筛选后共获得 21 篇。作者中有专职时事评论员、记者、当地著名主持人、大学教师、某领域专家学者、人大代表或政协委员。意见领袖在针对流溪河保护与治理的相关文本中所使用的报道框架包括：对策建议（FS＝38.59%）、责任归因（FS＝35.09%）和后果解释（FS＝26.32%）。在责任归因框架中，作者对政府治理不力（FS＝31.58%）表现出强烈的不满。比如 2016 年 6 月，当广州市政府计划将流溪河下游水源退出保护范围时，政协委员韩志鹏在广东广播电视台珠江频道的《珠江新闻眼》节目中发起倡议，唤起公众的共识。

> 流溪河是广州的"母亲河"，是广州重要的备用水源和战略资源，现在要将她"腰斩"，自己感到非常痛心。
> 对待流溪河，要有乡梓情怀，建议对流溪河上游流经区域建立补偿机制，死守绿水青山。①

韩志鹏的话语中表达了一种倾向性很明显的价值判断和理性批判精神。中山大学教授袁奇峰则提出更为"理智"的流溪河治理批判态度："流溪河的生态极为敏感，生态破坏不可修复"，"把从化定位为广州的副中心、吸引 30 万人过去的规划将严重危害城市整体利益。从化流溪河是广州唯一能够全流域控制的水源，因此生态极其敏感。广州现在从西江引水，如果西江出问题，流溪河的水源将是救命水，所以流溪河水源是广州最重要的战略资源""从化没有那么多就业机会，也没有完善的生活配套服务。如果要进行各方面的大规模建设，其生态和流溪河水源地必将遭到破坏"②。他呼吁广州市城市规划委员会完善城市规划决策机制，提升城市生态管理水准。

4. 环保 NGO 和环境保护科研人员的环境科学话语：批判政策缺漏、揭露环境污染真相、提出建设性建议

环保 NGO 的话语分析样本来自"广州市新生活环保促进会""广州市海珠区流溪生态保护中心"等，共 21 篇。NGO 的环保专业人员依靠实

---

① 《广州饮用水源保护区调整 流溪河下游拟调出保护区》，https://www.sohu.com/a/82991896_237443，（2016-06-14）[2021-09-10].

② 《广州的城市战略误判导致新城遍地 避免城市轨道交通成财政陷阱》，https://www.520zc.com/gov/plus/view.php?aid=2889，（2015-09-19）[2022-01-19].

地调研对流溪河水质进行科学测量，掌握了较多的污染线索和证据，在官方监控触及不到的地方发现污染源和污染主体及污染恶果。实地调研报告以周报、月报、季度报和年报的形式公开，其中包括了政府信息公开报告中未有的实际检测情况，从某种程度上补充了政府环境信息的不足，也从侧面反映出管理部门的工作疏漏。因而，其话语多采用归因框架（FS＝24.92%）、环境风险沟通框架（FS＝24.92%）和动员参与框架（FS＝15.02%），其他类兼具揭示环境污染根源和污染后果、提供信息和处理意见等（FS=35.14%）。此外，环保 NGO 作为环境保护的"布道者"，还肩负着传播生态治理理念、培育公众环保态度与行为等教育职责。在《流溪河从化段水质现状及污染趋势分析》一文中，作者肖乡等人运用量化研究方法揭示了广州备用水源地流溪河从化段多年以来一直属于劣 V 类水质的根本原因："农业面源污染方面。从化是广州市农业的重要生产基地，流溪河作为主要的农业灌溉水资源，其流域内农药、化肥的施用，大部分会分解和流失，最终有相当一部分随水土流失和农田退水进入水体。此外流溪河两岸的畜禽养殖场和部分河滩地种植果蔬，造成施用农药、化肥直接进入水体，成为影响水质的重要因素。"①该文总结了流溪河的生活污水和工业废水造成的水资源污染，提出"推进产业功能调整。迁出或关闭流域内重污染企业，淘汰落后的生产能力和高污染、高能耗的工艺；在项目审批中从严把关，对高耗能、高物耗、高水耗，污染物不能达标排放的项目不批，对位于饮用水源保护区、风景名胜区、生态环境敏感区等区域的第三产业和影响水环境的项目不批"等治理措施，从科学研究的维度保护广州市生态城市的品牌形象。

纵览以上话语互动内容可以发现，参与话语互动的主体缺少了污染行为主体，在水治理的主体中也没有看到相关企业，这些企业在每次的大整治活动后的"重生"契机没有引起人们的关注和分析，从而得以"死灰复燃"。

三、流溪河公共治理话语实践取得的社会成效

在宏观上，环境公共治理的基本要求体现于城市的"物文化"和"人文化"与整个生态系统的发展和演化相互适应、相互促进的"文化积淀"与历史传统之中；在微观上则体现于环境美、景观美和人与自然和谐

---

① 肖乡、胡丹心：《流溪河从化段水质现状及污染趋势分析》，《广州化工》，2011 年第 6 期，第 127-128, 146 页。

共生的"空间美"之中。生态城市的森林覆盖面积、安全洁净的水系和湛蓝的天空既改变了城市水泥建筑和街道的灰色面目，又展示了城市对环境治理与经济发展的理性而明智的抉择力，融合了城市生态品质的外在形式和内在实力。说到底，城市水治理的话语实践在本质上就是张扬城市的生态伦理精神和城市风貌，提升城市的生态品质，使城市既能承载产业经济可持续发展需要和参与市场竞争的优势，又能满足市民对环境权益的诉求及其对自然生态的审美欲求。

1. "攻克"传统经济与生态空间的"对峙堡垒"

"山、水、城、田、海"的自然格局以及沿江河、湖滨、海岸和山坡建设的绿道网络、草地及林荫小道是凸显城市生态品位的主体结构。为"挽回"流溪河河段污染损害的广州城市形象，"广州市委、市政府狠抓水源地污染综合治理。他们按照珠江综合整治的工作部署，全市动员联合进行了西部、东部和南部水源地的污染整治工作……与此同时，广州狠抓城区河涌污染综合整治，确定了'水清、岸绿、堤固'和把河涌打造成靓丽风景线目标"①。由此，集合了生存元素和"审美"元素为一体的"水系"在《广州市"十二五"时期环境保护规划》中被划入水环境功能优先保护区的范围之中。

> 严格执行地表水环境功能区划，优先保护流溪河、东江北干流、沙湾水道等主要饮用水源河道以及上游备用水源水体，以水环境质量和容量为基础，引导流域内产业发展、城镇建设和土地利用等经济开发格局的优化调整。加强水环境功能区达标的倒逼管理，水质现状低于水质目标要求的河段，制定和实施限期达标方案，调整产业布局，加快污水处理系统建设，强化污染源监管，努力实现水质达标；
> 加强水源保护区污染源监管和水质保护工作，依法取缔保护区内违法建设项目和排污口。强化重点源监督管理，继续加大对西部水源、沙湾水道等超标河流型水源地流域的综合整治，加强重点排污企业监督管理，严厉打击违法排污行为；强化水源保护区周边支流河涌的污染整治。加强备用水源水库的

---

① 《广州市创建环保模范城市纪实：人与自然和谐发展》，http://www.gov.cn/govweb/jrzg/2007-02/03/content_516669.htm，（2007-02-03）[2021-09-25].

保护，加强入库河流治理和管控力度。①

水环境功能优先保护区的划定确定了流溪河空间结构的"公共性"，重新确立了政府对城市自然环境要素配置的管理权与保护公民生存资源要素的"联结"状态。为了明确规定水环境公共领域的使用规则，广州市政府采用了"四管齐发"的治理模式：一是重点建设白云区、番禺区、南沙区、黄埔区、花都区、从化区、增城区污水处理工程及相关配套污水管网；二是彻底移除城市饮用水源地保护区的各类违法项目和排污口，并强化水源地的涵养林建设；三是建立农村环境监测、监管机制，强化农村污水治理工程设施监管，保障设施稳定运行和达标排放；四是建立一河一长监管制。至 2015 年年中，广州市在新一轮治水方案中建立了市、区、镇、村四级河长制，由各级党政"一把手"担任河长，由市水务局在官网发布更新后的《广州市水更清 51 条河涌"河长"名单及联系方式一览表》规定，各区"河长热线"保持畅通。之后，市政府几乎每一年都会发起针对流溪河的专项整治行动。"在流溪河干流河道岸线和岸线两侧各 5000 米范围内，支流河道岸线和岸线两侧各 1000 米范围内"，查处新建、扩建的化工业、印染业、畜禽养殖业及其他严重污染水环境的工业项目，并对流溪河黄金围段周边的猪棚、窝棚等违章建筑进行了强制清拆。2008～2010 年，广州市又将西部水源、流溪河下游和珠江西航道划入省环境保护厅挂牌督办治理项目，清理了大部分养殖业和农家乐。

2. 建设城乡融合、互为一体的环境友好型公共监控体系

英国生态社会主义学者戴维·佩珀（David Pepper）在《论当代生态社会主义》一文中概括了生态社会主义的基本原则，即建立一种基于共同所有制和为了整个共同体的利益而对生产工具、生产方式以及财富分配进行民主控制的制度。他认为，生态社会主义生产资料的共同所有权可以从根本上克服资本主义制度中的社会与环境成本外在化问题，在坚持人类与自然和谐共生一元论的基础上建立地方共同体自治的社会组织，并通过"不断增强的社会互动和共同体、经济上的重新授权、民主地重新授权、不断增强的环境目标的优先性"②消除异化劳动、乡村可接近性的丧失和

---

① 《广州市人民政府办公厅关于印发广州市"十二五"时期环境保护规划的通知》，http://www.gz.gov.cn/zwgk/fggw/sfbgtwj/content/post_4758399.html,（2013-02-21）[2021-09-25].

② 戴维·佩珀、刘颖：《论当代生态社会主义》，《马克思主义与现实》，2005 年第 4 期，第 77-83 页。

缺少社区及社会服务等城市治理难题，达到社会的正义与公平。我国生态文明建设作为"五大建设的基础"，将生态原则和社会主义制度原则相结合，以整体社会的需要替代经济利润动机，使那种追求无限度增长的物质贪欲不再具有生存的土壤。2017 年，广州市政府印发施行的《广州市全面推行河长制实施方案》，宣告成立一支"有利于流溪河治理、工作责任分解明晰、各职能部门形成联动机制、形成合力"的"地方治水共同体"。其中，"按照区域与流域相结合，分级管理与属地负责相结合原则建立市、区、镇街、村居四级河长体系。市委主要领导担任市第一总河长，市政府主要领导担任市总河长，市政府分管领导担任市副总河长。各区区委主要领导担任本区总河长。此外，珠江广州河段、流溪河、白坭河等主要河道由市委、市政府领导担任市级河长，河道流经的各区、镇街、村社的党政主要领导担任同级河长"。

其中基层河长（镇街、村居级）要落实"涌边三包，守水有责"（包卫生保洁、控违拆违、截污纳管），做到河道"五无"（河道无直排污水、河面无垃圾、沿岸无违章、堤岸无损坏、绿化无损毁）。镇、街河长还要对辖区内污染源查控、污染排放量削减负总责，组织违法建筑清拆、排污口整治、非法排水清理、城中村截污。落实排水户管理、河涌及排水设施日常维护，防止晴天污水直排河涌。①

紧接着，广州市各区治水办连续举办"河长制"培训班，分别对区级、镇（街）级、村（居）级河长开展培训工作及"广州治水APP"使用专题培训，使各级河长明确自身的职责与各段河道的规范化管理方式。按照《广州市河长制考核办法》的要求，各级河长对所在地河道要进行定期巡查，"镇（街）级河长巡查每月不少于 1 次，重点巡查各类河道污染源、违章建筑。发现问题，做好巡查记录，及时上报、处置，巡查情况做到'可查询、可追溯、可问责'"②。自此，工作不力、履职不到位的河长将被问责。公众亦可根据河长责任制的公示牌对流溪河沿岸卫生保洁、控违拆迁、截污纳污等方面存在问题的河道进行监督和举报。经过"地方治水共同体"一年多不间断的监控、治理，流溪河水质逐渐"向好的趋势发展"。

---

① 《广州印发全面推行河长制实施方案》，http://www.gd.gov.cn/govpub/zwwgk/jcgk/201704/t20170401_249650.htm，（2017-04-01）[2021-09-25].
② 杜娟：《广州：街镇河长不接电话要扣分》，https://china.huanqiu.com/article/9CaKrnJY5lo，（2016-10-14）[2021-09-25].

至 2018 年 11 月底，流溪河流域的 46 条劣 V 类一级支流中，已有 23 条消灭劣 V 类，削减 50%，从化区、花都区全区范围内均消除劣 V 类水体。……从化区温泉镇 925 平方公里范围内 30 条一级支流有 27 条达到 II 类水质，基本实现流溪河源头消除 III 类水目标。流溪河流域主要污染物指标为氨氮污染物排放量。氨氮污染物排放量逐年递减。2016 年，流溪河氨氮污染物排放量为 27 145kg/天；2017 年 11 月，污染物排放量下降至 17 403kg/天，同比削减 35.89%。2018 年 11 月该指标下降至 10 662kg/天，同比再削减 38.73%。[1]

3. 创建水环境治理的公共政策模型

广州市水环境治理过程在实践上折射出我国生态文明建设的整个过程：它包含着一个对传统经济与生态经济冲突进行"调节与协商"的公共选择机制，即通过集体行动与政治过程来决定人们对于公共物品的需求、供给和产量，是对资源配置的非市场选择。这便是公共选择理论关注的核心问题，即"如何通过政治过程将分散的个体偏好转化为集体决策偏好"[2]。分散的社会个体因其利益需求的差异而导致人生目的和社会方式的不融洽。流溪河两岸的传统经济与水环境公共治理"相遇"时，就产生了经济利益与生态安全及健康权之间的矛盾和冲突。与传统政治学不同，公共选择理论从个体利益分析入手，将矛盾的双方置于"调解圈"，从公共利益最大化的政治目标出发，协商和选择"比较优质的"公共政策。所谓"比较优质的公共政策"是指，针对双方矛盾和冲突进行有效的合作和利益博弈，在博弈过程中寻求新的利益平衡关系，促使双方产生和谐的关系，消除各利益主体间存在的外部性。

广州市政府对流溪河的水环境治理长达二十几年，1997 年，政府就出台《广州市流溪河流域管理规定》，禁止沿河建设严重污染环境的工业项目、严格控制污染环境的饮食业，凡在河道、水库、渠道设置或扩大排污口的排污单位，一是须向环境保护行政主管部门申报，二是要征得管委会或所在地的区、县级市水行政主管部门同意，三是向流域水体排放污染物，必须经过净化处理，不得超过国家规定的排放标准。但此规定并没能阻止流

---

① 《今年前十一月流溪河流域劣 V 类一级支流削减 50%》，https://m.sohu.com/a/285473287_100116740/，(2018-12-29) [2021-09-25].

② 余燕、刘书明：《公共选择理论的发展及反思》，《中国集体经济》，2020 年第 10 期，第 70-71 页。

溪河河岸已开始出现的养鸭场和餐饮业等污染源，致使饮水资源保护形势严峻。说明理性选择模型建立在理性假定、约束形式、策略活动与均衡结果之上。[1] 很易对他人产生外部性影响的人的自利动机，只有通过一定的政治程序下选择的约束性决策，才能在环境治理中保证公共利益优先的目标。作为多方利益协调的工具，政府在规划的制定与决策实施过程中全面反映新时代国家的基本观念和治理原则，以此奠定政府公共选择的理想、信念[2]，同时使用强制性的秩序规定指向明确的协调对象，以扭转违反集体偏好的行为。由此完成政府选择的聚合形式从宏观过程"渗入"微观的相关事件过程之中。如《广州市生态文明建设规划纲要（2016—2020年）》规定：

> 将饮用水源一级保护区、市级及以上自然保护区的核心区、省级及以上风景名胜区的核心景区、森林公园的生态保育区、湿地公园的湿地保育区、地质公园的一级保护区等法定生态保护区和水源涵养、土壤保持、生物多样性保护、水土流失等生态系统重要区域划入生态保护红线范围，总面积 1059.66 平方公里，约占全市地域面积的 14.25%。实施严格的生态红线管控制度，红线内禁止城镇建设、工农业生产和矿产资源开发等改变区域生态系统现状的生产经营活动，市政公益性基础设施建设等需符合相应法律法规要求。[3]

与之相配套的《广州市流溪河流域保护条例（2015 年修正本）》则将宏观层面的政策选择理念"置入"具体的细节和类目，如：

> 第三十五条 流溪河干流河道岸线和岸线两侧各五千米范围内，支流河道岸线和岸线两侧各一千米范围内，禁止新建、扩建下列设施、项目：
> （一）剧毒物质、危险化学品的贮存、输送设施和垃圾填埋、焚烧项目；

---

① Mark Irving Lichbach, Alan S. Zuckerman. *Comparative Politics: Rationality, Culture and Structure*. Cambridge: Cambridge University Press, 2009, pp.127-128.
② 余燕、刘书明：《公共选择理论的发展及反思》，《中国集体经济》，2020 年第 10 期 第 70-71 页。
③ 《广州市人民政府关于印发广州市生态文明建设规划纲要（2016—2020 年）的通知》，http://www.gz.gov.cn/zwgk/zwwgk/jggk/lsqkgk/content/mpost_2854711.html，(2016-08-10)[2021-09-25].

（二）畜禽养殖项目；

（三）高尔夫球场、人工滑雪场等严重污染水环境的旅游项目；

（四）造纸、制革、印染、染料、含磷洗涤用品、炼焦、炼硫、炼砷、炼汞、炼铅锌、炼油、电镀、酿造、农药、石棉、水泥、玻璃、火电以及其他严重污染水环境的工业项目。[①]

在理性选择理论和公共选择范式中，传统的均衡状态和"调解"目标居于核心地位，其目标是为调整公共生活的无序提供一个长期的解决方案。广州市流溪河公共治理政策，虽然作为约束形式的秩序规则，被视为个体行动者可作为选项择定的、具有严格"奖惩"内涵的发展"策略"[②]，但是从《流溪河流域水环境治理决战 2019 工作总结暨决胜 2020 工作部署大会召开》[③]的新闻报道来看，使流溪河个体行动者的固定偏好与公共政策选择的政治目标趋向一致，将是一个长期的、艰难的理性选择与公共选择的博弈过程。

[①]《广州市流溪河流域保护条例（2015 年修正本）》，http://www.gd.gov.cn/zwgk/wjk/zcfgk/content/post_2531560.html，（2019-07-05）[2021-09-25].

[②] Jan-Erik Lane, Svante Ersson. *The New Institutional Politics: Performance and Outcomes*. New York: Routledge, 2000, pp.4, 19.

[③] 该次会议的主题仍然是：要落细落实确保完成流溪河流域水环境治理 2020 决胜任务。从化区要全面消灭Ⅳ类水，花都区要全面消灭Ⅴ类水，白云区必须消灭目前仍然存在的劣Ⅴ类一级支流的污染源，其他支流的水质要达到Ⅳ类以上。流域相关各区要聚焦劣Ⅴ类重点河涌，针对每条河的小流域进一步细致深入地开展调研，利用先进技术与网格员巡查相结合，摸清"散乱污"底数，找出污染来源，制定切实可行的小流域专项治理方案。参见：《流溪河流域水环境治理决战 2019 工作总结暨决胜 2020 工作部署大会召开》，http://www.gz.gov.cn/xw/gzyw/content/post_5550580.html，（2019-12-21）[2021-09-25].

第四章　环境公共治理的实践理性
与社会资本的积累、培育

亚里士多德认为科学分为三种：理论科学，生产科学，实践科学。实践科学考察人的实践行为和能力。实践科学运用行为分析的方法去阐明人的行为原则或原因，对人的行为现象进行辩证地考察和提炼。目的是改善人的行为，提升人的实践理性或智慧。"实践作为处理人与世界关系的最基本、最现实的方式，其中淹贯着两重理性：一是认知理性，一是价值理性。认知理性关涉实践活动的成败；价值理性决定实践行为的品位。淹贯于实践中的认知理性和价值理性的统一，就是实践理性，它体现了对象的外在尺度和人的内在尺度的观念统一"①。人类在实践中运用自己的理性，克制非理性的本能，选择与他人或与自然交往过程中的正确行为。首先，人本身具有从事正当行为的欲望、愿望和能力；其次，人们对人的正当行为的评价标准具有普遍性，此评价标准为自然界立法，也为人的行为立法，以指导人们建立实质正义的法律制度。②通常而言，人们是按照行为的因果关系或习俗来确定行为的合理性和公正性，对行为的正义性等价值的判断取决于行为在促进和维护人类利益方面的作用，取决于行为与人的动机和爱好的关系。对实践理性的研究出自对行为原则和世俗社会协议的遵守意愿与人类对建立公共与私人之间信任关系的渴望，并满足人类进一步交往的社会需要。因此，实践理性理论研究人类行为的合理性和行为结果的有效性，以期在实践经验中提高人对普遍行为的正当性的认识能力，并确定了对人类行为的独立自主的批判标准。

生态公共治理的实践理性不是超验的应然性规则，从理论的孕育和价值生成维度来看，由科学家、政治家（包括环境科学家、生态伦理学家、生态政治学家等）、环境与资源开发和利用者、利益相关者、社会组织（包括环境保护社会团体、环境科学民间组织等）创建公开的社会对话、沟通渠道和政治协商等民主机制，向全社会传播、宣传生态科学理性

---

① 王炳书：《实践理性辨析》，《武汉大学学报(人文科学版)》，2001年第3期，第270-275页。
② 李梅：《权利与正义：康德政治哲学研究》，北京：社会科学文献出版社，2000年，第8页。

知识、环境价值观和生态伦理意识，使公众对社会发展方向和发展伦理、产业伦理和消费方式形成统一认知和共识，将可持续发展理念和环境正义观作为各阶层社会成员普遍接受的行为准则，并逐步地内化为社会整体自身的信仰追求和道德自律；从实践理性的成熟历程来看，由科学家、政治家和社会活动家运用教育、法律等社会手段为产业界、司法界和政府监察部门提供生态实践理性的科学知识和符合生态伦理的管理标准及道德约束原则，使它们逐渐地成为引领环境公共治理实践理性的"带头人"，最终实现人际、代际、社会与个人间的生态平等和环境正义。

20 世纪 60 年代在美国兴起的环保运动所传播的环境平等与环境正义等环境民主思想，是实现生态实践理性的思想基础。其时，生态政治学和社会学家们对资本主义自由民主价值下的经济增长模式和企业对自然资源的肆意掠夺与污染行为提出尖锐的质疑和批判。西方马克思主义学者在同时期发起了对代议制民主下被简化为选举民主的精英统治的批判："合理性欠缺是晚期资本主义所陷入的关系罗网的必然后果。这样，当资本主义社会出现危机时，资产阶级总是通过更换政府乃至政党来缓解危机，并使之在时间上分散开来，减少其社会后果，扩大民众对危机的忍受程度。这种用政府的执政合法化危机来取代马克思意义上的经济危机，究竟标志着对经济危机的成功控制，还是标志着经济危机只是暂时的（地）转移到了政治系统中，则是一个经验问题"，缺少公民自主与自我管理、协商、抉择和行动带来的利益共享，违背了民主政治生活的公平与公正基础。可以说，政治精英主义代议制的实质是，"经济危机就被转移到了政治系统中。具体方式是通过提供合法化来弥补合理性欠缺"[①]，阻碍了底层社会与上层社会沟通的渠道。西方马克思主义者同时也对资本主义的经济理性提出批判，认为，"社会主义或共产主义的整个基础是生态环境的可持续性和实质平等。但是，资本主义制度导致自然界和人类之间社会对立起来，产生以自我为中心的观念，导致人类不断破坏自然环境，需要通过提高生活质量、促进人类团结和增强生态敏感性推动生态文明建设，缓解生态危机"[②]。约翰·B. 福斯特（John B. Foster）用马克思的"新陈代谢断裂"理论诠释了"资本主义的积累逻辑在社会和自然之间的新陈代谢过程中无情地产生了一种断裂，切断了自然再生产的基本过程。这就引起了生

---

① 杨艳春：《西方执政合法性理论批判》，《南昌工程学院学报》，2007 年 第 5 期，第 60-63 页。

② 张慧欣、闫冰、赵云煜：《福斯特生态学马克思主义思想的渊源》，《文教资料》，2019 年第 29 期，第 88-89 页。

态可持续性的问题——不仅仅与经济规模有关，甚至更重要的是，同样也与资本主义制度下自然和社会之间相互作用的形式和强度有关"①。为此，环境政治学者提出摒弃资本与权力奉为圭臬的经济增长观和消费观，而以环境民主理论替代以往的环境资源分配权、环境安全管理制度和环境管理理念，对产业界的垄断及其对自然资源的肆意开发和环境污染进行限制与制约。如科尔曼指出，环境危机的产生不仅与个人的生活方式有关，而且深深植根于人类政治事务之中，与权力的过分集中和民主的削弱有密切的联系，只有通过声张环境正义观和生态伦理观、落实公民环境权、确立参与式民主等价值观，才能保证人类可持续发展战略的实施，让人类对环境的破坏进程发生逆转。②环境权的归属问题、环境管理理念与管理制度的变革以及产业伦理约束机制等问题作为国家民主制度变革的基本命题，成为人类追求环境管理实践理性的前期性话语建构，为同时期欧洲国家出现的绿党提供了与其统治纲领即"绿色治理"思想相契合的理性原则。

在西方，"绿党一般都有其对内、对外政策。对内要求恢复生态平衡，实现社会公正，实行基层民主；强调废除家长制，尊重女权；提倡非暴力斗争；主张建立一种以生态平衡为基础的、能充分保障人权和民主权利的社会制度。对外反对霸权主义和强权政治，主张各国实现缓和；……谴责工业化国家对第三世界的掠夺和剥削，呼吁建立国际经济政治新秩序等。"③绿党首要的任务即是将环境公共治理的实践理性上升为国策。例如，20世纪70年代兴起、80年代发展成熟的德国绿党对国家环境管理制度的变革最为成功，该党以生态伦理和公民环境权为出发点，将实现自然环境保护与经济的协调发展作为竞选纲领而成功地上升为执政党，执政后即改变了西方传统政治制度的民主管理模式，引领民间环境运动向国家层面的协商式民主方向发展。其次，绿党主导的媒体持续地对资本主义代议制民主下暴露出来的控制选举、操纵议会、只代表大企业主和政治精英利

---

① 约·贝·福斯特：《生态革命：与地球和平相处》，刘仁胜、李晶、董慧译，北京：人民出版社，2015。转引自：董玉宽、张思皎、赵云煜：《福斯特生态马克思主义思想的新发展——"资本主义更年期"思想评析》，《沈阳建筑大学学报（社会科学版）》，2017年第6期，第598-603页。

② 丹尼尔·A.科尔曼：《生态政治：建设一个绿色社会》，梅俊杰译，上海：上海译文出版社，2002年。

③ 奚广庆、王瑾：《西方新社会运动初探》，北京：中国人民大学出版社，1993年，第225页。转引自：蔡先凤、成虹：《论当代西方绿色政治理论的形成和发展》，《世界经济与政治》，2003年第9期，第5,41-46页。

益而忽略底层公民生存环境和健康权的本质进行全面的揭露和批判，同时极力推崇国家领导层对公民生命权利、生活条件、经济民主、能源利用和环境保护等民生问题的关注，使理性发展原则和公民环境权成为全社会的共识。从实践主义的视角来看，人类实践理性的能力部分来自上层建筑的规制，部分来自人类生存直觉。绿党制定的环境正义理论为社会全面摒弃非理性的经济发展模式和盲目的环境行为注入了理性化的公共治理约束机制和社会内在的纠偏肌理。

党的十八大之后，我国政府为应对环境污染带来的生态危机也主导了一场涵盖环境法治建设、政府管理制度变革、执政理念更新的环境公共治理运动。此场运动以传播公民环境诉求、政府官员环境治理责任及经济产业转型升级的"生态文明建设"揭开序幕。十九大报告明确指出，我国"大力度推进生态文明建设，全党全国贯彻绿色发展理念的自觉性和主动性显著增强，忽视生态环境保护的状况明显改变。生态文明制度体系加快形成，主体功能区制度逐步健全，国家公园体制试点积极推进。全面节约资源有效推进，能源资源消耗强度大幅下降。重大生态保护和修复工程进展顺利，森林覆盖率持续提高。生态环境治理明显加强，环境状况得到改善。引导应对气候变化国际合作，成为全球生态文明建设的重要参与者、贡献者、引领者"[1]。在已有的发展基础上，2017 年，时任环境保护部党组书记、部长李干杰表示，在新目标方面，到 2035 年生态环境根本好转，美丽中国目标基本实现。[2]自此，国家决策层以权威形式规定的可持续性发展根本方法，成为推动环境公共治理实践理性的顶层设计。

公共治理实践理性取得的最为显著的外溢效应是培育和积累了社会资本。"社会资本包括社会信任、互利互惠的规范和公民参与网络必定促成现代政治的文明状态；相反亦使然，社会资本储量的增加更需要政治文明支撑，否则社会组织完全可能发挥其社会资本的消极作用……所以，我们完全可能实现政治文明与社会资本增量的融通和共生。"[3]稳定和谐的社会秩序，繁荣的经济，自治的空间，公平、正义、有效的政府等是培育社会资本的土壤和"生态环境"。正如国家领导人习近平指出的那样：

---

① 习近平：《决胜全面建成小康社会 夺取新时代中国特色社会主义伟大胜利——在中国共产党第十九次全国代表大会上的报告》，http://www.gov.cn/zhuanti/2017-10/27/content_5234876. htm，（2017-10-27）[2021-09-25].

②《李干杰：到 2035 年，生态环境根本好转美丽中国基本实现》，https://www.china5e.com/m/news/news-1007058-0.html，[2022-05-25].

③ 郭台辉：《政治文明与社会资本：一种相互依存关系——以国家—社会—公民关系为分析框架》，《学术论坛》，2004 年第 5 期，第 52-56 页.

"生态环境是关系党的使命宗旨的重大政治问题，也是关系民生的重大社会问题。""建设生态文明，关系人民福祉，关乎民族未来。"①我国生态文明建设触发的一系列公共治理制度的变迁，为有效执行社会管理制度、维护社会正义，亦为社会资本的积累与培育提供了政治文明的"精神养分"。

第一节　城市"生态意象"中蕴含的民生福祉

自 1971 年联合国教科文组织发起的"人与生物圈计划"中首次提出"生态城市"概念之后，"生态城市"便成为世界各国具有引领性意义的绿色发展之路，它将人与自然和谐共生抽象复杂的概念演化为一个个城市建设规划和"绿色指标"，使人与自然和谐共生的理想信念成为一种可观、可体验、经济发展与生态平衡的现实版城市意象，更成为人们达成生态伦理和环境价值认同的一个知识传播领域。美国城市研究学者凯文·林奇（Kevin Lynch）曾提出，"似乎任何一个城市，都存在一个由许多人意象复合而成的公众意象，或者说是一系列的公众意象"②，并且随城市规划的修正和执行力度的强化而变化。生态城市的"集体意象"就是由一套渗透着"生态文明"价值标准和人与自然和谐共生伦理观的整体发展规划及其执行框架，一套体现了环境保护、资源节约和可持续发展等生态愿景的城市生产制度与消费规约，以及足以满足人们各种生理和心理需求的生态物理环境、生态文化等"个别意象"重叠而成的整体性图景。

关于生态城市目前并无统一的定义，但环境学界一致认为生态城市涵盖了绿色、低碳和可持续发展的精义在公共治理实践中的贯彻与落实。早在 2007 年，国家环境保护总局编制的《生态县、生态市、生态省建设指标（修订稿）》将城市经济发展、环境保护和社会进步三个方面的协调发展指标纳入生态城市建设评价体系。其中，经济发展指标包含了农民年人均纯收入（经济发达地区）≥8000 元/人、单位 GDP 能耗≤0.9 吨标煤/万元、实施强制性清洁生产企业通过验收的比例 100%、水环境质量达到

---

① 《如何理解生态环境既是重大政治问题也是重大社会问题》，http://81.cn/jfjbmap/content/2018-07/09/content_210501.htm，（2018-07-09）[2021-09-25]；《初心印记·理论微谈｜建设生态文明，关系人民福祉、关乎民族未来》，http://news.cctv.com/2021/03/12/ARTIo88d7DqNkNoZ4Y0DgsJs210312.shtml，（2021-03-12）[2021-09-25].

② 凯文·林奇：《城市意象》，方益萍、何晓军译，北京：华夏出版社，2001 年，第 35 页。

功能区标准,且城市无劣 V 类水体、公众对环境的满意度大于 90% 等。[1]
可见,国家生态文明建设的战略部署为构建特定实质的城市生态意象提供
了约束性指标和历时性的执行框架,它象征着生态元素在经济秩序和社会
诉求中的价值回归。正是因为如此,探索生态城市建设的评价指标体系和
可量化、可操作的绿色、低碳经济发展指标及其建设成就,已成为新时代
建构生态城市意象、推广城市品牌的传播"主流"和城市竞争战略的心理
引导"战术"之一。

一、以"人与自然和谐共生"的城市意象作为环境公共治理的"指标体系"

生态城市不是供人们欣赏的幻灯片或如梦如幻的旅游景点广告,而是
全方位融入人类活动、参与人类劳作、激发人的感官活动和情感联动的生命
场所,更是作为一个民族政治、文化、经济场所,在自然系统整体、协调的
基础上所打造的城市发展模型。《中国生态城市建设发展报告(2017)》
中,其生态城市指标评价体系比较集中地反映了生态城市依据生态系统的整
体性和动态代谢功能与物质能量循环规律,实现城市全面统筹和规划的"人
与自然和谐共生"意象。尤其是其中的创新型绿色生产方式和低碳社会生活
方式以及健康宜居指标评价体系"演绎了"城市生产系统的自律、自然再生
系统与城市自循环能力统一协调的环境治理形态。为人们在心理层面形成对
生态城市建设的认知和认同提供了"可读意象"的判断标准。

1. 综合创新型生态城市的"科技特色指标"

《中国生态城市建设发展报告(2017)》设置的第二级指标是:高新
技术产业产值占工业总产值的比重、百万人口专利授权数、高等院校(含
本、专科)数量、国家级科技企业孵化器数量、创业板上市公司数量[2]
等。以上"创新特色指标"的第一项用于呈现生态城市高新技术产业对城
市产业结构、经济发展转型的贡献率以及城市科技创新能力、发展潜力;
第二级指标是用以衡量生态城市高新技术发展程度和发展效果的。对于生
态城市而言,百万人口专利授权数、国家级科技企业孵化器、创业板上市
公司等是经济可持续发展的创新动力源,表明生态城市已经并将继续吸引

---

[1] 《关于印发〈生态县、生态市、生态省建设指标(修订稿)〉的通知》,https://www.mee.gov.cn/
gkml/zj/wj/200910/t20091022_172492.htm,(2007-12-26)[2021-10-18].

[2] 刘举科、孙伟平、胡文臻主编:《中国生态城市建设发展报告(2017)》,北京:社会科学文献
出版社,2017 年,第 347 页。

大量的科技人员和科技研发资金的投入量。这是因为国家规定，科技企业孵化器 90%以上的管理人员须具有大专以上学历，同时毕业企业和在孵企业提供的就业岗位超过 1200 个。[①]接着，综合创新型生态城市的三个"核心指标"演绎了生态城市从量变到质变的"飞跃过程"——第一个生态环境"核心指标"完整地勾勒出城市"物质空间维度"的量化生态水平：森林覆盖率（人均绿地面积）、$PM_{2.5}$（空气质量优良天数）、河湖水质（人均用水量）、单位 GDP 工业二氧化硫排放量、生活垃圾无害化处理率；第二个核心指标"生态经济类"的五个指标呈现了城市规划中设定的低碳、循环经济和生态文化所取得的现实成就：单位 GDP 综合能耗、一般工业固体废物综合利用率、R & D（研发）经费占 GDP 比重、信息化基础设施（互联网宽带接入用户数/城市年末总人口）、人均GDP；第三个核心指标"生态社会类"指标完整地描绘了实现生态伦理意识和宜居城市的美好景象：人口密度、"生态环保知识、法规的普及率、基础设施完好率（水利、环境和公共设施管理业全市从业人员数/城市年末总人口）"[②]、公众对城市环境满意率（民用车辆数/城市道路长度）、政府投入与建设效果（城市维护建设资金支出/城市生产总值）等。[③]由此可见，以上三类指标体系加上综合创新型"特色指标体系"从城市的科技创新能力、低碳生产能力、绿色生活空间三个维度，完整地阐释了从生态城市"物质性空间维度"过渡到"精神性空间维度"的人与自然和谐共生意象生成的标准化进程。

2. "环境经济创新型"生态城市的创新成果典例

在《中国生态城市建设发展报告（2017）》中列出的四座典型生态城市是深圳市、东莞市、克拉玛依市和嘉峪关市。这四座城市不仅综合创新水平处于全国领先地位，其突出特点在于生态环境类指标得分较高，在生态经济主题上也位于发展前列。[④]如"环境经济创新型"生态城市排名

---

① 《科技部关于印发〈科技企业孵化器认定和管理办法〉的通知》，http://www.gov.cn/gongbao/content/2011/content_1836365.htm，（2010-11-29）[2022-05-26].

② "生态环保知识、法规的普及率、基础设施完好率（水利、环境和公共设施管理业全市从业人员数/城市年末总人口）"为一个指标。详见：刘举科、孙伟平、胡文臻主编：《中国生态城市建设发展报告(2017)》，北京：社会科学文献出版社，2017 年，第 56 页。

③ 刘举科、孙伟平、胡文臻主编：《中国生态城市建设发展报告(2017)》，北京：社会科学文献出版社，2017 年，第 274 页。

④ 刘举科、孙伟平、胡文臻主编：《中国生态城市建设发展报告(2017)》，北京：社会科学文献出版社，2017 年，第 354 页。

第一的深圳市为我们展示的城市意象是，其绿色生产特色指标①在全国
284 座生态城市中排名第二；其绿色生活指标②在全国 100 强中排名第
十。深圳市以上指标和指数的排名状况说明，生态城市的综合创新正是构
建绿色生产和绿色生活的"泉源"，此两项作为生态城市的物质外貌和
"性格骨架"又成为构成健康宜居型城市的创新元素及绿色元素的综合构
件，折射出生态城市指标体系独特的可见与可读的意象传播意义。

二、生态城市"环境友好指标体系"中洋溢着对人的"环境关怀"

生态城市将人与自然和谐共生的意象直接置入人们的生活场所，从
人的基本居住需求出发建立居民对城市环境的认同感和"人与环境的融洽
感"。再以《中国生态城市建设发展报告（2017）》设定的环境友好型生
态城市评价指标为例，除了上文中提到的三大类共 14 个核心指标外，该
部分另外还增加了 5 个"特色指标"：单位 GDP 工业二氧化硫排放量、
民用汽车百人拥有量、单位 GDP 氨氮排放量（包括单位耕地面积化肥使
用量）、主要清洁能源使用率以及第三产业占 GDP 比重等，对城市生
产、交通、农业部门和消费群体环境行为和环境保护意识进行全面评估。
舟山市、珠海市、黄山市、厦门市和三亚市位列中国环境友好型城市 100
强的前五名。这五座城市在生态建设方面各具特色，珠海、厦门、黄山对
生活垃圾无害化处理率的指数均排在第一；珠海的城市健康指数和厦门的
城市健康指数分别位列第一、二位；厦门 $PM_{2.5}$ 指数位列全国第五；舟山
市环境友好指数和城市健康指数分别排在第一、三位，但其生活垃圾无害
化处理率的指数却排在了第 203 名；黄山的城市健康指数虽然在 284 个生
态城市中位列第 12 名，它的单位 GDP 综合能耗指数位列第四。③环境友
好型城市的前五名有四座在健康宜居型城市④100 强中亦占据了前四名，

---

① 绿色生产特色指标包含了主要清洁能源使用率即主要清洁能源使用总量与综合能耗比率、单
位 GDP 用水量变化量、单位 GDP 二氧化硫排放变化量、单位 GDP 综合能耗、一般工业固体
废物综合利用率等 5 项指标。

② 城市绿色生活指标则包含了教育支出占公共财政支出的比重、人均公共设施建设投资、人行
道面积占道路面积的比例、单位城市道路面积公共汽车营运车辆数和道路清扫保洁面积覆盖
率 5 项。详见：刘举科、孙伟平、胡文臻主编：《中国生态城市建设发展报告(2017)》，北京：
社会科学文献出版社，2017 年，第 299 页。

③ 刘举科、孙伟平、胡文臻主编：《中国生态城市建设发展报告(2017)》，北京：社会科学文献
出版社，2017 年，第 62 页。

④ 健康宜居型城市的评价指标除了生态城市的 14 项核心指标外，还加上了万人拥有文化、体
育、娱乐用房屋，万人拥有医院、卫生院数量，公园绿地 500 米半径服务率，城市旅游业收
入占城市 GDP 百分比和人居居住用地面积等 5 项指标。

它们是三亚、舟山、珠海和厦门。其中，三亚因为是旅游城市，其旅游业收入和公园绿地服务率分别排在第二、三位；舟山市文化、体育、娱乐用房屋指数位列第五，但其公园绿地面积排在第 56 名。珠海和厦门市在以上五项指标中都比较靠后，但因在生态城市健康指标体系中分别排在第一、二位而居于健康宜居型城市的第三、四位。[①]以上四座城市取得的环境友好型指数指向了这样一个事实，即控制二氧化硫和氨氮排放量、严格使用清洁能源和控制汽车使用率是建构宜居性城市、保障居民健康环境的根本，也是测试生态城市是否健康、宜居的一个"试金石"。

　　埃德蒙·培根（Edmund Bacon）认为，美好的城市应该是市民所感觉到的共同拥有的城市景象和方便的城市生活。[②]把对健康、宜居的生活考虑融会到城市的综合创新系统及其绿色生活指标当中，无论是从视觉形象还是心理感受方面都给人留下生态城市对居民"终极关怀"的物化和内涵意象。以上生态城市的建设指标正是对人民群众的环境诉求及其忧虑情绪做出的回应，有效地印证了"尊重自然、顺应自然、保护自然的理念，正确处理经济发展、社会进步与生态环境保护的关系，最大限度减少经济发展对自然的干扰和损害，切实维护自然生态系统平衡，实现以最小的资源环境代价支撑经济社会持续健康发展，建设天蓝、地绿、水清的美好家园，促进人口资源环境相均衡、经济社会生态效益相统一"[③]的城市发展意向，缓解了人们对于城市环境风险担忧。不难想见，随着生态城市、森林城市、绿色城市建设意象的传播，人与自然和谐共生的发展模式将在全国各地"开花结果"，人们将随之分享生态现代化的理性"之果"，而不再为雾霾、水污染或者土壤污染焦虑症所困扰。

三、生态城市公共治理的社会外溢效应——城市居民的"幸福感"来源

　　十九大报告在提出新时代社会主义建设总任务时说："必须坚持人民主体地位，坚持立党为公、执政为民，践行全心全意为人民服务的根本宗旨，把党的群众路线贯彻到治国理政全部活动之中，把人民对美好生活的向往作

---

① 刘举科、孙伟平、胡文臻主编：《中国生态城市建设发展报告（2017）》，北京：社会科学文献出版社，2017 年。

② 埃德蒙·N. 培根：《城市设计》，黄富厢、朱琪译，北京：中国建筑工业出版社，2003 年。

③《广州市人民政府关于印发广州市生态文明建设规划纲要（2016—2020 年）的通知》，http://www.gz.gov.cn/zwgk/zwwgk/jggk/lsqkgk/content/post_2854711.html，(2016-08-10)[2021-09-25]. 注：本节关于广州市生态文明建设规划纲要的内容均出自该文件。

为奋斗目标,依靠人民创造历史伟业。"①十九大报告站在广大人民群众的立场上,提出"我们要建设的现代化是人与自然和谐共生的现代化,既要创造更多物质财富和精神财富以满足人民日益增长的美好生活需要,也要提供更多优质生态产品以满足人民日益增长的优美生态环境需要"。自此,"必须坚持节约优先、保护优先、自然恢复为主的方针,形成节约资源和保护环境的空间格局、产业结构、生产方式、生活方式,还自然以宁静、和谐、美丽"②等治理思想正式成为我国各大城市生态环境治理的指导原则。

1. 哲学层面的幸福定义

幸福是"灵魂的一种完全呵护德行的现实活动",幸福源自行为的善和人生意义的实现,道德操守、心理上的安逸和舒适对幸福的获得具有重要作用。③幸福感的影响因素包括了政治自由、民主制度、人的行为规范和思想心理状态;从心理学层面理解,幸福感包含了积极情绪、参与感、满意和意义四个方面的内容。心理学家指出,情绪由个人因素、个性等构成,包括年龄、收入、职业、学历、成长经历等;参与感源于主观期望与生活现实感受之间的平衡,包括公平的参与机会和公正的分享机会。满意和意义则是主观幸福感形成过程相辅相成的决定因素,对生活和社会意义的认知被认为是个体意识中满意度产生的基础。个体在认知层面上对社会发展能否满足自身需要做出判断,随之产生相应的满意度;主体的心理需求和社会期望对其认知过程产生调节作用。生态城市意象的心理结构恰恰包含了对城市各组成部分的合理布局和规划的认知与满意两个部分。对城市建设客观水平的主观评价构成主体认知,满意度则产生于个体心理需求和心理期待与城市精神追求的对比结果。个体对城市建设客观水平的评价包括其居住环境(如社区道路、照明、垃圾回收、绿化等)、社区设施(如学校、医院、健身广场、图书馆等)、社会交往场所(如办公室、社区活动室、网络公共场所等)以及市政公用设施(交通运输设施,环保设施,电力、电信、水利设施)等。

---

① 习近平:《决胜全面建成小康社会　夺取新时代中国特色社会主义伟大胜利——在中国共产党第十九次全国代表大会上的报告》,http://www.gov.cn/zhuanti/2017-10-27/content_5234876.htm,(2017-10-27)[2021-09-25].

② 习近平:《决胜全面建成小康社会　夺取新时代中国特色社会主义伟大胜利——在中国共产党第十九次全国代表大会上的报告》,http://www.gov.cn/zhuanti/2017-10-27/content_5234876.htm,(2017-10-27)[2021-09-25].

③ 周辅成:《西方伦理学名著选辑》上卷,北京:商务印书馆,1964年。转引自:冯雷《马克思主义语境中幸福观概念的全新呈现》,《安阳工学院学报》,2010年第1期,第32-35,39页。

2. 环境友好型城市诠释了城市建设与公众满意度之间的关系

环境友好型城市的前五名和健康宜居型城市前四名是三亚、舟山、珠海和厦门等（表 4-1）。环境友好指数和健康宜居指数基本持平的状态下，厦门因为人口密度排名第二、R & D（研发）经费占 GDP 比重位列第三、人均 GDP 排名第六等优势，而获得了公众满意率第一名；三亚因政府的投入与建设效果位列第一、人口密度为第二、其信息化基础设施排名第八而获得了公众满意率第五名。由此可见，公众对城市生态环境满意率与人口密度、人均 GDP、信息化基础设施和 R & D 经费占 GDP 比重以及政府投入与建设效果等指标属正相关关系，珠海和舟山分别在城市健康指数和环境友好指数排名第一，但其信息化基础设施、人口密度和政府投入与建设效果排名都超过（或接近）第十名，其公众满意率排名随之而大大落后于厦门和三亚市。如上述，满意率和对政府投入与建设效果评价是幸福感和政治认同的影响因素，表 4-1 提示，增加信息化基础设施建设、改善政府投入与建设效果等措施将是提升公众满意度的有效途径。

表 4-1　公众对城市生态环境满意率及政府投入与建设效果评价[①]

城市名称	R&D经费占GDP比重		信息化基础设施		人均GDP		人口密度		生态环境知识、法规普及率，基础设施完好率		公众对城市生态环境满意率		政府投入与建设效果	
	数值	排名	数值	排名	数值	排名	数值	排名	数值	排名	数值	排名	数值	排名
珠海	0.1437	3	0.0071	12	0.0127	9	0.0071	11	0.0042	13	0.0180	8	0.0244	7
厦门	0.1707	3	0.0093	11	0.0351	6	0.1756	2	0.0116	10	0.2074	1	0.0035	13
舟山	0.2744	1	0.0316	14	0.0316	8	0.007	13	0.0175	12	0.2074	10	0.0296	9
三亚	0.0481	7	0.0394	8	0.0859	6	0.1712	2	0.0009	13	0.0897	5	0.1887	1

环境行为学认为环境是影响人类行为的一个极其重要的因素，"环境的意义"在于运用一种空间的"非言语表达模型"向人们传达包括宇宙观、世界观、伦理和信仰体系等方面的意义和信息，对人们的思想意识、精神面貌和社会交往行动产生影响。[②]生态城市正是通过人与自然和谐共生的物化环境及其生态意象向人们"传递"完整的生态伦理精神和环境空

---

① 刘举科、孙伟平、胡文臻主编：《中国生态城市建设发展报告(2017)》，北京：社会科学文献出版社， 2017 年，第 217-218 页。

② 阿摩斯·拉普卜特：《建成环境的意义：非言语表达方法》，黄兰谷，等译，北京：中国建筑工业出版社，1992.

间哲学，为人们提供一套用以解释环境与人类关系变化规律、预示环境偏好或环境质变与人类心理反应图景，并且指示良好环境景观为建立人类社会资本带来的"外溢效应"的话语体系。显然，人们关于生态意象的集体记忆及其对空间意义的解读对于增强其社会信任与合作意向的催化作用和现实意义值得学界进一步深思和挖掘。

第二节　乡村环境治理中的民主自治理性

环境公共治理的第二层意蕴是激励和培养社会组织的发展，使自愿性组织、非政府组织、各种社团成为公共治理中的互动主体，组成多元、合作、协商的伙伴关系，通过对治理原则、公共利益和共同目标认同基础上的合作，实现"理性的公共治理"。基于传播学的视角，基层社会的环境公共治理行动侧重于传播和沟通，各方为影响公共政策的结果而开展互动和民主协商，就环境问题或人类与自然环境关系进行交流与讨论，并关注自身传播对环境事务产生的作用、影响。① 从公共治理的原则来看，基层环境传播的话语实践与环境民主的"理性要求"存在着内在的统一性，基于环境权益与经济利益的复杂关系而产生价值观的转化和具体制度的调整，基层环境传播实践恰恰是优化公共治理优化实践路径的最佳选择。纵观我国生态文明建设的推进过程，环境传播主体既扮演了生态文明建设"引导者"和"设计者"的角色，又发挥了民主实施过程"监督者"与"协调者"的功能。从国家决策层将生态文明建设作为国家发展战略，到政府对环境决策制度、公众参与制度以及环境治理和环境保护管理制度进行的民主革新运动，从环境传播研究界和专家学者进行的环境价值传播、环境监测和环境民主协商，到环境保护组织对环境立法和执法的参与，从环境媒体动员公民通过对环境事件的关注、参与，到个体走向聚合，凝聚成"绿色公共空间"和公共舆论，再到环境管理机构利用政策条例强化企业的环保社会责任、维护公共利益和环境资源的公平分享等现代政治实践活动，无一不是在运用环境民主治理理念推动生态文明建设的制度化和规范化，达到引领现代社会走向创新、协调、绿色、开放、共享发展方向的环境传播行为。

一、乡村环境协商中的"协商民主"实践

由工业文明刺激并解放的个人欲望，助长了社会各个阶层的贪婪和

---

① Robert Cox. *Environmental Communication and the Public Sphere*. Thousand Oaks: Sage Publications, 2009.

野心，使现代生活中充满着物质追逐和利己主义、规则混乱与话语霸权，而沟通与合作精神的缺失，更导致了社会的无序、动荡和理性思辨的丧失。汉娜·阿伦特（Hannah Arendt）构想出一种"社会协商"的公共空间，目的在于使民主参与渠道延伸至公民阶层。她认为，在现实中由于国家太大而无法使人们在一起讨论和决定自己的命运，因此在国家内部需要建立许多公共领域，委员会就是最合适的一种形式。委员会的规模以人们能够自由地协商、讨论为准，组织形式包括邻里议事会、职业协会、工厂委员会、公寓团体等。在委员会内部，人人享有权力，这种权力源自参与者本身，是人们一致行动、共建家园的力量。①在这种广泛多元的底层社会空间里，一方面官方或民间环保组织通过社会协商的交往形式传播和贯彻环境保护的道德伦理、法律规范和环保技能，另一方面，普通公民以个人的身份就自己切身利益相关的问题直接与政府部门或相关组织进行对话（如政府接待日、信访等），或通过大众媒介、网络平台直接面向政府部门和其他社会公众发表个人的意见和建议、申诉自己的遭遇或提出自己的利益要求，也可以通过自愿加入的自治性公民组织，或推举自己的公民代表等方式就某些共同关心的、具有一定普遍性的问题与政府部门和其他社会公众进行协商对话。②从公共治理的角度来看，社区委员会疏通了社会的协商渠道，使普通公众得以进入一个能够增进与决策层相互理解、共同期待，并形成政治认同的民主论坛，从而实现公共领域中主体间无强制的平等对话和建立维护公民表达权的民主协商机制。

　　在我国四川省的丹巴县东谷镇东马村和甘肃省文县碧口镇李子坝村，村委会与"保护国际"组织和白水江国家级自然保护区管理局运用"协议保护"模式开展社区环境保护运动，积累了宝贵的民主协商经验。环境保护运动所产生的社会整合功能对于完善我国环境参与机制具有重要启发作用。"保护国际"是一个非营利性环保组织，从 2002 年开始在中国西南山地生物多样性热点地区开展"协议保护"项目，其职能是聚焦并维护大自然提供给人类的诸多益处。结合科学、政策、财政机制的创新与田野调查的方式，"保护国际"已保护了 70 个国家 600 万平方千米的土地和海洋。③该组织采取的社会协商模式，是通过与政府、研究单位和企业等的合作与沟通，推动理性的环境与发展政策，并针对重要保护地区生

---

① 汉娜·阿伦特：《论革命》，陈周旺译，南京：译林出版社，2007 年，第 255 页。转引自：陈尧：《西方参与式民主：理论逻辑与限度》，《政治学研究》，2014 年第 3 期，第 18-30 页。

② 阎孟伟：《协商民主中的社会协商》，《社会科学》，2014 年第 10 期，第 12-19 页。

③ 参见：https://www.conservation.org/about.

物多样性面临的威胁和机遇，设计一系列实用和有广泛示范意义的项目。

丹巴县东谷镇东马村位于四川省的大雪山山脉，其野生动植物保护和自然保护区建设工程被列为全国林业六大重点工程之一，因保护资金单一依靠国家投入，处于"批而不建，建而不管"的状况。当地林业局虽然采取了村级森林管护员和村干部责任奖惩制度，但盗林、盗猎者却"屡屡得手"，当地社区群众也因无法参与管理，使得整个林区陷于不可复制与难以再生的颓势。2006 年丹巴县东谷镇东马村成为"协议保护"项目在中国的第一批试点村，丹巴县林业局和东马村村民开展了社会协商式的环境保护运动。"保护国际"组织与东马村村委会达成协议，委托村民专门负责社区国有林的保护工作，"保护国际"则根据第三方对其森林及动物保护工作的评估结果对整个项目提供资金和技术支持。这个协议的责任分工将丹巴县林业局、东马村和"保护国际"三个团体有效地整合为东马村环境保护民主协商"组织"，其协商的核心在于东马村社区生活中形成的环保意识、思想、愿望和情感。参与者们都试图将各自的愿望和观点通过话语民主的合法程序转化为社区公共政策的立足点。党的十九大报告指出："发展社会主义协商民主，健全民主制度，丰富民主形式，拓宽民主渠道，保证人民当家作主落实到国家政治生活和社会生活之中。"①所谓协商民主，"简单地讲就是不同的主体通过平等的对话、充分的沟通、理性的讨论，共同参与公共决策和公共治理的民主形式"。②乡村环境治理正是通过协商民主，吸引社区居民参与到涉及正义问题的规则制定和辩论之中，以集体的协商力量对抗个体私欲的膨胀或政治权力的滥用带来的环境危机。乡村环境自治中的"保护国际"组织提供了民主协商的传播与沟通渠道，意即"保护国际"通过组织渠道将社会的协商意见反馈到基层机构的政策制定与立法过程之中，形成"民主的"协议。这种协商式的环境自治所建立的信任机制凝聚了合法性权威，可以约束自利的行为，弘扬利他行动。协调机制主要包括价值协同和信息共享的协调，诱导与动员自治主体通过对话、商讨和规划等话语民主形式，激发村干部的领导才干，调动社区居民自治的积极性，使之共同制定理性的发展规划和环保行为规则。例如，不允许任何人砍伐森林；村民只能按县林业局的规则在划定的区域、设定的时间里砍薪柴；砍伐建筑用材必须要有林业局的指标；一年

---

① 《习近平:决胜全面建成小康社会 夺取新时代中国特色社会主义伟大胜利》，http://cpc.people. com.cn/19th/n1/2017/1027/c414395-29613458.html，（2017-10-27）[2021-09-17].

② 于咏华：《论中国式的协商民主——学习习近平总书记关于社会主义民主政治建设的重要论述》，http://theory.people.com.cn/n/2014/0115/c49150-24121654.html，（2014-01-15）[2022-08-26].

内不准再挖羌活；村民不准打猎，不准做皮货买卖，等等。① "协议保护"项目的负责人作为协调人与村委会主任一起，努力将村民个人的信仰与利益观融入集体的责任感之中，使组织中的个体遵循忠于职守、各尽其责、按劳取酬的道德原则和协议规则。林业局也从过去因强制性地执行"禁止"或"限制"措施而导致与林区合理利用森林资源的乡村所产生的冲突态势，改变为保护森林资源与发展地方经济相配合的管理机构，如帮助社区建立生态旅游机制、制定社区生态旅游发展规划、开展社区生态旅游培训、扶助社区生态旅游的多层次旅游产品开发和生态旅游市场推广、支持社区文化建设，等等。正如戴维·赫尔德（David Held）所指出的那样："如果民主想取得胜利，必须把经济领域的关键团体和组织与政治制度连接起来，从而使它们成为民主过程的一部分。它们应该在其运作方式中，采取与民主相容的规则、原则和实际行动的结构。"②

村民经过民主话语实践的"培训"之后，产生了依附于集体的精神归属感。他们认识到通过民主协商设定的集体责任感具有更为持久的道德约束力，更能达到个人的情感需求和目标。比如，恢复学校建设作为村发展的长远目标经过民主协商后，迅速成为东马村全村人共同努力和投入的项目，全村老少一齐出动，自愿调出拖拉机或自带工具挖土搬石，重整学校操场。学校建好后，吸引了四川大学的研究生前来任教，"协议保护"项目的负责人也欣然参与部分教学工作。自此，该校"校园"成为村民们参与集体决策和文化集会的"小广场"。在社区大会中全体村民通过的《保护制度公约》和协议保护管理小组制定的《保护管护制度》不是贴在村委会办公室而是贴在学校的墙壁上，上面明确而详细地写出了如何保护村里野生动植物资源的各项条款，以及村里巡山队员的职责、计划、财务管理等。村里的会议都在学校操场举行，村民们就其理解的环保价值和信念对本村的环保事项达成一致的认知和行动。年轻的一代常到学校与志愿者老师举行藏族舞蹈表演，老人们也将多年不穿的藏装重新翻出来，一起开展富有民族风味的文化活动。从社会协商的民主效应来看，社区文化活动的复兴增强了村民们参与情感交流与价值共享的集体归属感，维系了公民利益与环境理性行为之间的纽带关系，也成功地修复了公民对基层政府

① 东马村参与"协议保护"项目的整个实施过程请参见田犎：《雪域藏村"变形"记》，http://www.infzm.com/contents/117487，（2016-06-02）[2021-09-25].
② 戴维·赫尔德：《民主的模式》，燕继荣，等译，北京：中央编译出版社，1998年，第410页。转引自李佃来：《话语民主：哈贝马斯政治哲学的关键词》，《武汉大学学报（人文科学版）》，2005年第6期，第718-723页。

的政治信任度和社区凝聚力。正因为如此，"协议保护"项目被视为环境管理与环境民主参与的"规范型"典型，作为全国各地自然保护区提升社区成员环保责任感、创新民主协商机制的新典型而受到推崇与效仿。

二、乡村环境治理中民主协商的社会整合功能

环境民主的社会整合目标，是使社会成员分享共同的环境价值观、生态伦理规范和环保理性行为准则。社区环境传播主体正是通过"柔性与刚性相结合"的社会整合方式，构筑亲环境的社会秩序和群体行为规范，调动所有社会成员共同应对现有生态系统和环境管理制度的挑战。柔性的整合方式运用非强制性的协商途径，创新社会组织和公众的交往模式，如环保组织运用公共媒体的舆论宣传、伦理道德教育、社会评价以及技能培训组织等形式整合社区社会资本，达成社区居民对环境保护制度和规范的统一认识和行动；刚性整合则以强制性措施如法律制度来解构社会冲突的关系格局，形成有利于社会成员参与社会治理的文化模式。

甘肃省文县碧口镇李子坝村在维护国家级森林保护区的环保实践中，积累了大量的"柔性与刚性相结合"的社会整合经验。该区内有大熊猫、羚牛、金丝猴、雉鹑、珙桐、香果树、南方红豆杉等珍贵动植物，但过去长时间的无序开发、砍树盗卖、满山烧炭的状况使森林遭到严重破坏，严重时，每天有上百立方米的木料被砍伐或贩卖，如果任其发展，这块山清水秀的宝地将会变成满目疮痍的穷山恶水①，各种珍稀动物将失去栖息地而濒临灭绝。2008 年 12 月，在"保护国际"组织的支持下，白水江国家级自然保护区管理局（以下简称管理局）与李子坝村签订了保护协议，将李子坝的普通村民组成森林与水源地的环保巡护队。为了将这批毫无环保经验、组织意识淡薄的村民培育成一支合格的环保队伍，管理局采取了以下几种"整合"方式。

1. 通过对社区组织的授权进行制度整合，建立公民参与的"共管模式"

鉴于李子坝社区自治组织的滞后，"协议保护"项目首要的任务便是唤醒社区居民的民主参与意识。管理局与村委会和村民协商制定了资源管理制度和相应的生态补偿配套政策，使社区通过协议保护，在生态产品、生态旅游、教育、医疗等公共利益方面获得同步发展。个体村民也通过参与协议保护项目在经济上获得收益，而激发其维护社区内部管理机制

---

① 关于李子坝村的协议保护项目，参见赵娜：《把付出与回报拴得更紧》，《中国环境报》，2016 年 5 月 10 日。

的主动性；其次，管理局职能部门将经济补偿的分配权和环保巡护队的管理权下放给村委会，提升了村委会制定规章制度的权威性，亦起到强化环保巡护队纪律性和责任心的作用；管理局制定了村规民约，并设立了分工清晰、赏罚分明的环境保护奖励基金，奖励那些发展替代性能源、减少木柴消耗量的村民，惩治对巡护工作敷衍了事的队员。例如，在协议保护的责任地带上发现有砍伐和挖药的痕迹，或者发现村中有人打猎，该地段巡护队的保护成效奖金将被扣掉 30%，作为违约惩处。这种运用经济利益与制度规范相结合的整合手段，开创了一个让社区居民成为环保"主人翁"的参与模式，因为几乎所有受到协议中规定的生活、教育和医疗资助的成员都将从面对公共利益受到侵犯时的"沉默的大多数"，转变为对环境破坏行为的干预者和抵制者。社区环境管理制度发挥了极大的整合效用，其村规民约等同于环境参与动员令，以一种关于权利的获得、利益的分配和责任履行的协商方式实现了社会资本的整合和规范功能，为发展基层生态文明建设事业构筑起牢固的群众基础。

2. 通过生态教育的整合作用提升社区环保技能

与制度整合相配合的、非强制性的整合手段，是运用价值观念体系的渗透性来影响人的意识和行为选择。

生态文明建设一个不可或缺的环节，即是向人们传授生态知识和自然发展规律，培育人们尊重自然、与自然和谐相处的文化意识与生存方式，使人类生产活动沿着符合生态安全的方向发展。过去，许多国家级森林保护区都存在"管理主体缺位、环境科技知识缺乏"的现象，如李子坝有的村民一度认为森林具有可再生性而对之进行无限度的开采。在进入协议保护模式后，管理局为了加深整个社区对森林再生的可变性及森林复制"时空限制"的理解和认识，专门组织了兰州大学社区与生物多样性保护研究中心的专家对协议保护地进行实地考察。在系统、密集的实地调查和数据分析的基础上，专家组协助李子坝村委会编制了各种动植物的识别手册和具体的保护规划，并通过对保护过程的定期监测、评估及其结果的推广，为社区提供及时的森林保护技术指导和社区环保能力建设方面的帮助，如定期举办生态知识和环保技术培训班、制作项目宣传品及开展社区环境教育活动等，使得社区内部系统对动植物保护的科学性形成了统一认识和统一行动方向。经过系列民主协商程序之后，李子坝村民与管理局签订协议，在对区内生态资源实行自主性管理基础上，消除来自社区内外部对保护地珍稀动植物资源和动物栖息地的威胁及其对重要水源地的威胁，恢复及保持该地森林生态系统完整性和生物多样性，提高协议保护地自然资源管理水平，提高社区村民参与自然资源管护的程度，为自然保护区资源管理提供新的理念、机制与方法，降低生物多样性保护的成本，提高生物多样性保护的有效性，促进资源的长远保护。2010 年 10 月，以独立身份承担该项目全程监测评估的兰州大学社区与生物多样性保护研究中心完成了对该项目的终期评估工作，在其公布的评估结果中，社区环保能力和管理能力的指标得分率均高出其他类目，如"项目信息公开、冲突处理能力及协调能力得到改进；项目资金管理、宣传教育培训工作进展显著；人力与技术保障出现失误。社区工作评估结果：领导能力工作出现退步，村民认可程度下降；巡护监测工作有所改善，制度建设方面进步明显"[①]。

在协议保护模式下开创的环境传播与生态教育渠道有效地整合了自然保护区管理机构、社区居民、民间组织及学术科研单位等各方的资源，促进了自然保护区内各个参与主体之间的良性互动与合作。环境学术研究组织不仅发挥其专业特长，探索公民参与环保的可操作性方案，还在与社区直接交流的过程中，重新定义了学术单位与公民环保组织的合作和互助关系，为我国基层社会环境保护运动培育了一支强大的集科学性与组织纪律性为一体的环保队伍。

综上所述，在我国生态文明建设的进程中，环境传播实际上是由多元主体对环境问题的话语建构和参与环境公共治理的实践行动。在国家层面，环境传播主体不仅推广生态文明建设思想，使之成为引领国家发展的主流意识形态，还在整合社会个体与组织机构生态价值观，将以上两者转化为保证社会可持续性发展、维护生态平衡、尊重公众环境保护权利的政治合法性基础，在推动生态管理秩序变革等方面发挥了高屋建瓴的作用；在社区层面，环境传播充分释放了公民与民间环保组织的环保力量和智慧，使之合力成为一个能够合理解决基层环境矛盾与冲突、实现政府与公众之间民主协商和良性合作的环保队伍；在基层社区的民主建设层面，政府环境管理部门将社区环保的决策权、实施权、评估权交付给社区，让公众环境参与的主体地位得到了回归。公众通过自由平等的争辩、讨论和交流等协商形式，形成了一股潜在的能够追求公共理性、抗拒反生态思想、提出结构性改革诉求的民间批判话语和集体的生态认同的民主力量。它意味着，在环境传播的实践平台上，公众民主意识的真正觉醒和社会组织与

① 李欣、白建明：《协议保护项目中不同利益群体的角色定位研究——基于李子坝协议保护项目的实践探索》，《生态经济》，2012 年第 11 期，第 166-170 页。

政治系统达成的话语平衡。正如福柯所说，民主话语具有一种独特的威力和荣誉，话语权从体制中获得，反过来又赋予体制以合法性及权力。[①]

总之，社区环境传播的全面展开弘扬了政府与社区之间的合作精神，在制度化和规范化的生态管理制度变革中，强化了公众与管理机构的相互信任感和制度信心。与此同时，环境决策层通过对公民参与机制和公民平等协商机制的重构与完善，为社区培育了一批尊重生态伦理、拥有建设绿色社会理想和信念及环保责任感的"环保支柱型"人才，为基层环境冲突和矛盾走向理性化的解决轨道奠定了长效、稳定的社会基础。

第三节　城市公共价值治理对居民地方认同的影响
——以广州市"垃圾分类处理"为例

党的十九大报告提出，"党的一切工作必须以最广大人民根本利益为最高标准。我们要坚持把人民群众的小事当作自己的大事，从人民群众关心的事情做起，从让人民群众满意的事情做起，带领人民不断创造美好生活"[②]。我国城市目前开展的垃圾无害化处理工程目标之一，就是提供更多优质生态产品以满足人民日益增长的优美生态环境需要。从城市公共价值管理的角度来看，由于空间资源的有限性和稀缺性，不断增加的工业垃圾和生活垃圾对生态环境的危害日益加剧，治理和解决"垃圾围城"的问题，不仅体现了政府维护城市生态品牌、突破社会可持续发展瓶颈的基本职能，更体现了政府作为公共管理机构在保障居民健康生存环境方面的管理能力和价值绩效。2015 年，广州市垃圾分类处理项目获得了"2015 中国城市可持续发展范例奖"，其显著的治理成效为环境传播学界研究居民地方认同感及其满意度提供了具有"可视性"的现实案例。

早在 2011 年，广州市就率先出台全国第一部关于生活垃圾分类的政府规章《广州市城市生活垃圾分类管理暂行规定》，提出在 2012 年建立完善的城市生活垃圾分类收集处理系统。至 2014 年，广州市推广"定时定点"分类投放模式，加快实现生活垃圾分类投放、分类收集、分类运

---

① 米歇尔·福柯：《话语的秩序》，肖涛译，载许宝强、袁伟选编：《语言与翻译的政治》. 北京：中央编译出版社，2001 年，第 1-32 页。转引自：刘晗：《福柯话语理论中的控制与反控制》，《兰州学刊》，2010 年第 4 期，第 204-208 页。

② 习近平：《决胜全面建成小康社会 夺取新时代中国特色社会主义伟大胜利——在中国共产党第十九次全国代表大会上的报告》，http://www.gov.cn/zhuanti/2017-10/27/content_5234876.htm，（2017-10-27）[2021-09-25].

输、分类处理,初步建立以源头分类减量、回收利用、末端分类处理为核心的运行管理机制,形成垃圾分类处理的管理链、产业链和价值链,全市生活垃圾无害化处理率达 100%,可再生资源回收率达 40%,资源化利用(含焚烧、沼气发电、生化处理等)率达 55%,"定时定点"分类投放模式占社区人口的 60% 以上,成功创建全国垃圾分类示范城市。①到 2015 年政府又新增《广州市餐饮垃圾和废弃食用油脂管理办法(试行)》,第一次把垃圾分类作为一个全流程的整体环节,明确规定了分类投放、分类收运、分类处置和源头减量等各环节的实施主体及其法定义务,使垃圾治理机构衔接贯通,成为一个责任与担当为一体的有机治理系统。到 2017 年 12 月 27 日,广州市第十五届人大常委会第十一次会议又通过《广州市生活垃圾分类管理条例》,指定由市、区人民政府建立生活垃圾分类管理联席会议制度,由市环境保护行政管理部门负责生活垃圾集中转运设施、终端处理设施等场所的污染物排放监测,以及有害垃圾贮存、运输、处置过程中污染防治的监督管理工作。②在垃圾分类制的贯彻与落实中,市政府对相关条例和具体实施单位等细节进行了微观调整,使不同的主管部门管理的生活垃圾收集网和再生资源回收网有效协调,共同完成可回收物的回收工作。为提高可回收物回收效率,必须整合资源,促进"两网"融合。条例规定,"市商务行政管理部门应当编制可回收物目录,组织编制可回收物回收网点布局规划,合理布局可回收物分拣中转站、分拣中心以及回收点,并会同市城市管理行政主管部门加强再生资源回收体系和生活垃圾分类收运体系的衔接"③。本书根据"地方认同"理论的研究思路,试图回答"城市垃圾治理对居民地方认同产生了什么样的影响、公众对政府垃圾治理政策和治理效果的认知与其地方认同感的形成存在着什么样的关系"等问题。

一、地方认同与环境公共治理的相关关系

1978 年普罗湘斯基(H. M. Proshansky)将"地方认同"概念引入环境心理学研究领域,他认为"地方认同是自我的一部分,是通过人们意识和无意识中存在的想法、信念、偏好、情感、价值观、目标、行为趋势以

---

① 《广州市人民政府关于进一步深化生活垃圾分类处理工作的意见》,http://www.360doc.com/content/17/0129/15/30739121_625278425.shtml,(2017-01-09)[2021-09-25].
② 《广州市生活垃圾分类管理条例》,http://www.gd.gov.cn/zwgk/wjk/zcfgk/content/post_2724023.html,(2019-12-20)[2021-09-25].
③ 《〈广州市生活垃圾分类管理条例〉通过树"广州样本"》,https://news.ycwb.com/2018-01/02/content_25842812.htm,(2018-01-02)[2021-09-25].

及技能的复杂交互作用，确定的与物理环境有关的个人认同"[1]。地方认同有三个维度：认知描述维度、情感评价维度、环境与个体社会角色相关的意动功能维度。[2]意即地方认同反映了居住者对地方的认知、情感联系，与居住者的社会角色、个人的偏好和预期目标等存在着相关关系。因而，城市的环境建设以满足人的发展需要和价值追求为目标，建设成就越高，越能满足居住者的预期，获得其地方认同的评价指数就越高，而且具有较强地方认同的居住者往往会产生更加负责任的环保行为。杰瑞尔德·T.凯乐（Gerard T. Kyle）[3]等人从心理学关于人类认知对态度和行为影响的研究视角，对住在圣地亚哥和洛杉矶相交处的居民进行对比分析，发现对自然资源的认知与个体情感纽带发展之间的相关性，即良好的自然环境和丰富资源的共享能增加居住者的日常生态保护行为及其亲环境态度，有利于增强其地方认同，表现出较高地方认同的居住者不仅对政府资源保护政策表现出更高的合作意愿，且具有更强的亲社会倾向。在现实生活中，我们也有过相同的体验，当一个人对其喜欢的地方进行描述时，他的记忆标签中无一例外地连接着某个物理环境与他的心理感受机制，这种物理环境里蕴含着与人的尊严或情感一致的精神获得感及某种物理氛围的满意度，个体正是在以上获得感的"意动"下产生了对此地的依恋感和归属感。

西奥多·R.萨宾（Theodore R. Sarbin）将环境治理绩效与地方认同的关系进行了探索，他调整了研究方法，将居住地环境的变化作为因变量，发现居民们的地方认同感由他们所描述的环境情节所引导，而这些情节的叙述来自媒体的叙事报道。于是，萨宾提出将媒介接触和生态恢复工程的人际参与作为地方认同建构的中介变量，结果，环境治理的绩效变量作为一种归因框架亦成为影响地方认同乃至政治认同的一个显著因素。[4]其他学者则试图证明，环境治理与地方认同相互间的双向影响，如杰瑞·J.瓦斯科（Jerry J. Vaske）指出，具有较强地方认同的个人在日常生活中往往具有更加负责任的环保行为[5]；地方认同感也会影

① Proshansky Harold M. "The City and Self-identity". *Environment and Behavior*, 1978, 10（2）: 147-169.

② Gerard T. Kyle, Jinhee Jun, James D. Absher. "Repositioning Identity in Conceptualizations of Human-Place Bonding", *Environment and Behavior*, 2014, 46（8）: 1018-1043.

③ Gerard T. Kyle, Jinhee Jun, James D. Absher. "Repositioning Identity in Conceptualizations of Human-Place Bonding", *Environment and Behavior*, 2014, 46（8）: 1018-1043.

④ Theodore R. Sarbin. "Place Identity as a Component of Self: An addendum", *Journal of Environmental Psychology*, 1983, 3（4）: 337-342.

⑤ Jerry J. Vaske, Katherine C. Kobrin. "Place Attachment and Environmentally Responsible Behavior", *The Journal of Environmental Education*, 2001, 32（4）: 16-21.

响居民对环境可持续发展的态度①；因而，亲环境态度和地方认同是公众环保行为的良好预测因子，如将高风险的工业项目引入某地将会对人们的地方认同产生消极影响②；值得注意的是，居住满意度亦是预测地方认同的一个非常稳定的因子③，相关学者已证明，在众多的影响因素中，居民对环境的评价亦是预测其"社区依恋感"（community attachment）的显著因素。④以上研究表明，环境治理与地方认同的关系具有一定的复杂性，基于不同文化特征、环境特征、研究背景和调查样本的研究结论的适用性有待于进一步检验，并且"社区依恋感"与地方认同有一定的区别，也有一些相重合的内涵。如社区依恋感更多指向居民与居住地的情感联系，而地方认同则是居民对整个居住地的环境和发展状况的一种赞同和心理支持。⑤

国内相关学者针对环境治理与地方认同的关系也展开了一系列应用型研究。

学者杨向华和周杰系统地研究了城市垃圾治理所能达到的社会效益，提出"城市形象对内可以凝聚人心，激励士气，唤起社区成员归属感、荣誉感和责任感；对外它是现代社区管理的品牌，可以通过良好形象的建立，在国内国际赢得自己的发展地位，进而实现更丰厚的社会经济效益"⑥。庄春萍和张建新在前述"地方认同是通过人们意识和无意识中存在的想法、信念、偏好、情感、价值观、目标、行为趋势以及技能的复杂交互作用，确定的与物理环境有关的个人认同"之界定的基础上，将地方认同形成机制与个体的主观意识和环境的动态变化以及个体的环境行为联系在一起，发现地方认同不仅在社区建设中会更利于形成社区凝聚力，而

① David Uzzell, Enric Pol, David Badenas. "Place Identification, Social Cohesion, and Environmental Sustainability", *Environment and Behavior*, 2002, 34(1): 26-53.

② Giuseppe Carrus, Marino Bonaiuto, Mirilia Bonnes. "Environmental Concern, Regional Identity, and Support for Protected Areas in Italy", *Environment & Behavior*, 2005, 37(2):237-257.

③ David Uzzell, Enric Pol, David Badenas. "Place Identification, Social Cohesion, and Environmental Sustainability", *Environment and Behavior*, 2002, 34(1): 26-53.

④ Marino Bonaiuto, Antonio Aiello, Marco Perugini, et al. "Multidimensional Perception of Residential Environment Quality and Neighbourhood Attachment in the Urban Environment", *Journal of Environmental Psychology*, 1999, 19(4): 331-352.

⑤ Bernardo Hernandez et al. "The Role of Place Identity and Place Attachment in Breaking Environmental Protection Laws", *Journal of Environmental Psychology*, 2010, 30(3): 281-288.

⑥ 杨向华、周杰：《城市形象、价值、定位与设计》，《科技信息（科学教研）》，2007 年第 26 期，第 456 页。

且有利于增强居民对管理机构的信任度。[①]

上述研究成果显示，由城市社区展示的垃圾管理成效将直接影响居民对地方政府环境管理形象及其治理能力的认同评价。因此，本节的基本假设是，城市居民的地方认同来自其对居住地社区"宜居宜业度"的判断，其地方认同的影响变量还包括居民对居住地环境的应然性预期、对管理者的信念（包括机构、政策、规划的科学性、合理性及政府的政策执行能力和执行效果）、居民对居住地就业和发展前景的评价及其对该城市的治理成效在多大程度完成，其预期的评估和判断也将作为影响其满意度和归属感的要素。

二、关于地方认同的研究方法

1. 样本数据收集

课题组于 2018 年 1 月 18 日至 2 月 5 日就广州市社区垃圾治理效果以广州市社区为抽样单位对居民的地方认同进行了问卷调查。样本总框架来自天河区、越秀区、海珠区、荔湾区、白云区、黄埔区、番禺区、增城区、从化区、花都区、南沙区等 11 个区域，按照每个区的人口比例、人口密度和城市地理位置的变化进行分层随机抽样。每个区内随机抽取 1～2 个居民社区，再在社区内共发放问卷 400 份，回收问卷 400 份，其中有效问卷 373 份，有效率为 93.25%。研究样本人口的职业特征如图 4-1 所示。

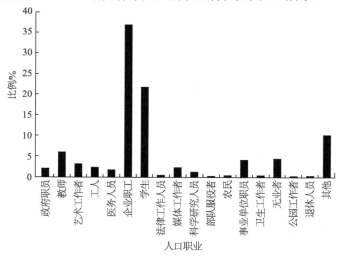

图 4-1　研究样本人口职业特征统计情况（N=373）

---

① 庄春萍、张建新：《地方认同：环境心理学视角下的分析》，《心理科学进展》，2011 年第 9 期，第 1387-1396 页。

2. 研究变量的测量

各变量的测量都是在已有的成熟量表上针对目前的研究问题进行修改，除控制变量外，各变量的测量采用利克特量表（1=完全不同意，5=完全同意）。

第一，自变量。本研究的自变量为居民对其社区环境治理的认知，问卷中主要考察：广州是否是理想的居住地？广州的生活环境是否健康？是否具备舒适的绿色休闲空间？是否从整体上形成对该城市生态的满意度而打算在此安家立业？等等。其中，居民对政府垃圾管理能力的评价、居民对城市垃圾治理成效的评估、居民对垃圾管理法律法规及其处理方法的认同、居民对垃圾处理的期望、居民对垃圾管理的焦虑等分析采用了陈永国相关研究中所设计的指标体系和测量量表。[①]根据信度检验，该量表具有较好的内部一致性（Cronbach's α=0.770）。

课题组利用 SPSS 22.0 统计软件上主成分分析的方差最大化旋转来检验量表的效度，最终提取了 5 个因子，共 13 个题项，剔除之后的累积方差贡献率为 69.813%，得到了旋转后的因子载荷，并对因子进行内在一致性检验。表 4-2 中各题项在其对应的因子上的负荷较大，处于 0.714～0.877，且得到 5 个因子的一致性系数（Cronbach's α）在 0.617～0.823，均大于 0.6，显示该 5 个因子内部一致性良好，说明居民对垃圾管理的认知与预期量表具有良好的建构效度。另外，将因子分析得出的 5 个因子与设计问卷时的理论潜变量进行对比，保持与原内容的相同性和问卷设计的合理性（表 4-2）。

表 4-2　居民对垃圾管理的认知与预期量表的因子分析结果和 α 系数表

因子项	测量项	因子载荷	特征根	方差的百分比/%	累计百分比/%	一致性系数
居民对政府垃圾管理能力的评价	B3：我对政府相关部门管理生活垃圾的工作比较满意	0.877	2.222	17.095	17.095	0.823
	B2：我认为政府垃圾管理政策的执行效果好	0.853				
	B4：我对广州市的环境治理充满信心	0.819				
居民对城市垃圾治理成效的评估	A10：我认为城市垃圾管理水平提高了城市的适宜居住度	0.844	1.992	15.323	32.418	0.738
	A11：我认为城市垃圾分类提高了城市环境管理水平	0.832				
	A9：我认为广州市居民区垃圾分类设施对清洁城市环境有效	0.732				

① 陈永国：《个体特征对地方政府形象评价影响的调查研究——以上海市地方政府为例》，《上海交通大学学报(哲学社会科学版)》，2010 年第 2 期，第 53-62 页。

续表

因子项	测量项	因子载荷	特征根	方差的百分比/%	累计百分比/%	一致性系数
居民对垃圾管理法律法规及其处理方法的认同	A1：我非常关注广州市关于生活垃圾管理的法律法规政策，如《广州市生活垃圾分类管理条例》	0.805	1.873	14.407	46.825	0.690
	A3：我认同生活垃圾分类法：源头分类、分类投放、分类收集、分类运输和分类处置环节	0.714				
	A2：我对广州市生活垃圾管理的法律法规体系比较熟悉	0.799				
居民对垃圾处理的期望	A5：我认为填埋和焚烧的垃圾处理影响了附近居民生活	0.861	1.524	11.724	58.549	0.678
	A6：我认为垃圾填埋和焚烧发电都会造成环境污染	0.858				
居民对垃圾管理的焦虑	A15：我所在的居住区的垃圾运输车辆散播难闻气味，影响健康，弄脏道路，破坏当地交通	0.854	1.464	11.264	69.813	0.617
	A16：我担心所在的居住区的垃圾处理方式会给我带来疾病，我考虑搬家	0.825				

第二，因变量——居民地方认同。地方认同的测度量表借鉴了中国科学院的学者庄春萍、张建新根据马可·莱莉（Marco Lalli）[①]所修订的居民城市认同问卷中的两个维度——地方依恋和投入意愿（commitment）[②]，从中选取契合这两个概念内涵的问题，经过预调查的信度和效度检验加以修改，合并为 2 个因子。其中，"依恋感"源自居民对居住地环境的绿色、健康度和在满足其精神需求等方面而达到的满意度和获得感；"投入意愿"的概念则涵盖了他们对居住地"宜居宜业"的认知和"有意"在此地居住和工作的态度与行为计划。由此两项分别衍生出居民对居住地的满意度和归属感。根据信度检验，该量表具有较好的内部一致性（Cronbach's α=0.857）。

将上文地方认同界定的意蕴作为题项的剔除标准，进行筛选后再删除掉两个不符合一致性标准的题项，剔除后的累计方差贡献率为 66.537%，最后提取出两个因子，共 9 个题项，因子载荷均在 0.6 以上（表 4-3）。将因子分析得出的 2 个主因子与原问卷进行对比，获得与原问卷趋同的"满意度"

[①] Marco Lalli. "Urban-Related Identity: Theory, Measurement, and Empirical Findings". *Journal of Environmental Psychology*, 1992, 12（4）：285-303.

[②] 注："投入意愿"源自英文 commitment，指"义务上的奉献"，也含有"所做出的奉献、努力"之意，即承认某事的合理性而愿意投身其中的喻义，因而学界大都将它译为"承诺"等。

和"归属感"之合并项，由此而构成衡量居民地方认同的指标。

表 4-3　地方认同量表的因子分析结果和 α 系数表

因子项	测量项	因子载荷	特征根	方差的百分比/%	累计百分比/%	一致性系数
满意度	C5：我认为广州是理想的居住城市	0.845	3.579	39.768	39.768	0.868
	C4：我认为广州的生活环境很健康	0.819				
	C6：广州有舒适的绿色休闲空间	0.785				
	C2：我对广州的环境感到满意，不会去别的城市居住	0.769				
	C1：我信任广州市管理机构，将长久住在广州	0.650				
	C3：我喜欢广州的文化氛围，它给我精神愉悦感	0.617				
归属感	C8：广州有很多工作机会	0.869	2.409	26.769	66.537	0.853
	C7：广州在经济发展方面有很多优势	0.843				
	C9：广州这个城市很利于个人发展	0.825				

3. 控制变量与调节变量

在广州的居住时间、社会经济状况等人口统计学变量对地方认同都将产生一定的影响，因而控制变量包括年龄、性别、婚姻状况、受教育程度、职业、家庭收入、居住时间，人口特征如户籍、房屋所有权等亦被纳入控制变量的范围。

三、环境公共治理对地方归属感的影响

1. 居民对垃圾治理成效的评价均值趋高，但居民对垃圾处理方式的期望与环境专家的认知存在差异

关于居民对广州垃圾治理的认知第 2 题项"城市垃圾治理成效"的评价均值（M）接近最高分值 5（$M=4.41$）。其中，49.87%、50.94%、51.21%的居民分别对"我认为广州市所有居民区都有垃圾分类设施"（$M=4.41$）、"我认为城市垃圾管理水平提高了城市的适宜居住度"（$M=4.39$）、"我认为城市垃圾分类提高了城市环境管理水平"（$M=4.44$）均表示"非常同意"（表 4-4）。它标志着广州市从 2012 年开始组织的垃圾治理专项执法行动、出动执法人员检查和监控生活垃圾分类单位、监督组不仅定期监察还定期向市环保机构汇报、对不合格的基础组织发出《责令限期改正通知书》等工作有效地提高了市民对垃圾治理

成效的评价。虽然政府在垃圾分类初始阶段仅创建了 100 个市内生活垃圾分类样板居住小区，但市民在垃圾治理的舆论氛围中亲身体验了垃圾治理带来的大范围的变化，领略到小区、街区、湖滨、珠海沿岸等公共领域环境美化效果带来的生态福利。

但是，居民对政府垃圾管理能力的评价较低。尤其"我对政府相关部门管理生活垃圾的工作比较满意"（M=3.06）和"我认为政府垃圾管理政策的执行效果好"（M=3.17）的均值接近"不确定"。从表面上看，这项统计结果显示居民没有将城市垃圾治理的成效归功于政府治理能力的提高，但我们也可以从"居民对垃圾管理的焦虑"（M=3.315）这个变量的均值中找到部分原因。其中有 43.7%和 39.14%的受访者分别对"填埋和焚烧的垃圾处理影响了附近居民生活"和"垃圾填埋和焚烧发电都会造成环境污染"表示"同意"（包括"非常同意"）。这说明，居民中有一定数量的人对城市垃圾治理方式仍然存在显著的焦虑情绪。现实的原因则在于，"截至 2017 年 12 月，在公共机构、相关企业、行业推行垃圾强制分类的参与率已达到 70%"[①]，城郊和城区小巷还存在着垃圾"死角"，部分居民对垃圾治理的期望没有得到满足，因而影响了他们"对广州市的环境治理充满信心"（M=3.63）的评价均值（表 4-4）。不过，《中国生态城市建设发展报告（2017）》一书以系统的统计数据证明，广州在 284 个城市生态健康指数的"生活垃圾无害化处理率"一项中排名第 2，它表明在垃圾处理方式方面，居民的期望与学界的认知和态度方面还存在着较大的差异，居民是从其生活居住环境的变化与其对环境治理的期望值和焦虑感的对比出发，对政府环境治理能力进行的评价，而专家则是将全国范围的环境治理成效进行对比后得出的评价，说明当时广州市对垃圾治理成效还没有达到全面铺开的传播效果。

表 4-4   居民对垃圾管理的认知与要求均值表（N=373）

认知与预期题项	题项	均值	标准差 St.d	合计	
				均值	标准差
1.居民对政府垃圾管理能力评价	B2：我认为政府垃圾管理政策的执行效果好	3.17	0.941	3.287	0.923
	B3：我对政府相关部门管理生活垃圾的工作比较满意	3.06	0.972		
	B4：我对广州市的环境治理充满信心	3.63	0.856		

---

① 《二维码里的环保经：各地多举措推行生活垃圾分类》，https://baijiahao.baidu.com/s?id=1588 104645316801406&wfr=spider&for=pc，（2017-12-29）[2021-07-12].

认知与预期 题项	题项	均值	标准差 St.d	合计	
				均值	标准差
2.居民对城市垃圾治理成效的评估	A9：我认为广州市所有居民区都有垃圾分类设施	4.41	0.685	4.41	0.704
	A10：我认为城市垃圾管理水平提高了城市的适宜居住度	4.39	0.767		
	A11：我认为城市垃圾分类提高了城市环境管理水平	4.44	0.659		
3.居民对垃圾管理法律法规与处理方法的认同	A1：我非常关注广州市关于生活垃圾管理的法律法规政策，如《广州市生活垃圾分类管理条例》	3.45	1.107	3.227	1.004
	A2：我对广州市生活垃圾管理的法律法规体系比较熟悉	2.71	0.935		
	A3：我认同生活垃圾分类包括：源头分类、分类投放、分类收集、分类运输和分类处置环节	3.52	0.969		
4.居民对垃圾处理方式的期望	A5：我认为填埋和焚烧的垃圾处理影响了附近居民生活	4.20	0.906	4.14	0.942
	A6：我认为垃圾填埋和焚烧发电会造成环境污染	4.08	0.978		
5.居民对垃圾管理的焦虑	A15：我所在的居住区的垃圾运输车辆散播难闻气味，影响健康、弄脏道路，破坏当地交通	3.28	1.107	3.315	0.923
	A16：我担心所在的居住区的垃圾处理方式会给我带来疾病，我考虑搬家	2.99	1.170		

注："完全不同意=1"，"不同意=2"，"不确定=3"，"同意=4"，"完全同意=5"。

2. 广州市居民地方归属感较强，但其满意度受其环境焦虑感的负面影响

居民关于地方认同的题项所获均值大部分在 3.50 以上。其中，"满意度"的均值为 3.59，"归属感"的均值为 3.97，后者更接近"同意"。从居民对城市"宜居宜业"期望的角度分析，居民对居住地的归属感大部分来自城市发展潜力及其对管理机构的信任。"我信任广州市管理机构，将长久住在广州"（M=3.92）、"广州在经济发展方面有很多优势"（M=4.06）和"广州这个城市很利于个人发展"（M=3.94）的均值都超过了"满意度"的均值。虽然有超过半数（53.08%）的受访居民对"广州有舒适的绿色休闲空间"（M=3.44）表示"同意"和"非常同意"，"我信任广州市管理机构，将长久住在广州"（M=3.92）的题项均值也接近"同意"，却仍然有超过半数（50.13%）的居民在"我对广州的环境感到满意，不会去别的城市居住"这一题项上选择了"不确定"。通过以上统计数据的对比可以发现，广州市在多数居民眼中已成为提高其归属感的"宜居宜业"的居住地，也说明广州环境治理与经济发展形成的平衡优势对吸引来自全国各地的人才和资金具备了较大的潜力。影响受访者归属感的重要因素是其对生活垃圾管理法律法规体系及垃圾处理方式的不确定性（表 4-5）。

表 4-5　居民地方认同的均值表（*N*=373）

地方认同	题项	均值	标准差 St.d	合计 均值	合计 标准差
满意度	C1：我信任广州市管理机构，将长久住在广州	3.92	0.913		
	C2：我对广州的环境感到满意，不会去别的城市居住	3.41	0.954		
	C3：我喜欢广州的文化氛围，它给我精神愉悦感	3.61	1.019		
	C4：我认为广州的生活环境很健康	3.52	0.943	3.59	0.970
	C5：我认为广州是理想的居住城市	3.63	0.980		
	C6：广州有舒适的绿色休闲空间	3.44	1.013		
归属感	C7：广州在经济发展方面有很多优势	4.06	0.756		
	C8：广州有很多工作机会	3.91	0.818	3.97	0.799
	C9：广州这个城市很利于个人发展	3.94	0.823		

注：采用利克特五点量表，刻度从"1"表示"非常不同意"到"5"表示"非常同意"。

3. 城市垃圾管理成效对居民形成地方认同的影响力最大

本节以控制变量人口特征、居民对垃圾管理的认知与期望作为自变量，地方认同作为因变量，建立多元线性回归模型。其中地方认同包含两个变量，因而两个多元线性回归模型、两个回归模型的容忍度（Tolerance）和方差膨胀因子（VIF）的结果均落在否定多重共线性范围之内（0＜Tolerance＜1，1＜VIF＜3），这表明回归分析不存在多元共线性问题。两个回归模型的解释力分别为 26%和 31.8%（表 4-6），且通过了显著检验。变量之间的相关性可以被视为互为因果的关系。

表 4-6 显示，居民对城市垃圾治理成效的评估、对垃圾管理法律法规的认知、对政府的垃圾管理能力评价以及对城市垃圾管理的焦虑等四个变量对其地方认同产生正向影响。首先，居民对城市垃圾治理成效的评估与其满意度和归属感的相关关系分别是 0.159*、0.438***（*p*<0.001），这个最高的相关度明确地指向了城市垃圾治理成效所产生的传播效果，充分说明城市垃圾治理对改善城市环境空间形象、提升居民满意度和获得感所产生的社会效益；其次，居民对政府垃圾管理能力的评价整体上比较低（*M*=3.287），因而此变量与其满意度和归属感之间的强相关度（分别为 0.339***和 0.096**）降低了居民的地方认同度。另两个描述性统计结果也给出了部分原因："我认为政府垃圾管理政策的执行效果好"

（*M*=3.17）和"我对政府相关部门管理生活垃圾的工作比较满意"
（*M*=3.06）两项的均值（表 4-4）都接近"不确定"，分别只有 34.32%和
35.65%的受访者表示了"同意"和"非常同意"。可以想见，部分受访
居民仍然感觉到政府在执行垃圾管理政策方面有不尽如人意的地方。然
而，受访者对垃圾管理法律法规的认知与其满意度和归属感的相关度
分别是 0.121*、0.173***，这体现了城市居民地方认同的一种"形成机
制"——即政府对垃圾管理相关法律法规的传播不仅有利于推动公众对
垃圾分类处理政策的关注和认同[其中的题项是："我认同生活垃圾分类
包括：源头分类、分类投放、分类收集、分类运输和分类处置环节
（*M*=3.52）""我非常关注广州市关于生活垃圾管理的法律法规政策
（*M*=3.45）"（表 4-4）]，也在心理层面上满足了居民对垃圾处理的期
望，继而增强其对政府垃圾治理的信心。换言之，政府对垃圾管理法律与
法规的传播在现实中为保证垃圾治理成效提供了一种政策性"承诺"，使居
民获得了一种心理层面的认同"前提"。为了进一步证实这个推测，课题组
将对政府垃圾管理能力评价变量中题项之一的"我对广州市的环境治理充满
信心"（*M*=3.63）（表 4-4）抽出来与居民对垃圾政策的关注度做了一个单
独的相关分析，其相关度是 0.377***（*p*=0.01），在某种程度上证明了居
民对垃圾管理政策的关注和支持能够"调节"其地方认同感的影响因子，
降低其他因素的负面影响。

再次，居民对垃圾处理方式的期望与其地方认同感不相关
（–0.022），与其归属感呈弱相关关系（0.021）；居民对城市垃圾管理的
焦虑与其对城市居住环境的满意度也无显著相关关系（0.057），却与归
属感呈负相关关系（–0.079**）（表 4-6）。从居住者的环境心理来解
释，归属感（即在此地长久居住和生活的意愿）越强，越说明城市公共场
所和公共活动领域的垃圾治理方式已经达到了居民的期望值，从而降低了
他们的焦虑感。描述性的统计数据结果也证明了这个推论：21.18%的受
访者对"我担心所在的居住区的垃圾处理方式会给我带来疾病，我考虑搬
家"表示同意，它折射出地方认同感的某种"升降模式"——即只有当
环境治理效果不佳致使居民产生强烈的焦虑感之时，才会导致其归属感的
降低乃至消失。这是因为，人们普遍认识到，一旦居住环境发生污染事
件，个体公民将产生无法掌控和遏制环境风险的焦虑，从而动摇他们在某
地长居的决心。

最后，再从控制变量的人口特征分析，居民在广州的居住年限对其
满意度和归属感都产生了正向影响。不足为奇的是，居住人数对归属感有

负向影响，居住人数越多，居民对环境的满意度越弱。显而易见，所有影响城市"宜居度"的元素，尤其是居住空间的舒适感、健康度都将对居民的满意度和归属感产生影响。

表 4-6　影响居民的地方认同的回归分析

自变量	模型1（满意度）		模型2（归属感）	
	系数 β	标准误	系数 β	标准误
性别	−0.082	0.069	0.059	0.053
年龄	−0.080	0.046	−0.048	0.035
学历	0.033	0.039	0.002	0.030
职业	−0.005	0.008	0.003	0.006
婚姻	−0.026	0.103	−0.119	0.079
家庭年收入	0.034	0.027	0.009	0.021
社区居住年限	0.012	0.037	0.024	0.029
广州居住年限	0.191***	0.044	−0.013	0.034
居住人数	−0.063*	0.031	−0.062**	0.024
籍贯	−0.069	0.059	0.053	0.045
房屋所有权	−0.061	0.064	−0.047	0.049
居住区域	−0.013	0.011	0.011	0.008
对垃圾管理法律法规的认知	0.121*	0.048	0.173***	0.036
对垃圾处理方式的期望	−0.022	0.043	0.021	0.033
对城市垃圾治理成效的评估	0.159*	0.062	0.438***	0.048
对城市垃圾管理的焦虑	0.057	0.037	−0.079**	0.028
对政府垃圾管理能力的评价	0.339***	0.046	0.096**	0.035
N	373		373	
调整后的 R^2	0.26		0.318	
F	8.693		11.214	

注："*""**""***"分别代表 $p<0.05$、$p<0.01$、$p<0.001$。

4. 居民对政府垃圾管理能力评价的影响因素

为了寻找居民对政府垃圾管理能力评价趋低的原因，本书将居民对垃圾管理的期望中的前四个因子作为居民对政府垃圾管理能力评价的自变量，建立多元线性回归模型。回归模型的容忍度（Tolerance）在 $0\sim1$，方差膨胀因子（VIF）处于 $1\sim2$，以表明此回归分析不存在多元共线性问题。回归模型的解释力为 7.6%，通过了显著性检验。表 4-6 中的回归分析显示，仅有"居民对垃圾管理法律法规的认知"与"居民对政府垃圾管理能力的评价"呈正向影响。也许，这个结果再次证明了前文提出的地方认同"形成机制"，即垃圾治理法律法规的传播在一定程度上增强了居民对政府环境治理理念、方案、规划和治理决心的认同度，相应地满足居民对垃圾处理的预期，继而有效地降低了其焦虑感（表 4-6、表 4-7）。

按常理而言，居民对城市垃圾管理的焦虑应当与其对政府垃圾管理能力的评价呈负相关关系。但令人惊异的是，居民对垃圾处理方式的期望和对城市垃圾管理的焦虑对他们对政府垃圾管理能力的评价没有影响。这似乎在告诉我们，居民并没有单凭自己的"心理方面的焦虑因素"来影响其对政府垃圾管理能力的评价，而是"客观地"从政府制定的垃圾管理法律、法规中判断政府的政策执行力和实践能力。鉴于这个推论的不确定性，本书建议，未来的地方认同研究应聚焦于影响地方认同形成的归因模式，即居民对城市"宜居宜业"环境的评估与其对城市环境治理成效原因的判断之间的交叉关系。问卷题型应该是："您认为城市环境治理产生了显著效果（或效果不显著）的原因是……"的多选题。

表 4-7 居民在垃圾管理上的认知与评估对政府垃圾管理能力的评价的影响

自变量	居民对政府垃圾管理能力的评价	
	系数 β	标准误
居民对垃圾管理法律法规的认知	0.296***	0.051
居民对垃圾处理方式的期望	−0.017	0.050
居民对城市垃圾治理成效的评估	−0.064	0.072
居民对城市垃圾管理的焦虑	−0.054	0.042
N	373	
调整后的 R^2	0.076	
F	8.659	

注："*""**""***"分别代表 $p<0.05$、$p<0.01$、$p<0.001$。

四、结论及讨论

公共价值不是一个绝对标准，而是相对于不同社会制度、政治制度、经济环境和文化背景而变迁，需要政府不断从社会系统中获取公共价值信息，并通过绩效评估系统不断提高对公共价值的回应性。[1]实

---

[1] Kelly G., Muers S., Mulgan G.. *Creating Public Value: An Analytical Framework for Public Service Reform*. London: Cabinet Office, UK Government, 2002.

证调查显示，广州市垃圾分类工作在推行强制垃圾分类试点小区、完善管理体系的治理成效评估、强化政策传播效果等方面取得了令人瞩目的成就，提高了居民的地方认同，意即提升了基层政府公共治理的价值绩效。其中，描述性统计和回归分析结果为我们展示出一个明显的地方认同"形成模式"：一是通过对垃圾管理相关法律法规的传播推动居民对垃圾分类处理政策的认同和关注，在心理层面上满足居民对垃圾处理的预期而强化了其满意度；二是通过垃圾管理法律法规的传播增强了居民对政府垃圾治理理念、方案、规划和治理决心的信任和信心，继而消减其焦虑感。在研究方法上，本研究试图将地方认同与居民政治心理变化的归因模式结合在一起，拓展了环境公共治理与政治信任之间关系的研究范畴。如研究结果显示，居民对政府垃圾管理能力的判断折射出一种地方认同的"升降模式"，证实了政府对垃圾管理法律、法规的实践效果与居民地方认同之间的互动关系，即只有当环境治理效果不佳致使居民产生强烈的焦虑感之时，才会导致其归属感的降低乃至消失。例如，居民在"我对政府相关部门对生活垃圾的管理工作比较满意"（M=3.06）和"我认为政府垃圾管理政策的执行效果好"（M=3.17）两个题项的均值仅接近"不确定"，且只有 34.32%和 35.65%的受访者对此两项表示"同意"和"非常同意"（表 4-4），明显地降低了居民对政府垃圾管理能力可信度的评估。由此而证明环境传播学界亟待深化关于垃圾分类工作的宣传和推广性研究，其重点应是加强三个方面的传播。

一是注重展示政府在可回收物回收效率，资源整合和资源循环利用等降耗、减排方面的战略部署与"垃圾围城"治理效果之间的因果关系及其内在联系，以提升居民对政府垃圾管理能力的认知，因为居民对以上垃圾治理过程和具体实施方案接触和了解不够全面。

二是通过城市空间媒体彰显城市由全国首批试点城市成为生活垃圾分类示范城市的治理成效，如对广州实现城市主体功能区的生态安全屏障建设和城市生态平衡前后效果进行对比。在农村地区，"美丽乡村"建设的宣传和传播都采用传统的墙画和宣传栏形式推广农村综合整治的成效，而城市空间媒体除了小区周围的绿色走廊和滨河两岸的绿化带外，与城市居民生活环境治理成效相关的宣传还较少，很难改变一部分居民对城市垃圾处理的焦虑心理。

三是针对居民对广州市居住环境的满意度评价均值（M=3.59）还没有达到"同意"的水平，如在"我对广州的环境感到满意，不会去别的城市居住"（M=3.41）"我认为广州的生活环境很健康"（M=3.52）"广州有舒适的绿色休闲空间"（*M*=3.44）等题项的评价方面都偏低的情况，政府和社会组织亟待对"生活垃圾分类运行系统配套措施的完善、专项执法的队伍配备、垃圾分类运行管理体系的经费保障、垃圾资源的回收利用和终端处置环节的有效衔接"①等方面进行广泛的社会动员，逐步引导社会机构、公益组织和公民志愿者养成参与垃圾治理和关注垃圾治理问题的环境伦理意识，培养和教育市民自觉的垃圾分类行为，使其自觉参与生活垃圾"三化四分类"的监控过程，以消除居民对城市垃圾治理的"不确定心理"，维持其地方归属感的稳定性。城市生活垃圾实行强制分类覆盖范围的继续扩大，对于推进我国生态文明建设的整体传播效果将带来明显的政治效益，如提升居民对政府环境管理机构的可信度评价和政治信任，间接提高居民对生活垃圾分类的参与度和自觉性等。2019 年，广州创建了 300 个生活垃圾分类样板小区，为提高可回收物的回收率，加强了投放、收集、运输、资源化利用和终端处置环节的有效衔接，建构起城市垃圾分类处理全过程的运行系统和传播动员机制。②为此，环境传播学界总结和归纳与城市垃圾治理相配套的传播方案，和居民与政府管理机构一起，共同攻克城市垃圾分类工作中的"堡垒"，使居民亲身体验和见证政府城市垃圾治理战略的实施及成效，从而进一步强化其地方认同感与政治信任感。

---

① 《多维度夯实垃圾分类体系，广州如何打造全国样本？》，https://www.hbzhan.com/news/detail/122952.html，（2018-01-04）[2021-09-25].
② 《多维度夯实垃圾分类体系，广州如何打造全国样本？》，https://www.hbzhan.com/news/detail/122952.html，（2018-01-04）[2021-09-25].

第五章　环境公共治理与公共价值的 "消长规律"

公共价值管理理论将"政府的社会绩效"作为获得合法性基础的评价基准，其核心理念是创造公共价值。①它倡导政府工作人员站在民众的立场，扮演公共价值护卫者的角色，引导公众表达正当诉求，制定尊重公众偏好的决策并监察和审视政策的执行与落实效果，为民众创造真正有效的公共产品和公共服务的共享机制。如此，公共治理的传播机制才能超越传统的"自上而下"的行政运作方式，改为"自下而上"将公众偏好进行排序，以此提升整体社会对于公共治理机构的可信度评价及其合作意愿。②与此相对应，生态公共治理的实践活动包含了对公众健康环境诉求的回应机制和消除环境事故隐患的应急系统以及环境信息的公开系统和监察系统，定期向公众公布生态治理的各种影响因素与变化数据。对以上四类信息的报告网络进行部门资源整合与通力合作，方能有效提升生态公共治理的效率与公平相契合的价值理性。

第一节　血铅超标事件触发的公共价值"话语场域"

"公共价值管理建构了一套包含公共服务过程与结果、信任与落实的制度框架，从理论上进行公共行政的价值重塑并契合后工业文明的政治重建来增进行政系统的合法性。"③然而在现实中，公共行政系统并非一开始就能主动结合公民的真实需求，优化资源配置、建立公平评估治理绩效的制度性框架。这是因为，"公共价值由服务的价值、产出的价值和信任与合法性构成"，它需要：①确定考虑哪些人的价值偏好；

---

① Mark H. Moore. *Creating Public Value, Strategic Management in Government*. Cambridge, Massachusetts: Harvard University Press. 1995, p. 28.

② Hans de Bruijn, Willemijn Dicke, "Strategies for Safeguarding Public Values in Liberalized Utility Sectors". *Public Administration*, 2006, 84（3）：717-735.

③ Mark H. Moore. *Creating Public Value, Strategic Management in Government*. Cambridge, Massachusetts: Harvard University Press. 1995, p. 15.

②确定公众想参与哪些主题；③提供平台，让公众了解问题、表达观点、拿出方案，尽量达成共识以形成政策；④认识到"显示性偏好"的局限，探索"叙述性偏好"的方法潜力，指出政策交易并不以金钱作为唯一的比较单位等。①

　　媒体在公共管理者无法与其他行为者进行良好合作、无法真正地识别和判断影响其合法性的公共价值产出效应之时，唯有通过事实的选择和符号建构途径，分析正在变动的物质环境、社会环境和公众生存环境，构建一个公共价值供给的"话语场域"，以警醒公共服务供给机构更多地基于公众利益而做出的政策选择和执法行为对于维护社会稳定和谐的重要性。

一、公共价值"合作生产机制"的缺位与话语权的"争夺"

　　媒介的环境话语实践一方面受环境管理制度和环境行为者认知与态度的影响，另一方面则从场域、话语、社会资本等理论向度出发，透射出环境公共治理主体与公民关于健康诉求之间的互动模式。笔者将选择2009 年至 2013 年发生的 12 起血铅超标事件（表 5-1）作为分析样本，通过新闻搜索引擎，随机选出 16 篇进行全面和立体反映事件全貌、揭示事件内在矛盾的媒介报道，依据"价值-合法性-能力"的战略框架，归纳和彰显个别农村地区环境危机事件中公共政策目标与公共治理精神间的冲突。

表 5-1　2009～2013 年血铅超标事件的深度报道

事发地区	媒体曝光时间	受害者人数	涉事企业	责任追究	媒体样本
陕西凤翔	2009.8	615名儿童	东岭冶炼公司	11名领导干部受到党政纪处分	《经济参考报》《南方人物周刊》
福建上杭	2009.9	121名儿童	上杭华强电池有限公司	政府责令电池厂停产	《南方周末》《时代周报》
江苏大丰	2010.1	51名儿童	盛翔电源有限公司	企业被关停，启动问责机制	《现代快报》

---

① Gavin Kelly, Geoff Mulgan, Stephen Muers. Creating Public Value: An Analytical Framework for Public Service Reform, http://www.cabinetoffice.gov.uk/media/cabinetoffice/strategy/assets/public_value2. pdf. 转引自：董礼胜、王少泉：《穆尔的公共价值管理理论述评》，《青海社会科学》，2014 年第 3 期，第 19-26 页。

续表

事发地区	媒体曝光时间	受害者人数	涉事企业	责任追究	媒体样本
四川隆昌	2010.3	94人（其中88名儿童）	四川省隆昌忠义合金有限公司	责令企业停产	《南方周末》
湖南嘉禾	2010.3	250名儿童	腾达金属回收公司①	污染企业被关闭	《新京报》
浙江德清	2011.5	332人	浙江海久电池股份有限公司	企业停产整顿，副县长等8名干部受处分	《21世纪经济报道》
广东连州	2012.5	196名儿童	连州粤连电厂有限公司连州发电厂	企业停产	《第一财经日报》
安徽怀宁	2013.8	228名儿童	安庆博瑞电源有限公司	怀宁县县长及10名相关负责人受到处分	《21世纪经济报道》、《第一财经日报》、新华社
湖南衡东	2014.6	300余儿童	大埔镇美仑颜料化工有限公司	关停涉事企业，分管副县长被行政记过	澎湃新闻
广东翁源	2014.11	16名儿童	广宇再生资源发展有限公司	涉铅企业被拆毁	《南方农村报》
安徽青阳	2015.4	不详	安徽超威电源有限公司	不详	《中国经营报》
云南兰坪	2015.6	59名儿童	云南金鼎锌业有限公司	兰坪金顶镇金凤村将整村搬迁	界面新闻

　　表 5-1 显示，血铅超标事件多发生在欠发达地区和农村地区，受害者多为儿童，涉事企业多为当地的纳税大户、龙头企业。例如，云南兰坪血铅事件中的云南金鼎锌业有限公司隶属于中国 500 强企业之一的四川宏达集团；安徽超威电源有限公司连续 5 年位居全县纳税企业榜首；安庆博瑞电源有限公司所在的怀宁工业园区为全县财政收入贡献约 1/4；广东连州发电厂曾一度是连州市经济快速发展主要推手之一，是连州甚至清远市首屈一指的纳税大户。部分涉事企业在创建之初未通过环保验收就违规生产；部分企业超标排污，却一直"无惧压力"偷偷生产。所有血铅事件发生地区的村民都曾向基层政府提出投诉，要求政府管理部门关停或搬迁企业，但多数情况下无功而返。然而，当媒体对受害儿童血铅超标事件的关

---

① 该企业原名为鸿发有色金属回收公司，详见：《湖南嘉禾 250 名儿童血铅超标 污染公司屡关不停》，http://news.sohu.com/20100316/n270845952.shtml, (2010-03-16)[2022-05-25].

注，使其演变为环境公共治理议题后，以上被污染区域逐渐演化为关于如何制止化工企业与农村地区进行环境资源争夺的公共治理"话语场域"。场域是人们实践活动发生的场所，场域的动力学原则根植于其结构形式与各种力量之间的距离与不对称关系。媒体报道建构的上述"话语场域"揭示，政府、企业和公众在血铅事件的场域中构成了三大基本话语主体，政府和公共管理者担负着公共价值生成的"社会协调职责"，以其政策制定权改变资本在农村生态场域中对自然资源的支配权。尤其是在贫困地区或欠发达地区，当基层政府管理部门将经济发展和财政收入置于公共价值之上的优先考虑位置之时，就将导致生产与环境保护之间关系的失衡。媒介在此时的干预性报道，意在重新建构起农村环境场域的公共价值合作生产机制，以强大的社会舆论引导基层政府对污染型企业的违规行为进行"强制性干预"，发挥公共治理的应急管理功能。与此同时，媒体迅速放大公众偏好的民主对话内容，引发政府决策层对农村血铅超标事件的关注，由此建构起政府、企业与公众之间的协商与对话网络。通过上述话语的形成、传播、转换、合并等过程，"搅动"一系列的制度文化因素，改变了乡村环境资源配置的运作程序。从媒介的报道样本来看，农村血铅超标事件中的新闻话语大多表现为"环境保护与经济增长之间的冲突""企业环境资源配置与公众环境权益之间的冲突"。这类新闻的"冲突框架"真实地反映了我国环境公共治理的演进历程——解决环境冲突，传达社会群体和社会机构对于环境资源配置的不同认知态度、立场，通过环境治理的核心议题反映并提升特定领域公共治理理念对于公共利益的重视程度，最终铸就了管理机构创造公共价值的责任感和使命感。

二、农村血铅超标事件中经济效率与民主公平治理原则的价值冲突

公共价值的实现过程是探寻公众偏好的复杂民主对话过程，而农村血铅超标事件与社会文化网络中的一系列力量纠缠在一起，体现了管理者与公众之间的紧张关系。话语的形成、传播、转换、合并等过程都势必搅动一系列的社会文化因素。[①]农村血铅超标事件中的新闻话语"冲突框架"表面上看来似乎真实地反映了环境公共治理的冲突关系，传达社会群体和社会机构对于血铅事件的不同认知态度和立场，然而其冲突的核心议题却反映了特定领域的公共治理结构对于利益相关者合法性的重视、其公共服务精神的抑扬及其对于创造公共价值的责任感和使命感。可见，进入

---

① 石义彬、王勇：《福柯话语理论评析》，《新闻与传播评论》，2010年第1期，第26-33,234页。

生态文明建设的新时代之后，环境公共治理机构改革了传统式管理理念，在理性地评估和检测公共治理网络伙伴关系的基础上，引导媒体及时发现问题、及时反映群众的环境诉求。由此折射出，媒体对于公共服务对象的价值关照可以提升公共管理系统的有效性，在遏制高能耗高污染企业违规行为、维护社会和谐与稳定方面发挥重要的舆论监督作用。

综上所述，我国政府对于血铅超标事件的治理模式昭示着公共价值消长的一个规律：如果基层公共治理机构将公共服务的价值目标内化为政策执行与管理的伦理规范，它将成为践履"以人民为中心"政治价值的正义力量——在促进环境信息的公开、保护民主对话机制的畅通运行、制定公平服务的规则框架等方面，提升基层政府的公共价值产出能力，这对于推进政府治理体系和治理能力的现代化将产生不可磨灭的功绩。

三、运用公共治理实践智慧重构农村环境风险沟通的社会资本

公共价值由三个关键部分组成：其一，服务的价值，公共服务不仅满足了公民的基本需求，同时也是传递公平、平等、正义等价值的载体；其二，结果的价值，尽管结果和服务在内容上存在重叠，但是结果所体现的价值是区别于公共服务质量本身的，与作为结果的低失业率与高质量的公共就业服务所贡献的价值是不同的，具有公共价值的结果需要公众与公共服务部门共同创造；其三，合法性以及对政府信任的价值，这一点是最重要的，因为即便通过提供有效公共服务实现了结果和目标，但实现的方式降低了公众对政府的信任，这样的公共服务也会损害公共价值。[1]

公共价值来源于公平的资源配置决策、绩效考核测量和服务体系选择的原则。[2]上述农村血铅超标事件折射出公共价值管理体系的一个基本发展规律，即管理机构对公共价值的界定、识别与判断能力及其尊崇意识决定着公共管理体系与管理能力的现代化水平。如何对待和回应公众的环境诉求和表达意愿、如何对待污染型企业的违法排放问题均反映出基层环境治理机构的价值格局和价值取向。所以，上述血铅超标事件为我国公共治理事业的改革提供了以下启迪。

---

① Kelly G., Muers S., Mulgan G.. *Creating Public Value: An Analytical Framework for Public Service Reform.* London: Cabinet Office, UK Government, 2002. 转引自：董礼胜、王少泉：《穆尔的公共价值管理理论述评》，《青海社会科学》，2014 年第 3 期，第 19-26 页。

② Kelly G., Muers S., Mulgan G.. *Creating Public Value: An Analytical Framework for Public Service Reform.* London: Cabinet Office, UK Government, 2002.

1. 运用法律改变环境公共治理场域中原有的话语垄断权

为改变公众相对于企业与基层管理机构的话语弱势地位，使农村环境治理场域的权力配置达到新的平衡状态。社会资本理论认为，公共治理需要建立健全制度和法律规则，激励行政管理机构和社会群体共同提高政策和法律的实施效率。实际上，我国政府早在 2002 年就出台了《中华人民共和国环境影响评价法》（以下简称《环评法》），其中第四章"法律责任"部分专门就环境规划编制机关，规划审批机关，建设单位，接受委托为建设项目环评提供技术服务的机构，负责审核、审批、备案建设项目环境影响评价文件的部门，以及环境保护行政主管部门或者其他部门的工作人员等主体的法律责任进行了明确规定。习近平总书记指出："用最严格制度最严密法治保护生态环境，加快制度创新，强化制度执行，让制度成为刚性的约束和不可触碰的高压线。"[1]只有把制度建设作为重中之重，着力破除制约生态文明建设的体制障碍，才能走向生态文明新时代。当年农村血铅事件中的企业能够避开环评制度和法律，即使在造成污染和危害了当地村民身心健康后也没有被追责。使人们不禁要问：应该由谁来监督、揭露和起诉基层环保部门违法审批人员的渎职行为？谁来揭露环评工作单位弄虚作假的行为？谁拥有权力接触并观察地方政府干涉环保审批的违法行为？等等。2002 年颁布的《环评法》并未对规划编制机关组织环境影响的跟踪评价的法律责任、建设单位的后评价法律责任、环境保护行政主管部门的环境影响跟踪检查的法律责任进行明确规定。因此，负有对环境影响进行跟踪评价、后评价与跟踪检查责任的相关责任主体即使没有依法履行职责，也很难追究其相关法律责任。

为了弥补铅行业污染防治方面的法律漏洞，2011 年 5 月，环境保护部颁布了《关于加强铅蓄电池及再生铅行业污染防治工作的通知》，明确提出"建立重金属污染责任终身追究制"，强制地方政府主要领导承担铅污染防治的领导责任，并对发生重大铅污染以及由铅污染引发群体性事件的所在地级市实行"区域限批"，暂停所有建设项目的环评审批。同时，对当地政府以及有关部门责任人员在企业的立项、审批、验收、生产和监管各个环节实施问责。2013 年 8 月 5 日，监察部和国家环境保护总局联合召开新闻发布会宣布进一步实施《环境保护违法违纪行为处分暂行规定》（该规定由国家环境保护总局 2005 年 10 月 27 日第 20 次局务会议通

① 《习近平：用最严格制度最严密法治保护生态环境》，https://www.chinanews.com/gn/2018/05-23/8520663.shtml，（2018-05-23）[2021-09-25].

过），对行政监察部门的监督人员失职行为予以行政问责的落实和实施路径进行具体的说明和部署。2019 年生态环境部办公厅、发展改革委办公厅、工业和信息化部办公厅等印发的《废铅蓄电池污染防治行动方案》中也规定，"建立健全督察问责长效机制。对废铅蓄电池非法收集、非法冶炼再生铅问题突出、群众反映强烈、造成环境严重污染的地区，视情开展点穴式、机动式专项督察，对查实的失职失责行为实施约谈或移交问责"①。法学教授罗丽指出，政府及其工作人员失责要负的实体性责任应该包括行政责任、政治责任、道德责任以及法律责任四个方面。②对于农村环境公共治理而言，环境保护部《关于加强铅蓄电池及再生铅行业污染防治工作的通知》及《环境保护违法违纪行为处分暂行规定》"专门"界定了基层管理人员的四大责任及其工作失误的问责范畴和惩治方法。

（1）行政责任：行政管理人员对社会不同的环境意志、利益和要求进行综合协调，制定符合民意的公共政策，并为忠实地执行这些公共政策提供公共产品。如制定、安排和落实国家环保政策的实施机制、提供财政预算和人力资源。

（2）政治责任：保护公众合法权益，及时监察、制止社会机构侵害公民违法行为，为非政府组织和公民参与环境保护承担维护公共利益、建立公益性组织和维权渠道的政治责任。

（3）道德责任：针对复杂的环境污染趋势，基层政府部门担负着对污染行为因果关系考量的道德责任，对固定或不固定的企业污染源进行长期的跟踪，尤其是在涉及大企业甚至是政府部门的环境事件中自觉对地方政府的经济发展布局和地方环境安全战略提出"道德拷问"，为遏制我国农村地区的土壤污染、河流污染和雾霾污染进行自我约束。

（4）法律责任：为解决环境诉讼中的问题秉持公正、客观原则，力争完善我国环境公益诉讼制度；《关于加强铅蓄电池及再生铅行业污染防治工作的通知》《环境保护违法违纪行为处分暂行规定》等政策框架基于法律制约和道德规制，以互信、互动和互惠为准则，通过确定基层政府和环境公共治理体制的规范性和责任伦理，来协调和完善社会制度对于环境风险和社会矛盾的化解能力，为政府实现公共治理目标获取了无形的政治

---

① 《生态环境部办公厅、发展改革委办公厅、工业和信息化部办公厅等关于印发〈废铅蓄电池污染防治行动方案〉的通知》，https://www.66law.cn/tiaoli/12032.aspx，（2019-01-18）[2022-05-25].

② 闫海超：《德清血铅超标事件反思（下）环评做了，问题出了，为何？》，《中国环境报》，2011年 5 月 26 日。

资源和社会资本，如提升社会组织间的信任、合作、互惠意愿及公众对于基层组织的合法性评价等。

2. 运用政策工具重塑环境风险沟通机制

民间社会资本包括"共同的价值观，规范，非正式网络，社团成员能够影响个人为实现共同目标进行合作的能力的制度因素"①。它与政府社会资本的共同点在于两者都是通过克服集体行动中出现的各种问题来解决社会秩序中的问题。上述行政问责制度是为防范环评审批违法行为而实施的事后惩治措施，而对于环境风险的防范，仍然需要建立一套缜密的预警机制，授权非营利组织使其在环境事故爆发之前能够及时遏制环境污染事件对公民心身健康造成的严重影响。

非营利组织如环保组织、慈善组织、科研机构、工会等是实现可持续发展的中坚力量。这类组织介于国家和市场之间，它们依靠社会关系网络获取信息，强化个人和集体力量在权力结构平衡方面的影响力。从我国一度频发的血铅事件中可以看出，在中国农村欠发达地区，基层政府提供的环境决策、环境信息公开机制、民主协商机制、公民环境参与渠道的民主化建制曾经严重滞后，村民拥有的社会资源极为有限，促成社会网络形成的力量薄弱，导致民意的凝聚和诉求效果不理想。抗议的弱组织化引致集体抗争行为仅停留在"发泄不满"及"讨说法"上，未能触及环境风险沟通渠道堵塞和决策权结构的失衡问题。因而社会资本贫瘠的弱势群体很容易成为环境风险中最脆弱的群体，在自身环境权益遭到威胁和侵害时难以找到规避风险的安全"港湾"。从环境公共治理的大局出发，我们亟须为民间环境保护团体提供政策保障，并宽容对待社会网络对环境污染的监督和风险预警行为，建立社会信任机制②，以突破边缘地区存在的环境公共治理封闭化与专制化的约束，实现环境话语权的平等配置。例如，让拥有共同环境利益的群体和社区居民成为紧密联系的环保参与主体，使环境利益攸关者面对环境风险和环境隐患防范时获得表达权与诉求回应权。可喜的是，2014 年出台的《中华人民共和国环境保护法》第五十七和五十八条规定，"公民、法人和其他组织发现地方各级人民政府、县级以上人民政府环境保护主管部门和其他负有环境保护监督管理职责的部门不依法

---

① Paul S. Adler, Seok-Woo Kwon. "Social Capital: Prospects for a New Concept". *Academy of Management Review*, 2002, 27(1): 17-40.

② Robert D. Putnum. "The Prosperous Community: Social Capital and Public Life". *American Prospect,* 1993, (13): 35-42.

履行职责的，有权向其上级机关或者监察机关举报"。"接受举报的机关应当对举报人的相关信息予以保密，保护举报人的合法权益。""专门从事环境保护公益活动连续五年以上且无违法记录"或"依法在设区的市级以上人民政府民政部门登记"的社会组织有权对污染环境、破坏生态、损害社会公共利益的行为向人民法院提起诉讼。这些法令授予了公民直接组织起来保护环境、监督环境、捍卫自身健康环境权的合法性地位。

3. 农村环境公共治理传播机制的建构

长期以来，我国环境公共治理的监控重点一直聚集在城市，对农村地区的排污监控较城市大为宽松，一些被城市淘汰的高污染企业纷纷转向急于发展经济的农村地区，造成了农村环境破坏的巨大隐患。村民社会资本的匮乏、社会关系网络的局限性以及话语空间的狭小，造成了环境风险分配的不平等，使农民这一弱势群体的环境权和健康权受到较大的侵害。从血铅事件的传播路径来看，一起事件引发媒体关注通常需要有较长的"积累期"，即当问题已经严重到一定程度的时候，媒体才以曝光、调查的方式介入风险传播。从另一方面来看，与诸多城市环境风险话题如垃圾焚烧、PX 化工厂、水污染等相比，农村环境风险议题在媒体上未受到充分重视。这种现象产生的原因较为复杂，既与媒体的定位有关，又与媒体新闻生产的内在机制有关。在热点的环境风险议题建构过程中，社会化媒体的作用不可小觑，而在农村这一风险场域，社会化媒体远不及城市发达，较为逼仄的舆论空间使得环境风险议题的扩散速度和范围受到限制。为了促进农村环境公共治理进程，大众媒体作为公共利益捍卫者，亟待在农村环境议题方面投入更多的报道资源，增强以下议程设置。

（1）加大农村环境信息公开力度，完善环境决策的参与机制。对环境污染信息的遮蔽容易引发公众对于环境问题的恐慌情绪和简单判断，带来情绪化的非理性抗争。在血铅事件中，一些村民不知"铅超标"为何物，也不知道会对身体造成哪些危害，对如何预防铅中毒等科学知识处于懵懂无知状态。然而当血铅超标影响儿童身体健康时，"铅污染"又被简单夸大，甚至到了"谈铅色变"的地步，在一些地方甚至出现了极端化的基层抗争行为。为此，政府亟待在农村地区建立信息公开机制，主动、客观地向公众及核心利益相关方告知潜在的风险和规避风险的方法，强化政府的监管措施。地方政府管理部门应主导公众对环境风险沟通参与，为公众释疑解惑，提供法律咨询和具体的解决途径。

（2）加强民间环保组织的社会作用，为农村环境风险应对提供更多的社会支持。民间环保组织不仅"作为一种正在进行的约束力量存在，对于那些利用权力和特权来扭曲公共话语的人进行制约"[①]，更是代表环境弱势群体进行环境维权、环境救济、授予其环境申诉权的一股相对独立的、不可或缺的社会力量。例如，在云南兰坪县血铅超标事件中，兰坪县环保局称"该县没有技术力量，也没有检测的仪器，所以没有对工厂附近的土壤做过检测"。绿色和平组织的研究人员对金顶镇的土壤、家居降尘和河水进行采样，将样本送往独立实验室进行检验，发布了《"铅锌"万苦：云南省兰坪铅锌矿污染调查报告》。同时，该组织设计了气球"飞屋"的特殊"符号"传播活动，将 600 多个直径 36 寸色彩缤纷的大气球固定在麦秆甸村一户人家的房顶上，呼吁当地政府尽快将邻近村庄搬离污染重地。此类传播行动，为大众媒体提供了直观的信息源，使血铅超标事件能够在更广泛的社会舆论空间中产生影响，为受到环境污染之害的弱势群体争取更多的社会支持。

2016 年，我国政府部门开始实行"党政同责、一岗双责"的环保责任制，由各省市委书记与市长担任市环境保护委员会主任，明确规定了各级党委、政府对本行政区域生态环境和资源保护负总责的制度建设。同时，为了"严控过程管理，严格责任追究"，中央政府又组成了中央生态环境保护督察组，专门督察"散乱污"[②]企业和人民群众身边的环境污染整治问题。以上两项改革，从国家利益和维护群众环境权的立场出发，督促领导干部在生态环境领域正确履职用权，不作为、滥权与违规行为都将被追究。如杭州市存在因未正确履行职责，导致应当依法由政府责令停业、关闭的严重污染环境的企业事业单位或者其他生产经营者未停业、关闭，及对严重环境污染和生态破坏事件组织查处不力等情形的，都将追究相关地方党委和政府有关领导成员的责任。[③]对于不符合规划和产业政策、未通过行业准入审批，违法违规排放且整改无望的工业企

---

① Walter F. Baber, Robert V. Bartlett. "Problematic Participants in Deliberative Democracy: Experts, Social Movements, and Environmental Justice", *International Journal of Public Administration*, 2007, 30(1): 5-22.

② "散乱污"中的"散"是指不符合城镇总体规划、土地利用规划、产业布局规划的企业；"乱"是指不符合产业政策、未办理相关审批手续、违法建设、违规生产经营以及擅自改变地上附着物性质进行非法生产的企业；"污"是指违法违规或超标排放废水、废气、废渣的企业。参见彭菲、於方、马国霞，等：《"2+26"城市"散乱污"企业的社会经济效益和环境治理成本评估》，《环境科学研究》，2018 年第 12 期，第 1993-1999 页。

③ 赵芳洲：《领导干部损害生态环境将终身追责坚守生态红线杭州亮出一把制度利剑》，《杭州日报》，2017 年 8 月 27 日。

业进行依法取缔。这两项环境治理改革具有重大的政治意义：首先，它建立了一种针对社会秩序的矫正机制，使社会规范与行为约束机制得到回归；其次，它通过建立权威的监督机制，赋予公民合法的监督权和诉求权，改善了不合理的权力结构；第三，它保障人民群众对于环境资源的互惠、互享的平等地位，由此将提升公民间的互信和社会信任度，继而增强其对政府政策的遵从度及其合作意愿，此即政府机构可资利用、动员与整合的社会资本。①

第二节　增强环境公共治理合作精神，消除公众环境焦虑心理

　　1979 年，英国心理学家大卫·坎特（David Kanter）创立了《环境心理学》杂志，自此，欧洲的环境研究与心理学的研究理论方法研究方法交叉融合，开辟了一片新的研究领域。环境心理学从建筑学、人类学、地理学、社会学、城市规划和园林设计等学科理论出发，从研究人在环境中的心理变化开始发展到近年来的"人与环境的一致性"、"人的生态感知理论"和"人与环境的交互作用"等理论研究，其研究重点，是人类自身的环境价值选择、环保责任意识对其环境保护态度与行为层面产生的影响和变化。如环境管理学者从环境心理学的理论视角提出与公众心理具有相关性的管理问题：何种人具有严重的环境焦虑倾向？如何培育产业界和公共机构达成对可持续发展和低碳社会的认同？什么样的环境制度和管理理念有利于提升公众对政府管理机构的可信度评价？在应对具体环境事件过程中，环境心理学者结合国家环保法和环境政策，针对公众环境心理的构成成因，提出环境冲突管理的沟通技能，实现不同利益群体之间的合作与协商，以此提升公众对政府管理机构的可信度评价。

　　环境心理学提出的以上问题与公共价值管理理念趋于一致，公共价值管理亦强调政府绩效管理不仅要分析政府的政策、行为和产出，更重要的是还要分析政府的决策、行为和结果是否符合社会和公民需要等问题。也就是说，运用公共价值理论对政府绩效管理的约束，在政府公共价值的绩效评估中体现政府获得的信任与支持，即呈现公共价值绩效所达成的社会意义和民主价值，促进利益相关者，如公民、私营企业和非营利组织与

---

　　① 林南：《社会资本：关于社会结构与行动的理论》，张磊译，上海：上海人民出版社，2005 年。

政府之间的合作意愿^①，组成以政府、市场和公民共同参与社会事务、共同谋求公共利益最大化的社会组织网络，并以"善治"为治理手段和最终目标，消除公民环境焦虑心理。

在我国环境公共治理的历程中，PX 项目分别在厦门（2007 年）、大连（2011 年）、宁波（2012 年）和昆明（2013 年）等地引发了"邻避运动"，地方政府和相关企业针对公众的环境焦虑心理均作出了让步，或迁址或停建。此外，什邡反钼铜项目、启东反排污项目也都获得了官方类似的回应。这昭示着基层政府对环境公共价值的认知进入了一个新的阶段，在这个阶段中公众对生态环境的心理需求也产生了显著的变化：一是对产业界在自然资源开发、利用和保护的实践理性方面更多地体现在对其责任意识、法律义务和道德义务提出了更高层次的诉求；二是对政府环境公共治理理念的革新诉求反映了当代社会应对和解决环境资源分配问题的环境正义立场与平等分享环境福利的态度；三是公众在环境民主原理的引导下日益增强的环境参与意识代表了促进人的基本环境权益的社会保障和法律保障的时代声音，更折射出尊重自然价值和人的尊严的管理准则及理性意识。从环境心理学的视角看，"邻避运动"则象征着社会主体之间以对话、沟通和协商为基础的社会交往理性和社会协商理性的成熟，它的作用目标是，在政府环境公共管理过程中输入环境知情权、表达权以及参与权等环境公共管理要素，对最终完成与公众对环境期待比较一致的环境公共治理目标、促成产业界对生产伦理及其环境责任的遵从形成声势浩大的影响力。

冲突管理学起源于 20 世纪六七十年代的西方国家，已发展成为公共管理的一个实践性分支。环境冲突管理是环境治理研究的微观层面，它针对环境冲突事件的政治根源和环境管理疏漏之间的关联性，从环境冲突的矛盾事件中提炼环境冲突发展的阶段性特征与公共价值管理主旨的意向性，提出环境冲突管理的基本准则，其中包括解决公众焦虑心理的三个规范性措施：①提升政府环境决策制定与环境决策执行过程中环境正义原则的比重，即对以往环境决策落实中的"走样"进行纠偏；②更新环境管理理念、促进产业界对生态伦理的遵从，强化经济发展项目中的环境价值评估与环境负面影响的审核；③关注公众环境心理与其政治信任度之间的关系，在涉及环境冲突的应急管理对策中，增加环境民主的取向^②，如疏通

① 这种合作关系即公共价值管理中提到的"合作生产"关系，参见：S. Brookes, K. Grint. *The New Public Leadership Challenge*, New York: Palgrave Macmillan, 2010.
② 黄晓云：《生态政治理论体系研究》，武汉：湖北人民出版社，2008 年。

冲突双方的沟通、协商渠道，引导冲突双方在理解、宽容的基础上达成
"双赢"的和解等。

一、环境冲突的社会功能

环境冲突是生态治理矛盾多发期的一个表征，它反映了产业结构与
管理机制、资源分配与利益格局、环境法制与公民诉求领域的不平衡、不
协调关系。环境冲突与公众环境心理密切相关，它关系到公众对环境污染
事件的认知和态度，也关系到公众对环境公共治理中的价值判断、对环境
事故处理方式的认同和衍生出对管理机构的信任度变化，其认同度和信任
度与其焦虑情绪和满意度评价呈显著的相关关系。例如，环境公共治理中
由资本掌控的资源分配话语权、社会消费群体自我中心主义的物质主义价
值观，以及环境污染物排放与转移信息的不公开状态等都将引起公众产生
环境焦虑情绪和对环境管理部门的不信任。环境焦虑情绪越高，信任度越
低，环境冲突事件爆发的频率也越高。环境公共治理部门对生态环境的保
护理念及其制度建构、法律对产业界污染排放的治理规定、对企业环保责任
的强制执行制度和实施状况以及对环境事件受害者司法救济的落实情况
等，均有利于提升公众政治信任度、消除或减缓其焦虑心理。

1. 环境抗争中充满着对环境公共治理价值理性的期盼

环境污染事件的影响范围和影响程度反映了以往环境公共治理的疏
漏，亦是环境群体行动的基本动机和"导火线"。所以，环境抗争的个人
心理层面折射出环境事件特定的政治背景、环境风险以及公民动员成本。
透过环境抗争事件的复杂进程及各个阶段的发展规律，我们可以探究抗争
主体对于环境污染事件的认知心理、表述立场和价值判断：第一，公众对
于不计生态条件及其成本而寻求经济效益发展的管理制度，包括对经济增
长带来繁荣与幸福观的认知，对以牺牲环境和公民健康来促进财政收入或
炫耀发展成就、单纯以国民生产总值或人均收入值衡量生活水平等观念的
质疑与批判能力在不断提高；第二，公众超越自我利益、对于不符合环境
价值的群体利益、经济利益的识别能力和抵制技能中，尤其是对环境隐患
带来的自然资源破坏的审视与否定态度中闪现了参与公共治理的智慧；第
三，在环境抗争中公众以为后代人保护自然资源与基本生存环境的代际责
任作为其话语争夺策略；第四，环境抗争针对的对象通常都是高能耗、高
污染型产业。以上表述框架昭示着，环境抗争是人类在享有平等生命权、
健康权和环境知情权等自然权利基础上，按照特定社会制度的价值定位，

维护自身的健康权利和民主权利的行为，是环境公共治理体系开放的一种现实需要，亦是推动陈旧制度变革和落后观念更新的一种社会进步力量。

2. 环境冲突管理是满足环境正义诉求的主要途径

环境正义的狭义指同代内在环境利益分配时对弱势群体的行为正义的鼓励或对不正义现象的矫正[①]；环境正义的广义指，代内正义、代际正义、社会阶层与群体之间资源分享等方面的规范性。这些规范和行为准则要求环境治理部门遏制对环境资源的掠夺和破坏行为，提倡保障人们基本的环境权、知情权和参与权。在经济生产中产生环境负外部效应时，必然存在着受益者和受害者，不同利益群体在环境决策的制定和执行过程中所掌握的资源与分配权不同，导致部分人成为环境负外部效应的即环境风险的承受者。[②]当环境风险向自己的"后院""逼近"时，环境民主理论"自然地"成为公众通过参与环境决策和环境抗争，实现环境使用权、环境侵害申诉权和环境正义的"武器"之一。从我国数次环境群体事件的产生至解决过程中可以看出，公众对环境正义提出的诉求，为环境决策层了解基层环境舆情，制定合理化、科学化和民主化的环境决策，对社会资源优化配置等方面失衡的纠错提供了良性互动的机会和平台。

3. 在邻避运动的管理中创造公共管理价值

邻避运动在表面上看，是居民为保护自身生活领域免受环境负外部效应或免受工业设施干扰而进行的集体行动[③]，但其本质是一场关于环境请求权与环境决策话语权的参与运动，它引发人们对经济发展和环境保护两大事业孰轻孰重的环境价值观和企业生产伦理及政府经济决策的合理性进行的判断和审视，因而在政治传播的效果上表达了对政府环境治理能力和企业生态道德约束力的质疑和不确定。遵循传统的威权式管理理念的基层管理者将"本能地"采取控制信息、压制、威胁抗争主体等"解决"方式，但却适得其反地促成了社会抗争主体的情绪化和极端化行为。相反，采用公共治理民主沟通方式的基层政府尊重公众的参与权和决策权，运用理性对话与公众进行良性互动，协商冲突的解决途径，并以包容的态度释放和缓解社会不满情绪，才能有效塑造政府民主管理形象，赢得公众对国家政策和政府机构治理能力的信任。

---

① 刘湘溶、张斌：《环境正义的三重属性》，《天津社会科学》，2008 年第 2 期，第 30-33 页。

② 叶俊荣：《环境政策与法律》，北京：中国政法大学出版社，2003 年。

③ 马燕、焦跃辉：《论环境知情权》，《当代法学》，2003 年第 9 期，第 20-23 页。

二、在城市邻避运动管理中成长的环境公共治理队伍——以广东省茂名PX事件为例

2014年3月30日，广东茂名市区部分公众因当地拟建芳烃（PX）项目在市委门前聚集游行，有部分人以破坏公共设施行为"泄愤"。"生态活动不仅是个经济和技术问题，也是一个包含着政策主张与选择的政治问题"[①]。茂名PX事件反映了公众与政府和企业对PX项目的心理认知、态度与立场的差异，"倒逼"环境公共管理队伍进行理念更新。

1. 地方PX项目中的媒体框架与公众框架

在茂名PX事件中，媒体使用了"经济框架"，用经济发展需求说明建造PX项目的"紧迫性"。地方政府也以"经济框架"强调石化工业在茂名经济命脉中的重要地位，将当时拟上马的PX项目作为"十二五"规划的项目之一，并冠名为茂名"冲击世界级石化基地"目标的重头筹码，认为该项目对于增加就业岗位、拉动当地经济发展具有重大政治意义；而对于坐拥茂名市几乎所有主要重化工项目的茂名石化来说更是其扩大企业规模、提高市场占有率的一次重大商机。相反，茂名公众却使用了"健康后果"框架。如"PX项目属于低毒类物质，当人体吸入过量的PX时，会出现急性中毒现象"[②]。以上媒体和公众框架所发出的整体性信号是：PX项目的获益方是政府和企业，但其负外部效应的承担者却是社区和居民，尤其是关于PX生产过程中的工艺技术和监控信息的壅蔽催生了公众抵触情绪乃至恐慌心理。

媒体的报道框架与立场：《茂名日报》对茂名石化和PX项目进行了"没有健康危害"的"框架引导式"报道。如2014年3月18日~30日，PX项目开始频繁出现在当地媒体上，《茂名日报》连续发表了《PX到底有没有危害》《揭开PX的神秘面纱》《PX项目还要不要继续发展》《PX项目的真相》等一系列文章。[③]新闻媒体与基层政府共同建构了PX项目的"应对冲突"的主题框架：①茂名石化的科学管理水平、PX的有利无害及其技术安全性；②为茂名市委设计推广系列的PX"营销活动"：召开石油产业专题学习会，会上邀请专家分析厦门、大连等地PX

---

① 郇庆治：《自然环境价值的发现》，南宁：广西人民出版社，1994年。
② 《焦急盼真相 怎奈无交集/PX项目的真相》，http://tv.cctv.com/2013/05/21/VIDE136913940031 2217.shtml，（2013-05-21）[2022-01-19].
③ 黄芳、邢礼诚：《茂名PX风波始末》，《东方早报》，2014年4月1日。

项目事件的起因和处理情况；③专家建议学习国外的企业邀请群众参观生产车间，与群众交朋友。市政府还专赴九江取经，举办科普座谈。但是，在媒体、政府和专家主持的 PX 营销"车轮战"中，媒体报道中一是没有直接显示 PX 技术防漏设置作为回应社区居民对 PX 泄露的焦虑心情和补偿要求，亦没有将居民参与环境评审的要求提到议事日程之上，引发了公众的反感心理与抗拒态度。二是政府官员在科普座谈中重提 2013 年 7 月福建古雷 PX 厂区发生过的爆炸事故（该厂 2015 年发生第二次爆炸事件），不仅没有消除，反而强化了公众对于 PX 项目规划、建设、运营和风险防范技术的疑虑。三是官方与公众没有形成和谐的沟通方式，造成对话双方无法接受彼此观点，形成相持不下的局势。2014 年 3 月 27 日晚，茂名 PX 项目组召开推广会与网友对话，与会官员的不当应对，导致"场面失控"，使得茂名丧失了一次与关心 PX 项目的市民绝佳的沟通、交流机会。①"摧毁了"由"科普座谈会"和专家论坛临时搭建起来的沟通平台，激起了大规模的集体行动（3 月 30 日），直至 31 日晚间，人民网发布的《茂名政府：PX 项目仍处科普阶段　上马与否需听取民意才决策》被传统媒体大量转发，才缓和了市民情绪。之后，冲突主体的互动模式趋于平和、理性。4 月 3 日，茂名市政府就 PX 项目及事件总体处置情况召开新闻发布会，茂名市公安局副局长周沛洲称，在清理现场过程中，执勤民警可能误伤了围观群众，为此向市民诚恳地致歉。茂名市政府也在其《告市民书》中提出，政府热忱欢迎社会各界通过正当渠道表达对项目的关切，通过正当渠道反映项目情况，并承诺，针对广大市民表达的意见和诉求，市政府在项目论证的过程中，一定会落实群众的知情权、参与权，如实向国家有关部委和专家反映情况，切实做到项目建设实事求是、依法依规。②政府公告还说明，市里考虑项目上马时一定会通过各种渠道听取市民意见再进行决策，在没达成共识前不会启动该项目。

茂名媒体对 PX 项目的报道历程说明，仅仅通过传播 PX "无害无毒"的"科普话语"和"不信谣、不传谣"的"承诺式框架"对于改变公众关于 PX 项目的怀疑心态和抗拒心理收效甚微。反之，尊重和理解公众环境焦虑心理、倾听公众的环境利益诉求是缓和冲突、达成共识、维护政治稳定、赢得公众政治信任的理性管理方法。

---

① 黄芳、邢礼诚：《茂名 PX 风波始末》，《东方早报》，2014 年 4 月 1 日。
② 刘圆：《茂名政府：PX 项目仍处科普阶段　上马与否需听取民意才决策》，http://shizheng.xilu. com/20140410/10001500001553431.html，（2014-04-10）[2022-01-19].

2. 运用公共管理理念更新环境冲突的"化解之道"

根据民主管理原则，环境公共管理的社会功能是：提供完善的法律体系；建立健全的统一领导、分工协作的危机管理体制；参与危机管理的社会动员；完善信息公开制度。[①]它与生态文明建设的本义即协调人与自然的关系、使人类生存与发展处于与自然和谐状态的宗旨一致。基层政府按照民主准则处理环境冲突事件，协调当前经济利益与长远生态利益，协调产业、城乡、上下游、地区间和社会阶层之间的环境利益关系，将公民环境权益的保护作为日常政治生活中的主流议题，及时发现环境公共治理中的短板，及时弥补政府与公众环境认知和态度之间的差异。长久以往，即可塑造政府环境管理的民主形象，提高公众对政府环境治理政绩的可信度评价及其对政府管理机构的政治信任度。

第一，增加环境信息的透明度。谣言是一种变异的舆论，随环境危机的产生而得以传播，对政府管理形象产生严重的负面影响。传播渠道畅通、公众对无论是好消息或是坏消息都有接近权，才能打消公众对权力与资本联手以牺牲环境为代价、发展化工业和地方经济、侵害公众环境健康权的怀疑心理。比如，茂名市政府发言人称，"市政府没有制定 PX 项目的具体时间表，目前（2014 年）茂名市环评、立项等前期工作还没开展，远未具备国家有关部委同意施工建设的基本条件，该项目仍在科普阶段"，"市里在考虑项目上马时一定会通过各种渠道听取市民意见再进行决策，在社会没有达成共识前决不会启动"[②]。人民日报发表《人民日报评广东茂名事件：以更细致工作化解 PX 焦虑》的评论称："往回看看，从厦门、宁波，到彭州、昆明，PX 项目不断遭遇民意狙击，一个重要原因在于，信息壅蔽催生抵触情绪乃至恐慌心态""如果缺少了自下而上的参与、官民平等的互动，单向度的宣传很可能被看成是'操纵舆论'，权威解读也容易被理解成'为决策背书'。如果从初始阶段就能多一些听证会，邀请群众代表实地考察，环境评估能够让群众参与进来，在参与和互动上多下功夫，认真细致地进行交流沟通，是不是更能起到春风化雨的效果?"[③]可见，信息壅蔽与公众在项目环境评估程序中的缺席削减了政府关于 PX 科普信息的权威性和可信度，没能消除公众对 PX 项目"半信半

---

① 宋雅杰、李健：《城市环境危机管理》，北京：科学出版社，2008 年。
② 刘向南：《茂名 PX 项目惹争议政府称没达成共识前不会启动》，《华夏时报》，2014 年 4 月 4 日。
③ 李拯：《人民日报评广东茂名事件：以更细致工作化解 PX 焦虑》，http://opinion.people.com.cn/n/2014/0402/c1003-24798954.html，(2014-04-02)[2022-01-19].

疑、忧心忡忡"的焦虑心理。与此同时，公众对各类企业的环境影响评估和产业技术升级信息、各类化工企业高耗能和高污染产品的分布信息以及环保评估不合格的企业名单等信息的不可接近性，都使公众暴露在环境污染中而不自知，这种状况不仅不利于公众对污染企业的监督，更不利于培育公众对政府和企业环保社会责任及其自律行为的信任。

第二，构建长效的环境诉求平台。公众对企业履行环境责任的焦虑感源自公众对环境决策参与、环境监督和环境诉求的表达渠道缺失。政府环保网站为公众提供双向的互动平台，回应公众的咨询与投诉，在一定程度上解决了环境诉求渠道缺失问题。但是，部分地方政府环境决策中对公众环保意愿的反映往往严重滞后，尤其是这些地方政府对国家政策与方针执行的走样和"时间差"造成公众对基层政府管理机构和官方承诺的怀疑态度甚至排斥心理，损毁了公众对社会机构的政治信任。广东省住房和城乡建设厅和广东省经济和信息化委员会为了加强对地方、部门履行环保职责的监督，建立各级政府的环保问责制[①]，搭建了吸引公众对政府环境政策进行评价、提出建议和修改意见，同时接受公众对环境政策执行过程中的质疑和监督的网络平台，从形式上保障了公众参与环境管理的合法通道，优先考虑公众对健康环境的价值诉求，就相当于建立了一个长效的"环境诉求平台"。

通常来说，人们认为企业在经济利润最大化的驱动下缺少环保自律性，尤其是在部分地方政府监管机制不完善的情况下，企业违背生态道德而产生的大规模环境污染事件，不仅是造成公民生命财产极大损失、破坏我国生态文明建设的胜利成果的主要因素，而且是影响国家整体环境治理形象、使政府陷入政治学上的"塔西佗陷阱"[②]的祸首。为此，政府大力支持公众参与对企业环境污染行为的监督，激励公众积极参与环境诉讼，让企业迫于公共舆论和法制的压力，养成对社会效益与经济效益相结合的多元考量和生态道德意识的自律性，由此方可提升公众对企业和环境管理机构的可信度评价。实际上，这也正是现代政府预防环境风险、防范环境事故隐患、提升政府环境形象的一种有效途径。

第三节 乡村振兴中的生态公共治理模式

党的十九大后实施的乡村振兴战略让人们对解决农村环境管理冲突

---

① 杨展里：《试论中国环境执政能力建设》，《环境科学研究》，2006年第S1期，第40-43页。
② 注：塔西佗陷阱，是指当公共部门失去公信力时，无论说真话还是假话，做好事还是坏事，都会被认为是说假话、做坏事。

和矛盾充满了希望。习近平指出，"重视化解农村社会矛盾，确保农村社会稳定有序。提高预防化解社会矛盾水平，要从完善政策、健全体系、落实责任、创新机制等方面入手，及时反映和协调农民各方面利益诉求，处理好政府和群众利益关系，从源头上预防减少社会矛盾，做好矛盾纠纷源头化解和突发事件应急处置工作，做到发现在早、防范在先、处置在小，防止碰头叠加、蔓延升级。"①随着"创新乡村治理体系，走乡村善治之路"治理理念的全面实施，农村环境污染事故的"事后补救"治理模式被颠覆，农村居民在参与环境风险沟通和生态恢复工程以及维护村民生态资源共享权利等方面产生了显著的公共价值。纵观十几年的农村环境综合整治行动可以看出，乡村生态恢复工程不仅使长期以来的环境破败现象得到有效治理，同时也培育了一批在生态管理工作中具备冲突解决能力和协调能力，掌握了宣传、教育和说服技能的基层干部，他们在实施环境传播战略、动员激励乡村居民参与环境治理方面，成功地书写了一部中国生态文明建设"美丽乡村"的新篇章。

一、以产业结构的转型升级实现乡村空间职能的公共价值

正如福柯所说，空间是权力、是知识话语转化成实际权力关系的关键，也是任何权力运作的基础。②2013 年中共中央一号文件第一次提出建设"美丽乡村"的奋斗目标，之后，我国广阔的农村地区开展了史无前例的、包涵全面的生态修复的乡村振兴工作。在工作中，中央政府代表着农村社会整体发展的利益，与环境管理学者和环境利益相关者等多元主体参与决策的民主化机构一起，根据国家制定环境保护规划，"建立了一种基于共同所有制和为了整个共同体的利益而对生产工具、生产方式以及财富分配进行民主控制的机制"③，成功地构筑了一个将自然生态价值与环境品质相结合、农业农村现代化建设与全面建成小康社会理念相互浸润的乡村生态空间。乡村社会空间与城市一样也分为生产、生活、公共交往三个部分，周边的地理元素，森林、河流、土壤等构成了乡村的地域结构。对于现代农村而言，其空间构成的基本特征是城市化以来工业的繁荣对以往

---

① 习近平：《在中央农村工作会议上的讲话（二〇一三年十二月二十三日）》，载《十八大以来重要文献选编》（上），北京：中央文献出版社，2014 年版，第 683-684 页。

② Michel Foucault: "Truth and Power". In Craig Calhoun, Joseph Gerteis, James Moody, et al. (Eds.), *Contemporary Sociological Theory*. Oxford: Blackwell. 2007, pp. 201-208.

③ 戴维·佩珀：《生态社会主义：从深生态学到社会正义》，刘颖译，济南：山东大学出版社，2012。

乡村风光所造成的影响以及人们对此而进行的生态修复历程。进入生态文明建设时代，乡村生态空间重构已经成为增强国家中心城市经济辐射力与科技聚集力的重要建设内容。①

广州市在美丽乡村建设过程中以城乡统筹发展模式构建乡村生态安全格局方面，积累了发展农村经济、改善乡村自然环境的丰富实践经验。为了推进村民参与农村人居环境的综合整治行动、打造特色文化旅游的公共服务体系，基层政府采用了"以城带乡，以乡促城"的"社会主义公共治理模式"，运用公共建设资本推动农业增效、农民增收的产业经济。如广州市庙青村组成了以政府机构、村民和社会资本多元主体参与的"高效农业型、休闲旅游型"经济联合体。第一，对村落空间资源进行重新规划分配，以维护现有农田结构和农村风貌景观为主，将公共空间分为八个核心建设区，包括生产（蔬果花卉等）、旅游（包括乡村体验、文化体验）、产品营销（包括水上集市、花卉工艺品等）和新建安置区等，建立生产、生活用水与旅游水系的分隔处理系统，避免水系商用的过度开发。第二，该联合体借助政府资金（其中包括区专项资金和镇街资金）或采取 PPP 模式②引入社会资金，联动政府组织力量，发展乡村旅游；村委会也自筹资金，成立开发公司，吸引村民入股，动员村民自主参与以农业特色经济发展促进生态保护良性循环的集体创收创业活动。③第三，村委会与农业专家一起探讨扶持现代农业的培育技术，建立规模化的花卉产业基地，并结合村庄生态景观格局和原汁原味的乡村风貌，以"水乡观光、花卉园林观光、绿道骑行和主题摄影"等游赏性的景观和产业吸引政府投资和村民参与，形成综合性的乡村休闲经济势力，以此"断绝"污染型产业"死灰复燃"的机会。④第四，广州市庙青村首先建立了"以使用价值取代交换价值基础上的生产资料和生活资料分配制度"。如"由村集体和龙头企业组成的村庄开发公司统一将租出的农田、鱼塘收回，农户可以作为员工继续在公司的统一管理下从事经

---

① 王志远、廖建军、李晟：《基于产业转移的城市空间结构优化研究——以衡阳市为例》，《南华大学学报（社会科学版）》，2015 年第 5 期，第 122-126 页。

② 注：PPP（Public-Private-Partnership）模式，是指政府与私人组织之间，为了提供某种公共物品和服务，以特许权协议为基础，彼此之间形成一种伙伴式的合作关系。

③ 苏秦：《文化传承型美丽乡村建设模式研究——以广州市庙青村为例》，《中外建筑》，2018 年第 6 期，第 96-98 页。

④ 苏秦：《文化传承型美丽乡村建设模式研究——以广州市庙青村为例》，《中外建筑》，2018 年第 6 期，第 96-98 页。

济活动"①。自此解决了农村长期以来存在的产业发展方向不明确、散乱而又毫无创新的乡镇企业肆意侵占公共生态空间的"公地悲剧"。

二、打造特色小镇，创造"乡村风景化"的生态文化价值

生态社会主义学者高兹明确指出"要克服经济理性下的利润动机及对物质财富无限量追求，使经济理性服务于人的创造性活动与精神生活，就得结束市场的统治和商品拜物教，以及由此引起的对地球的毁坏"②。"乡村振兴"工作由地方行政机构与社会团体一起动员村民，按照乡镇的生态发展目标、乡镇企业的市场定位、规划师专业视角的设计以及乡镇的发展目标进行民主协商，激活了乡镇居民参与"自主环境建设"的能动性。如广州市古田文创小镇采用"四方协作"民主合作模式，来设定企业、政府、居民和规划师在特色小镇建设中所承担的义务和所拥有的权利。

> 在开发的过程中采取了"政府、企业、居民、规划师"四方联动的合作机制，其中企业、开发商作为发展和经营主体，承担市场运作、资金投入和核心运营的工作；政府需要承担由上而下的企业遴选、项目引导、政策与财政保障、小镇运营成效监督的任务；小镇内的村民、企业产业工作者、居民也需要参与到文创小镇的经营与建设中；规划师则从专业人员的角度，在其他三方角色中担任"纽带"的角色，统筹协调各方利益以及负责未来小镇的建设发展咨询。③

由此制定的古田文创小镇农业、旅游、社区和文化四项产业为主业的项目策划方案及开拓生产、旅游市场与社区文化等产业联动发展的战略是：由文化创意产业吸引、招徕包括建筑、摄影、服装等顶尖的设计师工作室，通过定期举办艺术沙龙、时尚展览、专家论坛等活动，拓宽小镇文化空间的外延；以古田历史文化和自然生态为基础的生态旅游业负责运营"石头村、古庙、小桥、绿道和园林等传统村落特色元素等 28 个景点，塑造岭南乡土文化的诗意栖居空间"。整套生态治理工程向人们展示了美丽乡村运动在突破空间资源局限，汇聚宜居、宜业、宜游等城市功能方面的

---

① 苏秦：《文化传承型美丽乡村建设模式研究——以广州市庙青村为例》，《中外建筑》，2018 年第 6 期，第 96-98 页。

② Andre Gorz. *Capitalism, Socialism, Ecology*. London and New York: Verso, 1994.

③ 苏彦：《广州古田：全域乡村风景化》，《城乡建设》，2017 年第 1 期，第 65-66 页。

实践智慧，证明了西方学者奥康纳构想的"指向需要而不是利润、注重商品的使用价值和耐用性而非交换价值的生产系统"之可行性。随着创收途径的不断扩增，污染型的传统制造业和手工业及畜牧业被"挤出"了乡村公共生态领域。[①]

三、以保卫革命根据地的精神保卫传统乡镇的生态安全

广州市番禺区的塱边村曾经是抗日战争时期的革命根据地，"全村经济主要以出租住房、商铺或直接出租土地、收取租金为主，即所谓的'出租经济'。村内企业主要生产手袋、表带、钟表、五金、家具、模具、印刷制品等"[②]；塱边村基于历史原因，村内街巷较窄，布局不规范。在乡村振兴整改前，村前池塘边一带全是猪牛栏及村民堆放农家肥的地方，村内的生活用水通过明渠排到村前池塘。这样的布局虽然在农耕时代比较合理，因生活废水没有化学污染，有机物排到池塘养鱼，塘泥每年挖出后被用作荔枝树的基肥，实现了良性循环，水塘同时亦起到消防安全及防盗的作用。但随着五金、印刷等污染型企业的增加，无机物及废水排放已超出原系统的自净能力，整个村庄出现了严重的污染。[③]在乡村环境整治运动中，基层党组织成了监控"反环境行为和势力"的"坚强堡垒"。

1. 守卫塱边村的岭南历史文物建筑和传统民居

村委会首先设定乡村环境全面整改的六年规划和村容村貌改造指标，以"杜绝"反生态的发展行为。村委会利用传统村落的文化格局，建设了系列的"历史风貌"区，并将与传统建筑物相冲突的环境要素进行整治与修葺。如将工业区与村民居住区分割开来，在"前塘后村"的水系周围种植乡土水生和耐湿的观花植物与观赏草，阻隔任何侵入水系的污染因子，"从里到外"营造出一个质朴自然、四季有景的河涌景观。同时为了恢复池塘的水质，所有的巷道都实行"暗渠化、路面水泥化、街道硬底化"，分离生活区和工业区的下水道污水。村内上百棵古树的周围都修建了 30 米宽的绿化带而得到有效的"庇护"。经过系统的治理，塱边村成为一个拥有 5 万多平方米绿化面积、被誉为"小桥、流水人家、岭南园林

---

① 詹姆斯·奥康纳：《自然的理由——生态学马克思主义研究》，唐正东、臧佩洪译，南京：南京大学出版社，2003 年，第 530-535 页。

②《塱边村介绍》，http://m.iicha.com/197340/，[2021-09-25].

③ 洪淑媛、张远环、朱纯：《美丽乡村建设中存在的误区及措施》，《广东园林》，2014 年第 3 期，第 69-72 页。

特色的美丽乡村"①。

2. 运用先进性教育活动实现生态保护的内化机制，人人都做保护生态公共空间的"警卫"

塱边村共有党员 31 人，每个党员都承担一个生态保护责任区的环境"警卫"工作和政策传播任务，如管理出租屋和公共领域的环境卫生，开展敬老、奖学、扶贫等活动（每年投入约 8 万元进行敬老活动，投入约 5 万元奖励获得"三好学生"的在读学生和考取高中、大专、本科的学生）。随着村内荷塘与荔枝湖的景观改造工程的进行及松露公园的升级与水资源的修复，村民们的生态伦理意识"水涨船高"，村组织开展了"优秀志愿者""五好家庭""文明楼栋"等评选活动，在村民中形成"人人争做好市民，家家争当文明户"的良好氛围，如 2017 年塱边村就评出了 30 户五星文明户。②村附近的污染型企业因有了固定的"监护人"而自觉地遵守污水处理程序和排放规定，任何破坏绿色公共空间和污染池塘的行为都将受到指责和处罚。

概言之，由乡村振兴所构建的城乡一体化的生态空间意象和生态农业经济的安全格局标志着生态公共治理与政治、经济、文化等管理制度变革交织在一起的资源配置新模式走向了成熟阶段。其中，优化乡村产业结构，拓宽乡村居民经济收入渠道、发挥党基层组织的环境动员及其监护职能，是设置"乡村生态保护警戒线"、严防乡村水土污染的基本对策，它象征着城市生态文明建设对传统污染型经济生产方式的一次成功"革命"，从根源上消解了工业污染导致的社会矛盾和环境冲突元素，为提升人民对于"共建共享共荣"社会的获得感、幸福感和安全感而创建了一个真正的"产业兴旺、生态宜居、生活富裕"的和谐家园。

---

① 朱纯、张远环、洪淑媛：《弘扬古村落文化：彰显美丽乡村地域特色》，《广州园林》，2015年第 2 期，第4-7页。

② 《塱边村：传承红色薪火助推精神文明》，http://wmpy.panyu.gov.cn/article/content.do?contextId=48739，（2018-05-06）[2021-09-26].

第六章　风险社会理论视域下的
环境信息公开制度

在环境污染事件成为社会主要风险的时代，环境信息公开制度成为环境风险管理的基本前提，它不仅有助于防范环境管理监控部门的失职行为，还有利于促进公众参与环境风险沟通。本章对有关污染主体和污染隐患及因素等"敏感信息"强制性公开的国际惯例和规则进行梳理对比，提出我国污染物转移与排放信息公开机制的建设路径，探索我国环境风险公共管理的制度改革与创新之路。

环境污染事件爆发之前通常有一个隐秘的存在阶段，即使在污染恶果昭然若揭之后，一些肇事者仍极尽遮人耳目之能事。例如松花江水污染、兰州自来水苯污染、紫金矿业有毒废水泄漏、浏阳镉污染等事件，都因环境风险沟通与环境风险预警制度的缺失导致了公共治理和预防措施的滞后。2015 年 1 月 1 日开始施行的被称为"史上最严"的环保法对环境信息公开主体和内容做出了新的规定。其中第五章"信息公开和公众参与"一节中明确规定"各级人民政府环境保护主管部门和其他负有环境保护监督管理职责的部门，应当依法公开环境信息、完善公众参与程序，为公民、法人和其他组织参与和监督环境保护提供便利。""重点排污单位应当如实向社会公开其主要污染物的名称、排放方式、排放浓度和总量、超标排放情况，以及防治污染设施的建设和运行情况，接受社会监督"。针对环境突发事件的信息公开，环保法也做出了相关规定，"企业事业单位应当按照国家有关规定制定突发环境事件应急预案，报环境保护主管部门和有关部门备案。在发生或者可能发生突发环境事件时，企业事业单位应当立即采取措施处理，及时通报可能受到危害的单位和居民，并向环境保护主管部门和有关部门报告"。①

---

① 《中华人民共和国环境保护法》自 2015 年 1 月 1 日起施行, http://www.gov.cn/xinwen/2014-04/25/content_2666328.htm, (2014-04-25)[2021-09-26].

第一节　为环境公共治理构筑一道风险防范的"堤坝"

环境风险作为最典型的现代社会问题是人类必须正视和亟待回应的严峻现实。风险社会理论认为，环境问题的产生既有自然因素，更有人为因素。解决人为因素需要从完善政府环境管理制度出发，为人们认识周围环境风险提供完整的信息和信息服务。从政府公共治理角度来看，首先，建立国家级的环境信息公开制度，可以调动公共管理机构、企业和其他持有环境信息的社会组织协调、整合公共治理系统和治理程序资源；其次，风险社会理论强调对政府管理机构和其他环境信息持有者的风险信息的强制性公开，目的就在于吸纳更广泛的参与者理解自身周围的环境隐患，为各类机构的环境风险沟通打开一扇通向善治的"大门"。

一、风险社会理论与信息公开制度

1986 年，德国学者乌尔里希·贝克在其著作《风险社会》中第一次提出"风险社会"的概念，之后又出版了《世界风险社会》等著作，完善了风险社会理论的系统性建构。贝克认为，风险是介于安全与毁灭之间的一个特定中间阶段，是现代社会在安全机制层面有效控制与失效控制下的人为不确定性后果，风险是知识领域高度专业化和生活方式无知化的伴随性产物。"在世界风险社会语境下，科技不当使用带来不良后果，即科学化风险，将其归因于之前的科学体系存在的技术缺陷和发展程度的不完善。"[①]安东尼·吉登斯（Anthony Giddens）将风险具体分为"外部风险"和"人造风险"，前者指在一定条件下某种自然现象、生物现象或社会现象是否发生及其对人类的社会财富和生命安全是否造成损失和损失程度的客观不确定性；后者则指科学与技术的高度发展带来的风险。例如，人类对物质利益和享乐主义的盲目追求及其"先发展后治理"的功利主义思想给人类带来了巨大的环境风险。因而人们不能仅仅从自然的角度而必须从特定的社会制度、政治理念及信息传播制度的革新中寻找解决途径。

风险社会的概念暗指，人们创造了一种文明，以便使自己的决策增强不可预见事物的可预见性，从而控制不可控制的事情，通过有意采取的

---

① 乌尔里希·贝克：《风险社会》，何博闻译，南京：译林出版社，2004 年，第 195-196 页。转引自：杨丽杰、包庆德：《乌尔里希·贝克风险社会理论的生态学维度》，《哈尔滨工业大学学报（社会科学版）》，2019 年第 2 期，第 114-122 页。

预防性行动以及相应的制度化的措施战胜种种副作用①。贝克是一个制度主义者，他将风险界定在一个由制度性的结构所支撑的风险社会之中，各种后果都是现代化、技术化和经济化进程的极端化不断加剧所造成的，这些后果无可置疑地让那些通过制度使副作用变得可以预测的做法受到挑战，并使其成为问题。"科技滥用成为风险社会产生的主要成因。因为我们面临的风险与科技应用有着密切联系，人类社会面临的诸多危机和困境绝大部分根源于现代技术。科学成果应用于实际生产生活当中，科技因素被卷入风险状况的起源和深化过程。人类的活动已经不可避免地污染了生态环境，破坏了大自然的生态平衡。"②贝克认为风险社会是特定文化背景下规则、制度和对风险的认定与评估的体系，应该思考以现代性制度的重构来防范和规避风险社会中的各种隐患和潜在风险。

　　风险社会理论强调环境公共治理的强制性，环境信息公开制度是规范企业自律性的唯一途径。对于污染型企业来说，企业往往将生态道德观置于"他者利益"的考虑位置，低碳经济、循环经济、低耗能、低排放似乎只是一种得不偿失的利他行为，而政府实施的环境奖惩制度也往往只是一种"善后"的管理方式。因而，唯有强制性的信息公开制度可以将企业对环境的影响行为置于政府和公众的监控视域，使公众提前了解各类污染型企业的排污类别和排量，为公众提供监督和预警的准确目标，使企业的一举一动对环境产生的影响在信息公开制中成为透明的演示箱，才能使环境风险变得可以预测，使公众能够更有效地在公共治理中应对环境风险隐患。例如，美国建立有毒物质排放清单制度后，使公众对身边企业的排放情况了如指掌，提高了公众对于环境风险的认知，也迫使企业为消除社区居民对企业的负面评价而主动减少企业排污，进而增强企业履行其环保职责的自律性。例如 1992 年美国明尼苏达州小城诺斯菲尔德的服装与纺织厂的工人了解到该厂向空气排放致癌物数量位于美国第 45 位及其排放地之后，联合工会与诺斯菲尔德的社区居民，策划环境维权活动，共同要求该厂减少致癌物质的排放量，以保护该区居民生存环境。双方最终达成减排协议，至 1992 年该公司减排 64%，1993 年减排 90%。③

---

① 乌尔里希·贝克、郗卫东：《风险社会的再思考》，《马克思主义与现实》，2002 年第 4 期，第 46-51 页。

② 乌尔里希·贝克：《风险社会》，何博闻译，南京：译林出版社，2004 年，第 200 页。转引自：杨丽杰、包庆德：《乌尔里希·贝克风险社会理论的生态学维度》，《哈尔滨工业大学学报（社会科学版）》，2019 年第 2 期，第 114-122 页。

③ David J. Abell. "Emergency Planning and Community Right to Know: The Toxics Release Inventory". *SMU Law Review*, 1994, 47(3):581-606.

二、环境信息公开的主体及其社会职能

环境信息掌握在特定权力主体手中，对信息的获取、制作、申请和公布具有权威和科学的话语权。媒体、专家及环保 NGO 等组织在某些情况下也掌握着一定的不为大多数人所知的环境信息，尤其是那些具有较高环境素养和专业知识水平的专家或组织，其在生态道德伦理的引领下，也可利用各种社会资源和渠道公开自己手中的环境信息，以提高环境风险的社会能见度，亦是环境风险防范中的重要力量。

1. 环境风险生产者——企业

企业是环境污染的源头，掌握着污染物排放数量、方式和种类等环境信息，在追求经济效益最大化的同时不可避免地产生环境负外部效应。如果没有强制性的法律规范，某些"无良企业"甚至以牺牲环境为代价，无节制地排放工业废水、废渣，对河流、土壤和空气造成不可逆转的影响。在我国某些地区，造纸、印刷、采矿等重污染行业给周围居民的生命安全和健康带来威胁的事例多有发生，个别企业甚至向地下水源排放污水、废水。为此，企业公开自身生产经营过程中的环境行为既是一种义务更是一种法律责任。一方面，企业承载的企业文化和企业社会责任（Corporate-Social-Responsibility）要求其在追求经济利润的同时也承担起对消费者、劳动者、社区以及环境等利益相关方的道德义务。环境信息公开与否及公开程度的高低是判断企业履行其社会责任的依据；另一方面，公布环境信息迫使企业技术升级，以适应市场所需。消费者通过环境信息了解企业的环保表现，对环境友好型企业生产的产品予以支持和鼓励，对那些污染环境型企业的产品给予负面评价，也能够约束企业的不当环境行为，引导其走向绿色低碳的发展方向。此外，企业将生产过程中的污染物排放情况和环境治理情况予以公开，可以提高企业环境形象，从而赢得更大的发展空间和更多的生产利益。

2. 环境风险管理者——政府行政机构

政府行政机构因为与企业之间的相互依存关系而处于信息链的顶层，对于环境信息的管理、传播占有资源优势。第一，作为管理者，政府全面准确地掌握着企业的环境行为，在制定相关环境政策、环境监控和管理方面具有权威的决策权和话语权；第二，在制定社会和经济奖惩政策，引导企业走低耗能、低排放等可持续发展道路方面具有不可替代的规制作用和服务功能；第三，由于环境信息的制作、发布是一个充满专业性和权威性的科

学过程，缺乏公信力的个人和其他组织在客观性和准确性方面缺少可信度，政府承担的行政职责决定了政府披露环境信息的主体责任，政府肩负的法律职责也杜绝了政府与民夺利、迟报、漏报、瞒报环境信息的行为，政府的权力寻租行为及其在环境管理中的渎职行为都将受到法律的追责和惩治。

3. 环境风险承担者——部分公众、媒体、专家及环保 NGO

距离污染源较近的居民、环境领域的专家、记者或 NGO 组织对环境污染信息比较敏感，在察觉饮用水、空气的异味后，有权利用各种社会资源或通过微博、微信等渠道传播环境信息，公众掌握信息传播和风险防范的主动权，在一定程度上遏制了环境风险的进一步恶化。总之，当环境信息成为各个领域中共享的社会资源时，社会环境才能处于可见的范畴内。

三、环境信息公开制度的风险沟通效能

环境风险可分为实质性的环境污染风险、潜在的显性环境风险和潜在的隐性环境风险。[①]实质性的环境污染风险指已经发生的环境事故，如垃圾焚烧产生二噁英、有毒重金属泄漏造成土壤污染、危化品爆炸导致空气污染等对环境和公众造成了实质性伤害的事故；潜在的显性环境风险指的是那些已经为公众所察觉且对其正常生活构成严重威胁的环境隐患，此类事件通过及时的干预可以有效预防风险的进一步发展，如没有通过环保部门和安监部门审批、擅自开工的 PX 项目、垃圾焚烧厂等；潜在的隐性环境风险意指那些实际存在但尚未被公众所察觉到的危险因素，这类隐性的风险积累到一定程度时将以突发的危机事件形式显现出来，环保组织运用自身资源或专业知识、公众运用对环境危险要素的感知和积极参与将可以阻止隐性的潜在风险向实质性污染风险转化的进程，以避免遭受环境风险的突然打击。

信息公开是风险防范的前提条件，没有足够的信息公开就没有理性的风险分析，就无从制定风险应对措施，环境公共治理将陷入空谈。

1. 风险分析

所谓风险分析，是由风险评估、风险管理和风险沟通三个基本要素共同构成的一个科学规制体系。政府环境治理部门针对各类产业的环境风险和生产活动中隐藏的环境危机进行风险评估并通过适当的方式进行公开

---

① 杨利敏：《风险治理中的信息公开》，《绿叶》，2011 年第 4 期，第 16-20 页。

传播。首先是对可能发生的环境事故和对人身健康造成的危害程度进行调查和监控，具体包括对污染物种类及其危害性、污染物源头、污染物排放影响的范围、污染物特征描述及识别和暴露等因素的统计、列表与媒体展示。其次，风险管理部门根据环境风险评估和企业排污报告的结果，基于各种技术力量的可行性、成本效益权衡、自然环境对污染物排放可接受的程度等因素的考虑，定期、定时向公众公布地方环境现状、各类企业环境隐患、环境管理政策、风险防范措施以及风险监控设施的部署等，以突显环境隐患的方式吸引公众和企业界的关注，使全社会加入消除环境风险的队伍。如此完成了政府就环境问题的"第一轮"风险沟通。

2. 构建环境风险沟通的公共领域

环境信息的公开传播引发公众对其身边环境问题的关注，激发其环境参与的激情，吸引多元主体进入环境风险议题的公共领域和网络，参与由环境管理部门（风险评估者）、社会团体和大众媒体等信息传播平台主导的关于环境风险信息交换和意见交流的风险沟通，提升整体社会的环境风险应对能力。在此过程中公众不仅直接接收与环境风险有关的信息，了解自身所处环境的真实状况，而且可以自由地表达对风险事件的关注、意见以及对相应政策落实的反馈，并就国家或机构在风险管理方面的法规和措施进行参与协商、对话和谈判等。尤其是在突发的环境事件中，作为受害者的公众群体对公开环境污染信息的细节有着更高的期盼，如公众就污染的程度、污染带来的健康损害、政府的救济和补偿措施等信息的沟通和交流，提升公众对环境风险的认知和环境保护意识，公众就共同面对的环境问题和危机进行思考和讨论，使公众从"对抗者"的身份认同转为理性的"集思广益者"，从公共智慧中习得科学的思辨能力和环境监控技能。反之，如果环境信息公开渠道被阻塞，公众对发生在当地的环境危机事件"不知情"，致使民间流言肆意传播，环境信息的含糊失真及滞后使公众深受"迟到"的环境信息之害，其结果是，公众产生非理性的情绪化宣泄，甚至把合理的利益诉求行为演变为一种民粹主义的街头行动，更为严重的是容易形成对政府和污染主体的对立情绪。长久以往，持续的对立情绪将转化为对政府的"习惯性不信任"，导致政府陷入"塔西佗陷阱"。因此，强制性地将环境风险和隐患及时告知公众将激发公众在政府主导的多向风险沟通中，打破产业界对环境信息的遮蔽或因相关方的缺席给风险防范和沟通造成的障碍或盲区，不仅有效预防污染事件危害性的扩延，而且可以提前遏制环境群体性事件的发生。

3. 规避基层政府"组织化的不负责任"行为

以环境公共治理为例，被公众诟病的不负责任的"GDP 政绩观"、片面追求经济利益的"企业税收"、避重就轻的"专家话语"之间的合谋、环境治理过程中不同行政部门之间的互相推诿造成的"信息真空"现象等，使企业污染行为无法受到有效约束，更使公众对企业和环保部门的可信度评价急速下降。强制性的环境信息公开制度，能够明确政府、企业、专家等主体在环境信息披露中的责任，形成多方主体之间的监督，破除管理部门、企业和专家等对环境风险的"话语屏蔽"。

环境信息公开制度使公众获得有关本地环境问题和政府环境管理问题的相关信息，并能在此基础上行使环境监督权。没有强制性的环境信息公开制度，企业在毫无制约和监控的状态下无视自身社会责任和生态道德约束，媒体的环境监督权等都陷入空谈。对于政府而言，也无从了解到其环境政策在实施贯彻中的进展或阻滞状况，不仅影响整体的生态文明建设进程，更严重的是，造成政府决策失信于民，政府环境管理形象低下的恶果。

第二节　环境风险防范的信息公开制度及公开路径
——以联合国污染物排放与转移登记制度为例

工业社会带来的技术进步将人类置于各种人造风险之中，"人造风险暗示着一个与过去时代的主要特征进行决裂的社会"[1]。在各类人造风险中，环境风险突破地域限制呈现出全球扩延的传播趋势，成为一个世界性难题。人造的环境风险隐含的诸多不确定性因素，使得人们对风险的来临及其后果难以预测，这种不确定性因素剥夺人的安全感，进而引发了普遍的环境焦虑和社会不安情绪。消除环境风险的不确定性、公开人造的环境风险因素是监控环境风险、防止环境风险转化为环境突发事件的大前提。正是因为如此，环境信息公开制度实质上是环境公共治理的"窗口"，它向人们展示人类活动中产生的多种物质能量流进环境系统所引起的环境影响及后果的反馈性识别信号[2]，其中包括反映环境科学的最新情报、数据、指令和信号及其动态变化的讯息，亦包括环境管理过程中各环境要素的数量、质量、分布、相互关联和发展规律等方面的数字、文字和图片等，是经过加

---

① 刘涛：《环境传播：话语、修辞与政治》，北京：北京大学出版社，2011 年，第 2-3 页。

② 方如康：《环境学词典》，北京：科学出版社，2003 年，第 535 页。

工的、能够被环境主管部门和企业及公众所利用的数据①，可体现出对整个生物圈和人类产生影响的、动态的、相互作用的各种环境元素。②

　　环境学者根据环境信息的主体属性将环境信息分为三类——政府环境信息、企业环境信息以及产品环境信息，或从环境治理角度将其分为环境状况信息、环境危害、环境保护和环境治理措施方面的信息③；也有学者根据环境信息的内涵将其分为：①环境立法和环境政策信息；②国家的环境指导；③环境管理信息；④环境状况信息；⑤环境生产生活信息；⑥环境知识。④在信息公开制度的社会实践中，人们对于具体公开哪些环境信息、通过何种方式向公众公开以及对环境污染物的界定和公开方面充满着争议。我国于 20 世纪 80 年代实施的排污申报登记制度仅将二氧化硫、工业粉尘、化学需氧量、烟尘、石油类、氰化物、铅、砷、镉、汞、六价铬、工业固体废物等 12 种主要污染物列为重点总量控制指标⑤，并且仅仅将"两超"企业作为强制性公开披露环境信息的限定对象，从而使大批污染型企业得到了"豁免"，为环境污染埋下了隐患。

　　发达国家的环境信息公开机制业已成熟，经过多年的环境保护实践，形成了污染物排放与转移登记制度、环境影响评价报告制度、政府环境信息公开制度和产品环保标识制度。其中，污染物排放与转移登记制度（PRTR 制度）是最具成效、使用最广的信息公开机制，它规定企业定期向政府管理机构报告企业生产涉及的化学污染物排放与转移的年度总量、可能造成的环境影响以及排放和转移污染物的地理分布情况，环境管理部门进行综合分析整理后，定期向社会公开发布。PRTR 制度是一项打破了环境信息传播介质束缚、针对人为的化学污染风险所采取的信息公开专项制度，被视为产业界与公众之间的一份道德协议，为实现公众对环境信息的知情权、促进公众对环境决策和环境监控的参与设置了一整套环境信息的传播规则与报告制度。环境保护的目标是建立清晰、完整和全国范围内的污染物排放"可视图"，使公众随时可以了解和掌握产业界各类污染物的排放、转移等信息。各缔约国根据 PRTR 制度传播路径设置建立了本国企业污染物排放和数据的有序登记网络和开放式查阅系

① 王华、曹东、王金南，等：《环境信息公开理念与实践》，北京：中国环境科学出版社，2002年，第 26 页。
② 胡静、傅学良：《环境信息公开立法的理论与实践》，北京：中国法制出版社，2011 年。
③ 张建伟：《论环境信息公开》，《河南社会科学》，2005 年第 2 期，第 29-32、36 页。
④ 马燕、焦跃辉：《论环境知情权》，《当代法学》，2003 年第 9 期，第 20-23 页。
⑤ 李異平、杨萍：《论环境传播中的信息公开制与公众参与机制——兼论联合国 PRTR 制度对我国环境传播的启示》，《湖南大众传媒职业技术学院学报》，2015 年第 6 期，第 20-24 页。

统，形成了能够满足公民知情权、方便公众参与决策和监督的信息资源库，从而使污染型企业无节制的排放和转移行为得到有效控制。

一、日本污染物排放与转移登记制度（PRTR 制度）

日本政府制定了最为完善的污染物排放与转移登记制度（PRTR 制度），1999 年日本政府通过的《关于行政机关所保有之信息公开的法律》规定，政府对公民有说明和公开一切政务的义务，以促使行政事务公正、民主地开展，同时也规定任何人都有权利要求政府的所有独立行政法人和特殊法人公开除"非展示信息"以外的其他政务信息。在这一制度框架下，日本环境省率先制定了环境行政信息的公开制度。两年后，日本 PRTR 制度正式投入使用。作为政府环境政策的一项工具，其 PRTR 制度的宗旨是，提供企业化学污染物质排放与转移数据，搭建公众与政府和企业之间的风险沟通平台。

日本 PRTR 制度规定企业必须公开 462 种一类化学物质的排放及转移信息（表 6-1），其中属于特定一类化学物质的包括 15 种致癌物质，以及这些化学物质可能对人体及生态系统产生的危害的详细描述。[①]公众可以随时从政府网站上查看，也可以电话询问相关的管理部门或政府相关部门，咨询每一个社区的环境质量问题和解决措施，政府有关负责人必须给予回复和说明，甚至在有必要时登门检查并负责查清楚污染的来源。这一制度对企业减排起到了制约作用，因为任何与企业生产相关的污染和污染源都可能导致该企业环境形象的贬损和公众对该企业产品的抵制行为。促使企业在污染发生之前采取更多的环保举措，减少产品对公众居住环境和公众健康的伤害，并在发现环境事故隐患时的第一时间与所有的利益相关方进行沟通和互动，挽救企业的公共形象。

表 6-1　日本 PRTR 制度中企业必须公开的 462 种化学物质（一类化学物质）中的部分污染物[②]

化学物质	中文名称	危害
zinc compounds（water-soluble）	锌化合物（水溶性）	锌在土壤中富集，会使植物体中也富集而导致食用这种植物的人和动物受害

---

① 郭川、孙烨、廉洁：《中、日两国企业环境信息披露差异比较》，《经济纵横》，2007 年第 19 期，第 68-70 页。

② 于相毅、毛岩、孙锦业：《美日欧 PRTR 制度比较研究及对我国的启示》，《环境科学与技术》，2015 年第 2 期，第 195-199, 205 页。

续表

化学物质	中文名称	危害
acrylamide	丙烯酰胺	可致癌
ethyl acrylate	丙烯酸乙酯	对呼吸道有刺激性，高浓度吸入引起肺水肿，眼睛直接接触可致灼伤
2-hydroxyethyl acrylate	丙烯酸2-羟乙酯	对皮肤、眼睛和呼吸道有强烈的刺激作用
n-butyl acrylate	丙烯酸正丁酯	吸入、口服或经皮肤吸收对身体有害，其蒸气或雾对眼睛、黏膜和呼吸道有刺激作用
methacrylate	甲基丙烯酸酯	刺激眼睛、呼吸系统和皮肤
acrylonitrile	丙烯腈	对呼吸中枢有直接麻醉作用
acrolein	丙烯醛	吸入蒸气损害呼吸道，出现咽喉炎、胸部压迫感、支气管炎
sodium azide	叠氮化钠	剧毒
acetaldehyde	乙醛	低浓度引起眼、鼻及上呼吸道刺激症状及支气管炎，高浓度吸入有麻醉作用
acetonitrile	乙腈	中等毒类
acenaphthene	苊	对眼睛、皮肤、黏膜和上呼吸道有刺激性，遇高热有燃烧爆炸的危险

除了强制性的 PRTR 制度，日本社会中的民间环保组织也设立了企业信誉等级评价制度，企业的环境信息公开程度被纳入企业信誉指标之中。企业的环境行为不仅是消费者选择企业产品的价值判断标准，也是影响其股市价格的重要因素，成为股民最为关心的问题。[①]可以说，日本企业环保行为和污染物排放与转移数据的登记影响着企业的生存和发展，PRTR 制度的实施反映了日本国民较高的环境素养和环境参与度，从规范企业环境行为的功效来看，它是促进企业实现绿色发展的"催化剂"。

二、欧美污染物排放与有毒物质排放清单（E-PRTR 与 TRI）

美国社会在 20 世纪 60 年代就发起了环境保护运动，提高了公众的环境意识，且因为其信息科学方面的技术发展快速，早在 1966 年就制定了《信息自由法》，使政府信息公开制度和环境诉讼制度的建设走在了世界的前列，其信息公开制度早在 20 世纪七八十年代就已经完备。受 1984

---

① 于相毅、毛岩、孙锦业：《美日欧 PRTR 制度比较研究及对我国的启示》，《环境科学与技术》，2015 年第 2 期，第 195-199，205 页。

年印度博帕尔毒气泄漏案的影响，美国国会于 1986 年通过了《应急规划和社区知情权法案》（Emergency Planning and Community Right to Know Act，EPCRA），成为环境领域信息公开披露的先行者。

《应急规划和社区知情权法案》催生了有毒物质排放清单（Toxics Release Inventory，TRI）制度。TRI 以强化社区知情权为出发点，规定居民有被告知潜在危险的权利。在这个基本理念指导下，美国环境保护署（EPA）确定了有危险物质的名单（最初有 329 种，后增加至 564 种），设立排放、生产和使用这些物质的门槛和阈值，发布计算和报道这些排放量的准则。[①]任何公司，如果一年内其中的任意一种物质的使用、生产和排放数量超过了阈值的话，都必须向美国环境保护署计算和报告其排放水平。美国环境保护署会对信息进行核对并将其发布到交互数据库中，这个数据库可上网自由访问，任何人都可以在 TRI 网页上搜索到单独厂房、公司或某个地理位置的详细的物质和调查那儿的排放情况。总数据和趋势走向的数据同样可以查到。虽然 TRI 受到了一些批评，被指责在最初承认的条款上出现豁免现象、原始物质名单上有重大遗漏、数据不精确和企业不遵从的概率高，但 TRI 已经被环保和社区团体广泛地接受。

与此同时，美国环境保护署收集、整理污染物排放数据后，还联手 TRI 国家分析局（TRI National Analysis）对信息进行加工处理和分析，并根据审查结果对企业报告的污染物种类做出相应规定和政策调整。之后与联邦政府、州政府以及地方组织合作，将 TRI 数据与人口普查中的数据相连接，开发了一张污染物排放交互式地图，使得公众可以根据邮政区号、居住城市、公司名称甚至化学名称来获知污染物的排放量、污染物来源以及每个社区居民面临的健康风险等数据。[②]

美国 TRI 制度的另一个重要特征是与环保法和证券法相互链接，证监会通过与美国环境保护署进行环境信息资源的共享，定期地向股东提供上市公司的环境信息，由此提升了股市信息披露制度的可靠性。对于遭受环境污染侵害的公民来说，TRI 制度提高了环境信息的透明度和实用性，为公民进行法律诉讼提供了可以作为证据的环境污染数据，是实现公民环境权、健康权以及司法系统实行环境法治最有利的制度保障。

欧盟于 1996 年 9 月制定的《综合污染物预防和控制指令》

---

① Michael Howes. "What's Your Poison? The Australian National Pollutant Inventory versus the US Toxics Release Inventory". *Australian Journal of Political Science*, 2001, 36(3): 529-552.

② 参见美国政府环境保护网：https://www.epa.gov/toxics-release-inventory-tri-program/tri-35th-anniversary.

（Integrated Pollution Prevention and Control，IPPC）开始对大型工业设施实行综合许可制度，许可证的信息对外公开，各国网站上都可以查到该国企业排污许可证的所有信息。1998 年联合国欧洲经济委员会环境政策委员会通过并签署了《奥胡斯公约》（即《在环境问题上获得信息、公众参与决策和诉诸法律的公约》），该公约是迄今为止对环境信息公开规定得最为完善的公约，其总则提出，每个缔约方应确保各级官员和部门协助和指导公众获取环境信息、促进公众参与环境决策并将环境污染主体诉诸法律；缔约方政府部门有义务促进环境教育、提高公众生态意识，特别是帮助公众在了解、获取环境信息的基础上，建构对话渠道和环境法的实施机制。2003 年欧盟宣布废止 1990 年《关于自由获取环境信息的指令》，同时颁布新的关于公众获取环境信息的指令——2003/4/EC。这一新指令对《奥胡斯公约》的具体规定做了补充说明，明确规定任何不受制于国籍、居住地的自然人和法人均享有环境信息公开请求权。它要求公共机构向申请人公开所拥有的环境信息，并且申请人在提出申请时不需要证明理由。

与美国 TRI 相较而言，欧盟对公众开放的环境决策权更多，公众可以直接进入国家许可证的签发程序网站，审核企业是否达到申请排污许可证所设定的处污能力，并且在政府出具许可证草案的时候，根据法律的规定审核和监督政府在颁发许可证的过程中是否合理与合法，为企业排污的知情者和普通公众参与对政府审核制度中的寻租风险防范和对企业排污行为的监督提供了政策平台，实现了真正意义上的环境风险沟通。2003 年 5 月，《奥胡斯公约》缔约方在欧洲环境部长级会议上又通过了《污染物排放和转移登记议定书》（E-PRTR 议定书）。E-PRTR 是在《欧洲污染物排放登记》（EPER）的基础上发展而来，其中包含了 65 类经济生产与经营活动中 3 万个工业设施的数据，包括能源、金属制造和加工、采掘工业、化学工业、废物和废水管理、纸张和木制品制造和加工、集约化畜牧生产和水产养殖、食品和饮料行业的动物和植物产品等行业自 2007 年以来向大气、水和土壤中排放与转移的 91 种污染物，其中包括重金属、杀虫剂、温室气体和氮氧化物、硫氧化物、一氧化碳等有毒物质。[①]E-PRTR 同时对企业各种化学物质、废水的排放和异地转移及其处理设定了最高限值并规定报告具体的排放方式。欧盟委员会负责对企业上报的设施数目、

---

① 资料来源: Economic Commission for Europe Meeting of the Parties to the Protocol on Pollutant Release and Transfer Registers to the Convention on Access to Information, Public Participation in Decision-making and Access to Justice in Environmental Matters First Session Geneva, 20-22 April 2010. Pollutant & Thresholds List, https://prtr.defra.gov.uk/pollutant-list, [2022-01-19].

排放量和转移量及申请保密的数据进行和审查、评估和监督。与美国 TRI 一样，英国政府也在 E-PRTR 网站上将各地的环境质量信息、污染源信息和历史污染源信息以地图的形式呈现出来，让公众可以查到自己社区周围的环境质量现状和污染源，然后通过各种网络终端咨询社区污染物对身体健康的影响程度及防范措施。

如此细致的反馈系统避免了公众因对企业污染物排放数量和化学物特性的无知而使污染伤害蔓延，更重要的是，企业本身将更加注重防范潜在的污染隐患。试想一下，在强制性的污染物登记制度下，哪个企业胆敢将极具危险的爆炸化学品存储在市区呢？

三、联合国 PRTR 信息传播制度对环境风险的防范功能

环境信息知情权是联合国 PRTR 的基本原则和出发点，它首先要求缔约国建设环境信息传播渠道、履行和落实环境信息的传播条例，并从法制和行政管理的角度采取强制手段，保证公众对各类环境信息的接近权和知情权。如 PRTR 第三款规定：每个缔约国应该采取必要的立法、规章和恰当的强制执行措施，防止某些企业以行业隐私或机构保密制度为由拒绝公开排污数据，或者在环保审批过程中使用艰涩难懂的科学术语和未经处理的排放数据，故意阻碍公众对某类有毒物质所带来的环境影响和健康损害的理解。为此，PRTR 督促各缔约国政府主导建立的环境信息传播网络必须具有以下特征。

（一）公共环境信息网的公共属性

PRTR 规定，凡是涉及公共利益的与环境相关的数据，都必须在公共环境信息网进行登记，以体现公共信息网站的服务性和公益性。

1. 公共环境信息网的透明度和公开度

PRTR 第五款首先详细介绍了公共环境信息网的设计与结构，必须以信息的透明和公开为原则，"确保公众能够根据登记中的扩散源搜索到其污染信息"，"同时提供与公众利益相关的环境数据的链接"，让公众可以"免费查看和使用该网站里的数据"；其次，要求公共环境信息网的设置达到"操作简便，方便使用"的效果，"在平常的操作环境下，记录的信息能被公众连续而快捷地通过电子渠道查询使用"，服务中心要帮助公众理解和使用该网页。PRTR 第十一款也规定，网站中包含的信息应该"不需要更多的说明"就能让公众理解和接收，包括"环境变化的事实，如污染程度以及污染物质将引起的危害"等。PRTR 第十五款关于环保能

力培养方面，要求缔约国在提高公众的环境意识的同时，给公众"理解和使用公共环境信息网提供帮助和引导措施"。[①]

2. 为公众提供电子查询设备

除了公共环境信息网以外，PRTR 要求地方政府或各类环保机构在公共图书馆等地为公众提供电子查询设备，使没有上网条件的居民也能查到本地污染型企业及其污染物排放的信息。尤其是在网络不能到达的地方，地方政府还须将同类信息发布在印刷媒体上，向公众免费提供本地企业污染物排放及其对当地环境可能带来的影响等信息（详见 PRTR 第十一款）。PRTR 还建议各缔约国之间通过合作的方式，链接各国的 PRTR 系统，或者与其他国家的 PRTR 系统实行合并，"以提升本国信息传播系统对国际环境信息收集、处理和传播的能力，为公众提供了解环境问题和环境信息的国际视野"，如此方能"确保当代人甚至是下一代人都生活在健康有利的环境中"[②]。

3. 公共环境信息网环境数据的整体性

"联合国欧洲经济委员会的成员、欧洲共同体和北美自由贸易区的成员应用 PRTR 收集了多种渠道的数据，这些数据具有普遍使用的价值"。因此，联合国 PRTR 公约建议，可以发展一个具有"国际兼容性的 PRTR系统，扩大数据共享的范围"，还可拓宽数据来源和传播渠道，增加数据实用价值。如 PRTR 第四款规定登记内容中的核心构成要素，包括污染型企业污染源的设备、污染物的转移地。PRTR 第五款也规定，公共环境信息网不仅要包含前十年所有企业的排放数据，还应考虑未来持续发展的可能性，保证在常规的网络操作程序下，可以查询到按照各类企业生产程序将要产生的污染物排放及其处理过程中"完整而连贯的数据"，各类污染物排放数据必须在污染排放后一个月内公布。可以说，联合国 PRTR 发挥了污染"拦截"功能，其数据公布的整体性要求实际上构筑了一道"堤坝"，任何想要保持可持续性发展的企业都会将本企业的排污数据限定在法律允许的范围之内，以保护企业的"绿色形象"。

（二）联合国 PRTR 制度中保障公众环境监督权的法律功能

法律是规范企业行为的强制性手段，对于污染型企业来说，法律能

① 第三小节关于联合国 PRTR 信息传播制度分析的原材料来自：*Protocol on Pollutant Release and Transfer Registers*. New York : United Nations Publications, 2005.

② *Protocol on Pollutant Release and Transfer Registers*. New York: United Nations Publications, 2005.

够有效地规范其生产、加工、排放行为，但对其污染废弃物的处理，还需要公民运用法律手段进行全程的监督。PRTR 为实现公民的环境参与权和监督权设置了法律保护的具体措施，此类条款大致可分为两类。

1. 设定环境监督的法律范畴，界定企业排放标准和违法行为

PRTR 根据环境承受的极限，对能源部门、金属制造和加工、矿业、化学工业、废物和废水管理、纸张和木材生产加工、集约化畜牧业和水产养殖、食品和饮料部门的动植物产品等行业的排放量进行了具体的规定，每个行业都细分到具体的装置。例如能源部门、金属制造和加工、矿业部门的排放量（表 6-2）。PRTR 对会对空气、水和土地产生较大污染影响的 86 种污染物质的排放量亦做了明确的限制（表 6-3）。

表 6-2　能源部门、金属制造和加工及矿业部门排放量表[①]

所属条款	工业生产范畴	容量阈值	员工阈值
1.	能源部门		
（a）	矿物油和天然气精炼厂		
（b）	气化装置、液化装置		
（c）	火力发电站和燃烧装置	热量输入50兆瓦（MW）	10个员工
（d）	炼焦炉		
（e）	煤碾压厂	每小时1吨容量	
（f）	煤炭产品和固体无烟燃料制造业的装置		
2.	金属制造和加工		
（a）	金属矿（包括硫化矿）烤制或研磨装置		
（b）	生铁或钢（首度或二度融化）的生产装置，包括连铸机	每小时2.5吨容量	
（c）	黑色金属加工装置：（i）热轧厂；（ii）锻工用锤；（iii）保护金属球涂层技术	每小时20吨钢坯容量：每锤5万升能量，热值超过20兆瓦（MW）每小时2吨钢坯投入	10个员工
（d）	黑色金属铸工厂	每天20吨生产容量	
（e）	装置：（i）通过冶金、化学或电解方法，从矿物中生产、浓缩提炼有色粗金属或次要原料；（ii）精炼，包括掺杂有色金属，包括回收产品（精炼、铸造厂等）	铅和镉每天4吨，其他金属每天20吨熔化容量	
（f）	用作电解或化学加工的金属和塑料材料表面处理剂装置	处理剂一桶的体积为30立方米	

---

① *Protocol on Pollutant Release and Transfer Registers*. New York: United Nations Publications, 2005. p. 16.

续表

所属条款	工业生产范畴	容量阈值	员工阈值
3.	矿业		
（a）	地下采矿和相关操作		
（b）	露天采矿	被采矿的区域表层为25公顷	
（c）	生产装置：（i）回转窑用水泥熟料；	每天500吨生产容量	
	（ii）回转窑用石灰；	每天50吨超限生产容量	
	（iii）其他熔炉用水泥熟料或石灰	每天50吨生产容量	
（d）	石棉和以石棉为基础的产品制造业的生产装置		10个员工
（e）	玻璃，包括玻璃纤维制造业装置	每天20吨熔化容量	
（f）	熔化矿物，包括矿物纤维生产的装置	每天20吨熔化容量	
（g）	烧制屋瓦、砖、耐火砖、瓦、瓷或器的陶制品制造业的装置	每天75吨生产容量或4立方米窑容量和每立方米300kg密度	

表 6-3　PRTR 对 86 种污染物质的排放量的限制[①]

序号	CAS号	污染物	排放阈值（栏目1）			转移污染物阈值（栏目2）kg/年	制造、加工和使用阈值（栏目3）kg/年
			向大气（栏目1a）kg/年	向水（栏目1b）kg/年	向大地（栏目1c）kg/年		
17	7440-38-2	砷及其化合物	20	5	5	50	50
18	7440-43-9	镉及其化合物	10	5	5	5	5
19	7440-47-3	铬及其化合物	100	50	50	200	10 000
20	7440-50-8	铜及其化合物	100	50	50	500	10 000
21	7439-97-6	汞及其化合物	10	1	1	5	5
22	7440-02-0	镍及其化合物	50	20	20	500	10 000
23	7439-92-1	铅及其化合物	200	20	20	50	50
24	7440-66-6	锌及其化合物	200	100	100	1 000	10 000
25	15972-60-8	甲草胺	—	1	1	5	10 000
26	309-00-2	艾氏剂	1	1	1	1	1
27	1912-24-9	莠去津	—	1	1	5	10 000

注：表 6-3 仅截取原表中第 17-27 这 11 种较普遍的污染物质。

此外，PRTR 还对如何处理污染废弃物及其回收做出了规定，如处理

---

① *Protocol on Pollutant Release and Transfer Registers*. NewYork : United Nations Publications, 2005. p.21.

不可回收废物的方式有地面或地下存放式（如填埋等）；土地处理（如废液或淤泥状废物在土壤中的生物降解等）；深层灌注（如将可泵送废物注入井、盐岩或天然形成的贮存点等）；专门设计的填埋（如置入有保护层的独立坑穴、井上加覆盖、相互分离并与环境隔绝等）；路上焚烧；海上焚烧等十五项。回收废弃物的方式是将其作为燃料或以其他发酵方式产生热能；溶剂的回收/再生；金属和金属混合物的再循环/再利用；酸或碱的再生；交换废物以便进行所列的任何作业处理等十二项。因此，企业对污染物转移的方法自然也在强制登记之列，违反污染物处理规定的企业同样也在公众监控和法律惩治之列。

2. 为公众参与环境监督提供合法性途径和法律保护

PRTR 要求缔约国在法律框架内保证公众对本国 PRTR 制度的决策权和话语权，首先是将 PRTR 信息渠道的建设资金纳入公共预算，为公众免费接收 PRTR 的相关提案创造条件。如让公众可以通过无线电视网络、电话、移动设备、电子邮件等转发、评论、分析或选择与公众生存环境相关的政府决策；其次是在政府对环境决策做出重大修订时，需将相关的信息以及该决策将产生的环境影响及时通知公众（详见第十三款）；再次，当环境危机事故发生时，企业、制造业或实验室员工或居民通过国家法律规定公开报道或揭露其环境污染问题时，缔约国政府需要为揭露违法排污行为的公众提供法律上的保护，使其免遭污染型公司和所属或其他机构的处罚、打击迫害和骚扰（详见第三款总则）。司法部门保证公民揭露的环境信息的机密性，同时为信息提供者本人给予机密保护。PRTR 甚至要求缔约国政府建立专门的机构来处理和接受公众的来信、来访，以防公开披露信息的公众其个人信息和涉及自然人的机密性信息被泄露（详见第十二款）；最后，公众可以作为环境污染的受害者直接向法院提起诉讼，享受公平审判的权利。在法律框架内，每个公众有权提出环境诉求，法院应按规定的程序给予立案，在法律和其他被法律认可的公正机构审判之前，不得被草率地受理或拒绝（第十四款）。①公众的环保诉求及时得到法律的反馈和处理，不仅使环境法免于成为一纸空文，更重要的是降低了环境群体性事件的形成概率，是维护社会稳定发展的前提。

---

① 以上各条款详见: *Protocol on Pollutant Release and Transfer Registers*. New York: United Nations Publications, 2005.

（三）完善政府环境信息管理制度

国家机关实行环境政务公开和环境信息公开制是公民参与环境决策的前提条件，也是环境民主管理的一个重要特征。PRTR 为缔约国政府设定了完善的环境信息报告制度，构成一整套企业环境信息的管理机制。

1. 企业污染信息报告制度

首先，PRTR 对各缔约国企业提出，每个产业的设备拥有者或操作者向政府登记，使其处于法律监控的范围之内。登记的内容包括行业名称、街道名、地理位置、生产活动、设备制造活动、拥有者和操作者的名字、公司名称、污染物鉴定者的姓名和人数等，在报告当年设备生产和排放的数据时，需同时有总计数据和大气、水、大地（包括地下灌注）分别的排放数据等。其次是要求以上人员承诺遵守将其制造和处理的污染物限定在规定的各类容量阈值和员工阈值之内，超出阈值的污染物和废弃物的详细清单必须提交政府管理部门。各缔约国必须确保某个主管部门登记或者任命一个或多个公共部门登记污染扩散源的污染物排放信息（详见第七款）；每个缔约国须确保让公众每年都能够接收到企业污染物清单的年度报告；非区域经济一体化组织中的缔约国也应保证至少每 15 个月向公众进行一次环境污染清单报告（详见第八款）。

2. 缔约国环境主管部门信息管理责任制

负责数据的收集、保存，对数据质量进行评估并公布污染现状和治理结果。每个缔约国根据第七款的规定督促污染型企业提交数据，对数据的真实性和完整度进行评估（详见第九、十款）。PRTR 第八款还对于涉及机密性的信息和不能对外公布或者公开披露将造成不良影响的数据做出了界定。例如涉及国际关系、国防或公共安全、司法公正、商业和产业配方的机密性以及为了确保合法的经济利益等数据都将受到法律的保护；未经当事人同意向公众披露受国家法律保护的个人信息都将受到法律的制裁。以上机密性数据的界定，明确地指定了公众可以知情的环境信息范围，更规范了缔约国环境主管部门对保密信息的界定方式（详见第十二款）。如上所述，联合国 PRTR 通过信息传播、法律保障和信息管理这三个相互联系的子系统，保证了政府、企业与公众之间环境风险沟通渠道的畅通，为公众参与环境保护和环境决策设置了具有可操作性的信息传播方略，呈现了防范环境污染事件大面积爆发的有效性。

第三节　污染物排放清单制定与实施的个案研究
——以澳大利亚污染物排放清单为例

澳大利亚政府设计的《国家污染物排放清单》（National Pollutant Inventory，NPI）不是为限制经济发展，而是动员社区组织通过环境传播，让污染型企业认识到高耗能经济不仅效率低下，而且因损害自然环境容易招致法律的惩治，从而转向使用清洁能源，刺激国家宏观经济的发展。NPI 刚出台时也遭到产业界的抵制，但随着 NPI 对污染物种类做出越来越精准的限制，澳大利亚通过社区组织对这些污染物的危害性及其引致的环境风险进行广泛的传播，营造了推广、落实 NPI 的公共舆论，带动公民对 NPI 信息的阅读兴趣和接触，最后成为上至决策层、下至企业和管理机构共同认同的环保政策。

一、澳大利亚 NPI 建构的环境公共治理框架

政府实施 NPI 政策的环境民主前提是：提高政府应对市场失灵的纠正能力、提供应对环境污染所需要环境知识、满足公民环境知情权、提升公众环境监控能力及其对污染型企业施压的有效性。澳大利亚 NPI 属于联合国 PRTR 的联合项目，后者并没有考虑到各国经济发展特色。因而，NPI 实施的初期因为迫使基层政府和产业界公布其自身长期以来累积的技术"专业知识"而使其感到难堪。当政府组织社会力量"策略性"地（运用市场调查）收集和发布以上数据，并通过广告宣传的方式树立政府正面的环境管理形象时，却揭露了某些行业中掩盖危险排放物的行为，引起企业的抵制。正是因为如此，政府展开了对 NPI 信息公开机制的价值传播，从三个方面系统地构建了 NPI 的环境民主功能。

1. NPI 标志着澳大利亚开始了与国际接轨的环境公共治理战略

1992 年联合国环境与发展大会（亦称"地球峰会"）上，通过了一项可持续发展的决议，即《21 世纪议程》。议程的第 19 款要求参与国建立国家级化学物质排放清单。①

在地球峰会召开之前，澳大利亚联邦政府已组织了 9 个由专家学者组成的生态咨询科学队，帮助发展中国家制定环境可持续发展政策，在涉

---

① 《有毒化学品的无害环境管理包括防止在国际上非法贩运有毒的危险产品》，https://www.un.org/chinese/events/wssd/chap19.htm，[2021-07-12].

及制造业的可持续发展报告中规定了化学工业界应该遵循的生态伦理和环境保护责任，如规定将各类化工厂的审核、排放监测和环境数据库纳入国家数据管理体制[1]，此报告亦涉及澳大利亚对外"经济援助"企业的排污数据管理，于是，时任澳大利亚总理罗伯特·J. L. 霍克（Robert J. L. Hawke）在 1990 年组织召开特派会议，提出对联邦、州、属地和地方政府之间"分派"的污染排放限制进行详细的谈判。经过两年的协商谈判，各地方政府最终在 1992 年签署了政府间环境协议（Inter-Government Act of Environment，IGAE）。这个协议就是地方政府制定的在其行政管辖范围内污染物排放清单的"雏形"。

首先，规定各级政府"收集、储存和整合环境数据"的具体责任。

其次，建立一套环境管理的行政程序，即国家承担的环境保护措施，并授权成立首相专题会议（Special Premiers' Conference），这个机构随后被命名为国家环境保护委员会（National Environmental Protection Committee，NEPC，以下简称"国家环委会"）。

最后，时任总理保罗·基廷（Paul Keating）宣布使用 590 万美元联邦资金成立 NPI。[2]然而，NPI 经过了 8 年艰难的谈判和协商到 2000 年 1 月才正式投入实施。大批来自法律、科技和经济部门的专家参与了政府主持的协商会议，对污染物排放政策的具体物资和精确数据进行了旷日持久的磋商和审议，体现了澳大利亚联邦政治体制下实施国家环保项目的艰难性和各族群利益集体的差异性。

2. 以"社区知情权"为 NPI 环境信息公开原则，动员公众参与决策制定过程

国家环委会采取的第一个步骤是，在 1994 年在主要州的首府举行研讨会，并向全国公众发表一份环境保护"公告书"，宣布将建立一个产业界污染物年度排放数据的登记、收集电子数据库。[3]为了便于公众操作和随时查阅，欢迎公众提出建议和进行监督，国家环委会的第二个步骤是，聘请安永会计师事务所（Ernst & Young）收集和分析公众对"公告书"提出的意见和回复内容。该机构通过电子邮箱发出 4000 份"公告书"，收

① ESDWG [Ecologically Sustainable Development Working Group]: *Final Report—Manufacturin*. Canberra: Australian Government Publishing Service, 1991.

② Keating, P. *Australia's Environment: A Natural Asset—Prime Minister's Statement on the Environment*. Canberra: Australian Government Publishing Service, 1992.

③ CEPA [Commonwealth Environment Protection Agency]: *National Pollutant Inventory: Public Discussion Paper*. Canberra: Australian Government Publishing Service, 1994.

到了 107 份意见书（仅占约 2.7%），同时整理了参加各大州首府研讨会的 500 个人的意见书。以上参与者"均匀地"代表了不同阶层和族群的利益相关者：33%的参与者来自产业界，27%来自绿色环保组织和社区团体，19%来自三个等级的政府部门，其余的参与者为社会个体。①所有绿色组织和社区团体都对 NPI 清单的构想进行协商和讨论，表达了 NPI 的清单能够覆盖更综合、更广泛面积污染物的愿望；产业界则采取谨慎的态度，表达了对排污税费及其执行费用、企业机密和法律责任的担忧；地方政府机关却更为担心 NPI 被用来提升国家环委会的权力。

3. 聘请明特·艾莉森生态咨询公司审核和参与 NPI 的法律制定程序

明特·艾莉森生态咨询公司根据公众和以上利益相关者的意见书，列出了六项法律实施程序，以下为主要的三项实施程序。

首先，根据国家环委会与国际政府间环境合作协议的原则建立由州政府管理的环境治理合作单位和合作项目，如州政府对于联邦政府筹备的国家数据库收集的合作与强制实施问题，都被列入了详尽的报告之中。受各个州经济发展格局的影响，咨询公司的最终报告中建议 NPI 清单缩小起初的排污限定范围和数量，形成认同和共识后再进行扩充。

其次，澳大利亚宪法没有对联邦政府的环境保护权做出清晰的界定，该公司还对联邦政府在对外环境事务、合作、贸易和经济方面的使用权和实施统计调查的权力进行了界定。②

最后，实行环境决策的民主"集中制"。英联邦环保署（Commonwealth Environmental Protection Agency）组建调查组通过主要媒介渠道发布问卷调查和收集公众意见。调查组由 4 个生态咨询团队组成：非政府组织、政府间负责协商和审判的组织、政策制定和管理团队及生态技术咨询会。调查组对收回的问卷和公众反映的意见做了技术统计。最后收回了 118 份有效问卷，英联邦环保署根据其中 32 份较为深刻的公众意见书，修正了国家环境保护草案。此后又在全国主要城市和市区中心举办了 43 场公众咨询见面会。③与国家环委会早期举办的咨询活动主要由产业界与环保组织

---

① Ernst & Young. *Analysis of Public Comment on the National Pollutant Inventory Public Discussion Paper of February 1994*. Canberra: Commonwealth Environment Protection Agency, 1995.

② Minter Ellison. *Development of Legislative Modelling for the National Pollutant Inventory and Associated Community Right-to-Know in Australia*. Canberra: Commonwealth Environment Protection Agency, 1995.

③ Minter Ellison. *Development of Legislative Modelling for the National Pollutant Inventory and Associated Community Right-to-Know in Australia*. Canberra: Commonwealth Environment Protection Agency, 1995.

主控调查的污染物排放意见书不同，英联邦环保署的意见书主要来自绿色和平组织、其他国家环境保护委员会、国家有毒物质发布网络和几个以州为单位的环境保护办公室等，其中也有部分来自产业界的意见书。

二、澳大利亚 NPI 环境信息管理模式及其治理效应

1996 年，即将就任的霍华德政府对英联邦环保署和国家环境保护委员会进行重大调整，国家环委会被降为澳大利亚环境与遗产部门下的一个新的行政机构。NPI 的任务被正式移交给国家环委会，它重新起草《国家环境保护进程》，重复了之前生态咨询公司已经完成了的许多工作。但是，与明特·艾莉森生态咨询公司提出的合作模式一致，国家环委会迎合了新政府理念，也主张由各个州担负污染物排放的数据登记和制约责任。1998 年 2 月 27 日，联邦、州和地区签署了实施 NPI 的备忘协议。被列入含有 36 种化学物质名单的生产厂家被要求登记它们将在 1998 年 7 月 1 日到 1999 年 6 月 30 日期间的排放数据，并在 1999 年 9 月 30 日前向州环境保护机构提交报告。澳大利亚国家环境保护部再将全国污染物排放信息发布到国家级的数据库中。

1. 昆士兰州环境保护机构采集和公布环境污染物排放数据的试点

首先，国家环境保护部在各州建立空气检测站，收集并报告空气污染物含量和指数。各州检测的结论是，26 种空气污染物的综合数据来自 4 个地区：维多利亚州的丹德农、南澳大利亚州的皮里港、塔斯马尼亚州的朗塞斯顿、新南威尔士州的纽卡斯尔。维多利亚州环境保护机构的环境检测网站发布了相关厂家的排放数据。其次，昆士兰州环境保护机构在州的东南部开了另一个检测试点，试点涵盖了 114 个州立环境检测站的污染物排放数据。最后的污染物排放报告中列入了 51 种被排放到大气、水源和土壤中的污染物质。该报告还对机动车、飞行器、火车、船、小企业和居民生活区排放的污染物数量进行了整体的估算，突出并解决了 NPI 一直无法解决的排放估算机制问题。报告对产业界的可信度及产业界的规范问题、排污税费执行问题以及地区环境污染警醒度的缺乏等问题的解读，引起了众多公众的关注和阅读，有 50.6% 的参与者认为以上数据易懂，22.8% 的人则认为有困难浏览以上数据[①]，当然，报告也引起了排污型企业的关注。

---

① Michael Howes, "What's Your Poison? The Australian National Pollutant Inventory Versus the US Toxics Release Inventory", *Australian Journal of Political Science*, 2001, 36(3): 529-552.

2. 污染物排放信息公布对污染型企业产生的影响

在国家环境保护部公布污染物排放数据的第一年，昆士兰州环境保护机构每个空气检测站点的"税务执行费"（即欲收取的排污费）平均在2250美元。但很明显的是，"税务执行费"在随后的年份递降至2000美元。[①]被收取的排污费幅度会随产业生产的产品种类和数量发生戏剧性的变化，最昂贵的排污预算来自英国炼油厂，达57 000美元，最便宜的是玻璃包装设备厂。[②]在各类环保组织关于NPI污染物排放清单是缩小数量还是扩大范围的争论中，生态技术咨询组试图说服人们向美国TRI公布的647种污染物数量靠近，但一直无法取得成功。[③]1999年1月生态技术咨询组公布了对澳大利亚污染物排放调查的最终报告，该报告发布了污染物排放城市的环境影响和泄露风险。

科学人员根据人体受污染物的伤害程度将污染物分为几个等级，在此基础上建议国家环境保护部将之前列出的36种污染物扩充到90种[④]，以此形成了一个比较统一的共识。这类被限制排放的污染物包括了议会运行下的排水工程[⑤]，覆盖了80个产业界的工业部门。但是，每个生产部门都需要制定一个具体的排放手册，对其详细的排放污染物进行技术估算和规范，排放手册的制作比预想中复杂得多，结果是第一年只发布了23个生产部门的排放数据。[⑥]由此可见，制作产业界污染物排放清单的关键是研发合适的估算技术，所以，澳大利亚到2000年9月才正式发布所有生产部门污染物排放登记清单。

虽然有些企业组织对NPI持敌视态度，但也有一部分企业表示乐意与各类调查小组或科技咨询团队合作，对招致企业数额巨大排污费的污染

① NEPC [National Environment Protection Council]. *Impact Statement: Draft National Environment Protection Measure for the National Pollutant Inventory*. Adelaide: NEPC, 1997.pp. 24, 32.

② QEPA [Queensland Environmental Protection Agency]. *Coming Clean in South East Queensland—A Trial of the National Pollutant Inventory*. Brisbane: Queensland Department of Environment and Heritage, 1999, p. 47.

③ CEPA [Commonwealth Environment Protection Agency]. *National Pollutant Inventory: Public Discussion Paper*. Canberra:Australian Government Publishing Service, 1994. p. 20.

④ Michael Howes. "What's Your Poison? The Australian National Pollutant Inventory versus the US Toxics Release Inventory", *Australian Journal of Political Science,* 2001, 36（3）: 529-552.

⑤ QEPA[Queensland Environmental Protection Agency]. *Coming Clean in South East Queensland—A Trial of the National Pollutant Inventory*. Brisbane: Queensland Department of Environment and Heritage, 1999, p. 20.

⑥ Michael Howes."What's Your Poison? The Australian National Pollutant Inventory versus the US Toxics Release Inventory", *Australian Journal of Political Science,* 2001, 36（3）: 529-552.

物的处理方法和相关技术升级方面的治理工作进行咨询，并开展相互间的合作。联邦政府和州政府在 1995 年关于澳大利亚企业环保社会责任的研讨会上，对如何平衡 NPI 带来的环境福祉与其对产业界带来的"税务执行费用"进行了协商，对正在实行减少污染物排放科学研究和设备更新的企业减免罚金，因此，第一年 NPI 的运作过程中没有罚金，而随后的年份中只包含小部分的违规排污费，没达到排污限制标准的小型企业甚至不需要提交排污登记报告。到最后，整个澳大利亚大约只有 3800（占总数的 12%）个检测点的排污量仍在需要提交登记报告的范围内。①

三、澳大利亚 NPI 对环境污染"危险的末端治理问题"的治理

末端治理（end-of-pipe treatment）是"先污染后治理"的一个治理模式，它是指在工业生产末端，增建构筑物和采取相应的措施，对排放物进行处理，使之达到排放要求。通过对工业废料的无害化处理，减轻环境污染，降低环境自净压力，从而实现人与环境和谐相处。②末端治理往往不是彻底治理，而是污染物的转移，如烟气脱硫、除尘形成大量废渣，废水集中处理产生大量污泥等，所以不能根除污染。同时末端治理未涉及资源的有效利用，不能制止自然资源的浪费，因而属于"危险的"末端治理。在 NPI 政策的激励下，澳大利亚一部分企业进行技术升级和产业转型，遵守排污清单规定，给企业带来社会效益，如建立良好的环保形象、吸引环境伦理投资基金的注入等。许多跨国公司就是利用在海外做了类似的技术更新减少了排污而给企业带来了新的生机。例如，各车辆制造厂遵循澳大利亚 NPI 的排放标准，制作了新的车辆设计软件和排放过滤系统，为企业在澳大利亚本部的发展带来了额外的利润空间。

但是，仍有一部分企业排污行为处于"危险的末端治理"状态，例如，有些生产部门利用加工某些废弃材料减少废弃物或节约原料费用，提高了生产效率，用此项节省的成本来抵消排污费。澳大利亚联邦政府的生态效率和清洁能源生产数据库显示了类似的结果，一些特殊材料公司需要花费大量的排污费，这笔费用却在降低废弃物项目中被节省下来，起到了相互抵消的作用。这样一来，这类企业仍然停留在过去的排污水平之上。为了消减这类"末端治理"的缺陷，澳大利亚采取了以下措施。

---

① CEPA [Commonwealth Environment Protection Agency]. *National Pollutant Inventory: Public Discussion Paper*. Canberra: Australian Government Publishing Service, 1994, p. 26.
② 钱悦：《清洁生产和末端治理的发展》，《科技风》，2017 年第 11 期，第 149 页。

1. 使用 NPI 信息进行法律诉讼以解决存在的问题

在超量排污区域中遭受健康损害或财产损失的居民使用 NPI 数据来起诉污染者时，管理部门对于污染源数据的来源及其对自然环境的实质性损害程度的法律认定还存在着质疑。为此，NPI 增加了各类污染物造成身体危害的类别。在美国，污染物排放数据登记表已经被环保组织用于环境赔偿诉讼之中，但澳大利亚还没有形成如此强大的法律文化，环保组织法律团体也更倾向于使用政治论坛而不是依靠司法部门。因为澳大利亚 NPI 的数据是由不太精确的估算技术产生的，也不能追踪毒物废料在各州边界之间的流动，它意味着 NPI 的排污数据很容易受到被告的质疑，被法官认为不可信而遭到推翻。另外，NPI 排污数据覆盖的广度和有效性也常遭到质疑，国家环委会承认 NPI 已经提供了大量排污数据，但根据产业特征制定的污染物登记制度中仍有不少"漏网之鱼"。长期以来的污染物排放所积累的污染物对空气、水源和土壤产生的有毒侵害无法估量。澳大利亚国家有毒物质发布网络对 NPI 关于污染物排放数据的公布时间跨度和公布范围表示不满，认为英联邦环保署的信息公布进程存在着偏见，有许多工厂和生产部门相当数量的污染物质没有被列入排放清单。公众则批评道，NPI 缺少强制执行措施、罚金数额太少、对不服从者缺乏严格的罚金制度，影响了企业参与排放限制和排放登记的主动性和自律性。[1]

2. NPI 强制执行机制的话语冲突

NPI 负责人甘宁汉（Gunningham）认为，首先，环境资源的分配不均导致了污染物排放数量登记的限制，而正是因为资源分配不均和污染物排放类别限制不平等造成了强制执行的困难。[2]其次，非政府组织也因为缺乏专业技术和法律地位而没有对排放清单限制外的排污企业进行调查的合法性。这说明，企业和生产部门在受到环保组织或者社区团体挑战时，司法部门也缺少法律条款和强制执行权。从长远发展的视角来看，只要排污费的执行合理，就能改变产业界对排污清单的敌视态度，提升企业进行排污登记的自律性，而政府与社会组织关于 NPI 排污限制清单内容的协商和讨论则必不可少，由于 NPI 是国家环境保护部实施的第一个排放数据登

---

① Michael Howes. "What's Your Poison? The Australian National Pollutant Inventory Versus the US Toxics Release Inventory", *Australian Journal of Political Science*, 2001, 36(3): 529-552.

② Neil. Gunningham. "Empowering the Public: Information Strategies and Environment Protection". In Environmental Crime. *Hobart: Australian Institute of Criminology Conference Proceedings*, 1-3September, 1995. p. 238.

记项目，它的成效将对国家间环境机构的沟通和运转产生重要作用。

至于排放数据和化学品的数量审核技术和排放估算技术在实践的调整下慢慢成熟，如今，更多的行业专家参与到对以上项目的深入研究之中，使 NPI 的数据随时间变化而更为精准，使基层政府环保机构和生产部门的排污报告更具专业性。但在全球共同面对气候变化挑战的年代，排污清单的数据至少给了产业界一个提醒，使其生产排污保持在一个相对安全的水平之上。但是，让环保组织者们感到惊奇的是，他们组织的环境信息交流会参与者寥寥，发出去的意见稿回收率相当低。这个现象说明澳大利亚绿色环保组织受社会资源所限，人们对环保组织的政策影响力和政策解释力及其财政状况仍然持怀疑态度。

同样，NPI 在实践操作上还处在不断成熟的过程中，早期的主要问题是其政治承诺与其可资运用的资源库的充裕度相关。截止到 2000 年，NPI 每年从联邦政府得到的资金为 510 万美元，然而 2000 年的联邦预算资金被减到 220 万美元，而且联邦政府考虑到州政府排污清单项目的不确定性，2001 年 6 月之后停止对 NPI 的资金补贴。[①]昆士兰州前任环保局局长罗德·韦尔福德（Rod Welford）提出，既然 NPI 是一个国家项目，其资金就应该出自国家，联邦政府解释说，既然项目是共同管理，其资金就应该共同承担。实际上，维持 NPI 污染物排放清单制度运转所需资金与联邦政府和州政府整个环境保护项目的花费相比只是九牛一毛。看来联邦政府对 NPI 热情的缺乏使 NPI 处于一个危险的位置。

相反，澳大利亚绿党在 2001 年 2 月的西澳大利亚州选举中获得了较高的支持率，并在同月的昆士兰州选举中保持领先地位。联邦政府对 NPI 资金的撤回决定增加了排污清单项目的不确定性，而绿党却在不断提醒 NPI 至关重要的作用，使资金问题成为话题设置而进入公众视野。于是，联邦政府立马采取逆转的措施保持公众的支持率，使 NPI 的资金焦虑问题有所缓解。

四、环境信息公开制度优劣借鉴

2007 年 4 月，我国公布的《环境信息公开办法（试行）》[②]（以下简称《环境信息公开办法》）标志着我国环境信息公开制度的建立。2014 年

---

① Sue Streets, Astrid Di Carlo.1999. "Australia's First National Environmental Protection Measures: Are We Advancing, Retreating or Simply Marking Time?". *Environmental and Planning Law Journal*, 1999, 16(1): 25-52.
② 注：自 2019 年 8 月 22 日起废止。

12 月，环境保护部亦通过《企业事业单位环境信息公开办法》^①，对企业事业单位环境信息公开进行进一步明确和细化。综合对比来看，我国的环境信息公开机制在公开主体的规定、公开方式及渠道、惩罚措施、救济制度等方面与国际先进的环境信息公开制度还存在着一定的差距，相关制度需要进一步的完善。

1. 环境信息公开主体不够清晰，限制环境信息的流通渠道

我国《环境信息公开办法》第三条规定："国家环境保护总局负责推进、指导、协调、监督全国的环境信息公开工作。县级以上地方人民政府环保部门负责组织、协调、监督本行政区域内的环境信息公开工作。"^②2015年 1 月 1 日开始施行的《中华人民共和国环境保护法》第五十四条规定："国务院环境保护主管部门统一发布国家环境质量、重点污染源监测信息及其他重大环境信息。省级以上人民政府环境保护主管部门定期发布环境状况公报。县级以上人民政府环境保护主管部门和其他负有环境保护监督管理职责的部门，应当依法公开环境质量、环境监测、突发环境事件以及环境行政许可、行政处罚、排污费的征收和使用情况等信息。县级以上地方人民政府环境保护主管部门和其他负有环境保护监督管理职责的部门，应当将企业事业单位和其他生产经营者的环境违法信息记入社会诚信档案，及时向社会公布违法者名单。"^③

以上两项规定都将环境信息公开主体的界定局限于"环境保护主管部门"，这在一定程度上限制了公众获取环境信息的渠道。^④与之相比，欧洲经济委员会通过的《奥胡斯公约》中对环境信息的公开主体"公共部门"的概念作出了较为细致的规定，它包括：国家一级、地区一级和其他级别的政府；也包括执行环境信息公开行政职能的自然人或法人，即在以

---

① 注：自 2022 年 2 月 8 日起废止。
② 《国家环境保护总局令　第 35 号》，http://www.gov.cn/flfg/2007-04/20/content_589673.htm，（2007-04-20）[2021-09-25].
③ 《中华人民共和国环境保护法（主席令第九号）》，http://www.gov.cn/zhengce/2014-04/25/content_2666434.htm，（2014-04-25）[2021-07-14].
④ 注：2022 年 2 月 8 日，我国开始施行的《企业环境信息依法披露管理办法》明确指出了环境污染信息的披露责任主体为：重点排污单位；实施强制性清洁生产审核的企业；符合本办法第八条规定的上市公司及合并报表范围内的各级子公司（以下简称上市公司）；符合本办法第八条规定的发行企业债券、公司债券、非金融企业债务融资工具的企业（以下简称发债企业）；法律法规规定的其他应当披露环境信息的企业。详见：《企业环境信息依法披露管理办法》，https://www.mee.gov.cn/xxgk2018/xxgk/xxgk02/202112/t20211221_964837.html，（2021-12-21）[2022-05-26].

上两项范围内的机构或个人对环境信息公开负有公共责任或提供公共服务的任何其他自然人或法人。[①]"公共部门"在此是指国家、地区或地方层次上，具有公共行政职能，并持有有关环境信息的任何机构，它几乎涵盖了所有拥有公共环境信息的部门或个人，包括缔约国的公共权力层和欧盟的法律实体。显然，在《欧盟关于公众获取环境信息的指令》[②]规定下，立法机关以及司法机关都被纳入了公开环境信息的主体范围。

2. 对企业公开环境信息的规定没有强制性，难以确保公众的环境监督权

《环境信息公开办法》中对必须公开其环境信息的规定是"两超"企业，即污染物排放超过国家或者地方排放标准，或者污染物排放总量超过地方人民政府核定的排放总量控制指标的污染严重的企业，对其他企业则鼓励自愿公开信息。

《企业事业单位环境信息公开办法》中对"重点排污单位"进行了较为明确的界定，但对企业事业单位应公开的污染物的种类规定不明确。《中华人民共和国环境保护法》第五十五条规定，"重点排污单位应当如实向社会公开其主要污染物的名称、排放方式、排放浓度和总量、超标排放情况，以及防治污染设施的建设和运行情况，接受社会监督"。[③]这一条文以粗略的方式规定了"重点排污单位"需要公开的信息内容，2009年，环境保护部印发了《2009年国家重点监控企业名单》，发布了《废水国家重点监控企业名单》[④]。到2013年7月，环境保护部在《关于加强污染源环境监管信息公开工作的通知》中附加了《污染源环境监管信息公开目录（第一批）》，将企业主要污染物包括危险废物规范化管理督查考核不达标的企业名单和违法违规行为都列为必须公开的环境信息。[⑤]2017年，又印发了《重点排污单位名录管理规定（试行）》，规定对重点排污单位名录实行分类管理，按照受污染的环境要素分为水环

① 王彬辉、董伟、郑玉梅：《欧盟与我国政府环境信息公开制度之比较》，《法学杂志》，2010年第7期，第43-46页。

② 李爱年、刘爱良：《后〈奥胡斯公约〉中环境信息公开制度及对我国的启示》，《湖南师范大学社会科学学报》，2010年第2期，第54-58页。

③《中华人民共和国环境保护法（主席令第九号）》，http://www.gov.cn/zhengce/2014-04/25/content_2666434.htm，（2014-04-25）[2021-07-14]。

④《关于印发〈2009年国家重点监控企业名单〉的通知》，https://www.mee.gov.cn/gkml/hbb/bgt/200910/t20091022_174791.htm，（2009-03-23）[2022-08-26]。

⑤《关于加强污染源环境监管信息公开工作的通知》，https://www.mee.gov.cn/gkml/hbb/bwj/201307/t20130717_255667.htm，（2013-07-12）[2022-08-26]。

境、大气环境、土壤环境污染、声环境等排污种类，以此来筛选重点监管单位。值得一提的是，该规定强调将"产生含有汞、镉、砷、铬、铅、氰化物、黄磷等可溶性剧毒废渣的企业""土壤污染重点监管行业包括：有色金属矿采选、有色金属冶炼、石油开采、石油加工、化工、焦化、电镀、制革"等列入重点排污单位名录。①使在此前暂未被列入重点排污单位名录的某些企业，不再处于"被赦免的地带"，弥补了我国排污监管的漏洞。

欧盟的 PRTR 制度详细规定了企业和生产单位必须向环境管理部门报告本单位排出的化学物质种类和随固体废弃物转移的有毒物质的数量和统计列表，并且定期向社会公开发布；公众也有权申请获取企业使用任何化学品或污染排放的信息，对其实际排放量或环境危害行为进行监督。例如，PRTR 制度规定，企业一是要公开在报告年度内为回收或者为废弃而转移排放的污染物数量，同时报告接受该转移排放污染物的地址；二是要在报告年度内转移排放的危险废物或者其他废物的污染物排放量，同时要报告这些废物是被回收还是被废弃，以及废弃或者回收危险废物的转移地址、接收者的名称。欧美大部分国家都制定了"化学物质排放目录清单"，如美国的 TRI 包含着从 2 万多家工厂排出和转移的 647 种有毒化学物质。如果化学品特性属于商业秘密并且满足法律规定的相应条件，填报人可以申请对该化学品的信息作为商业秘密保护。这种情况下，填报人要书面填写两组报告：一组是公开版本，只需提供化学品的类别信息和排污表"Form R"或"Form A"；另一组报告是保密信息，需要对化学品进行描述、类别说明和提供化学结构和排污表"Form R"或"Form A"。经环保总署确认其商业秘密保护申请有效后，只有公开版本的报告会向公众公开。②

3. 中国《环境信息公开办法》涉及"国家秘密和商业秘密"的环境保密信息有待进一步明确，商业保密信息应与某些企业故意隐瞒污染信息的行为区别开来

《环境信息公开办法》中规定，"环保部门不得公开涉及国家秘密、商业秘密、个人隐私的政府环境信息。但是，经权利人同意或者环保部门

---

① 《关于印发〈重点排污单位名录管理规定（试行）〉的通知》，https://www.mee.gov.cn/gkml/hbb/bgt/201712/t20171201_427287.htm，（2017-11-27）[2022-08-26].

② 侯佳儒、林燕梅：《美国有毒物质排放清单制度的经验与启示》，《中国海洋大学学报（社会科学版）》，2014 年第 1 期，第 86-91 页。

认为不公开可能对公共利益造成重大影响的涉及商业秘密、个人隐私的政府环境信息，可以予以公开。"①对于《环境信息公开办法》的此条规定，我国环境法学界普遍认为，政府环境信息公开涉及的两项权利，即环境信息知情权和商业秘密权，它们在本质上是冲突的。②环境信息公开确实会涉及企业的原料配比、生产工艺、产品销售渠道等信息，一旦披露可能给企业造成经济损失。但若企业借此拒绝公开有关排污情况等环境信息，则可能侵犯公众知情权和健康权。为此，我国学者建议，我国在适当的时候应将信息公开的核心规范上升为法律，这样可以解决环境信息公开立法的位阶过低导致的多方掣肘，以及环境信息公开豁免范围被无限扩大的问题。③同时，"商业秘密的范围不能过宽，过于宽泛的商业秘密范围可能给政府信息公开带来障碍，不利于保障公众获取环境信息的权利"。④环境信息公开立法中应明确规定环境信息公开中商业秘密判定主体及程序。

欧美国家在环境信息公开立法时都将环境信息归为"相对例外"之列，由政府机关进行利益权衡而定。如英国 2000 年《信息自由法》及 2004 年《环境信息条例》中规定，在涉及"相对例外"的信息时，信息公开义务人应就公开的利益与不公开的利益（公开将带来的损害）进行利益衡量，只有不公开的利益超过公开的利益时，才可以拒绝公开申请。⑤欧洲议会和欧洲理事会 2003 年公布的新指令（关于公众获取环境信息和废止 90/313/EEC 指令的 2003/4/EC 指令）严格规定了信息公开的例外范畴，它们包括：请求的信息不为公共机构所掌握，请求明显不合理或者表述过于宽泛，请求涉及尚未完成的文件、数据或者内部往来以及信息公开影响到法律所保护的权利，如出于公共安全和利益、国家关系或国防考虑应当保守的秘密，商业或工业秘密，知识产权，个人隐私，等等。如珍稀物种养殖场等信息的公开不利于环境保护，也在例外之列，更重要的是，

---

① 《国家环境保护总局令 第 35 号》，http://www.gov.cn/flfg/2007-04/20/content_589673.htm，（2007-04-20）[2021-07-14].

② 陈勇：《论环境信息公开中商业秘密判定之法律障碍与对策》，《经济研究导刊》，2014 年第 32 期，第 310-312 页。

③ 王灿发、崔赟：《论环境信息公开范围的例外情况规定》，《环境保护》，2008 年第 17 期，第 56-60 页。

④ 陈勇：《论环境信息公开中商业秘密判定之法律障碍与对策》，《经济研究导刊》，2014 年第 32 期，第 310-312 页。

⑤ 陈海嵩：《论环境信息公开的范围》，《河北法学》，2011 年第 11 期，第 112-115 页。

污染物排放信息不在保密范围内。^①

在对违规者的惩戒方面，《中华人民共和国环境保护法》第六十二条规定，重点排污单位不公开或者不如实公开环境信息的，由县级以上地方人民政府环境保护主管部门责令公开，处以罚款，并予以公告。《环境信息公开办法》第二十七条规定，环保部门如果未依法履行政府环境信息公开义务的，上一级环保部门应当责令其改正，情节严重的，对负有直接责任的主管人员和其他直接责任人员依法给予行政处分。《企业事业单位环境信息公开办法》第十六条规定："有下列行为之一的，由县级以上环境保护主管部门根据《中华人民共和国环境保护法》的规定责令公开，处三万元以下罚款，并予以公告：（一）不公开或者不按照本办法第九条规定的内容公开环境信息的；（二）不按照本办法第十条规定的方式公开环境信息的；（三）不按照本办法第十一条规定的时限公开环境信息的；（四）公开内容不真实、弄虚作假的。法律、法规另有规定的，从其规定。"美国《应急规划和社区知情权法案》对企业不公开污染物排放信息的惩戒要严厉得多，企业每天每次违法最多可以被处以 25 000 美元的罚款。"每次"的界定以天计算，即每延误报告一天视为违法一次。1992年 8 月 10 日，美国环境保护署又出台了执行法案的修正方案，要求美国环境保护署针对特定义务的违反与特定的企业可以适当地惩罚，并用一个模型重新定义"适当惩罚"，模型被分解为违法程度（如期限、化学物质的数量、职员数量以及销售量）与违法的相关环境（如延迟报告的程度、报告的真实性、数据估算的精确度）两个方面进行衡量。^②这样严厉的惩治手段和严格的惩罚计算方法，昭示着违法排污的企业逃脱法律制裁的机会微乎其微而使得该法律具备了极大的震慑力。

4. 运用环境信息公开制度的救济制度强化公众风险沟通能力

《奥胡斯公约》要求缔约各国在国内法框架内，确保环境信息公开申请遭到公共机构忽视、错误拒绝或者回答不够充分的申请人，能够得到法院或者其他依法设立的独立、公正机构的审查。英国《环境信息条例 2004 适用指南》第 8 条解释了环境信息公开申请被拒绝后的救济程序。如果申请人在环境信息公开申请被公共机构拒绝，并且书面申诉仍不能得到满意答复的情况下，可以有三种救济途径：信息官、信息裁判特别法庭和法院。其中信息

---

① 周卫：《欧共体环境信息公开立法发展述评》，《湖北社会科学》，2006 年第 4 期，第 150-154 页。
② 侯佳儒、林燕梅：《美国有毒物质排放清单制度的经验与启示》，《中国海洋大学学报（社会科学版）》，2014 年第 1 期，第 86-91 页。

官是专门为信息公开设立的独立职位，只向议会负责。信息官在接到申请人申诉后，对公共机构拒绝信息公开进行相关的判定，并命令公共机构向信息官说明其不公开环境信息的理由，如果公共机构拒不回应，信息官可以认定公共机构行为违法，并移送相关机构以"藐视法庭罪"查处①。

我国的《环境信息公开办法》第二十六条规定，"公民、法人和其他组织认为环保部门不依法履行政府环境信息公开义务的，可以向上级环保部门举报。收到举报的环保部门应当督促下级环保部门依法履行政府环境信息公开义务。公民、法人和其他组织认为环保部门在政府环境信息公开工作中的具体行政行为侵犯其合法权益的，可以依法申请行政复议或者提起行政诉讼。"②降低获取环境信息的成本，即是降低环境监管的成本，有助于激发公众的参与热情，实现环境公共治理的目标。与此《环境信息公开办法》相配合，环境保护部颁布《环保举报热线工作管理办法》，设立"12369"环保举报热线，鼓励"公民、法人或者其他组织通过拨打环保举报热线电话，向各级环境保护主管部门举报环境污染或者生态破坏事项，请求环境保护主管部门依法处理"③。地方县市环境保护部也纷纷设立公开投诉举报办理制度，号召公民举报不依法履行政府信息主动公开义务和职责的行为及拒绝依法申请公开政府信息或者逾期不予答复的行为。截至2016年，"环保微信举报已覆盖除西藏外的所有省份和地市，以及40%以上区县。'12369环保举报'微信公众号粉丝数量超过9.6万人，全国共收到各类举报事项23 883件，办结21 416件"。④12369微信举报平台开创了环境信息公开的全新局面，一方面，公民的微信举报有声音、有图片，具有真实性和实效性等特性，极大地调动了公众参与环境监督的自主性；另一方面，第三方公司运营的环境信息举报平台，有效地将污染制造者和地方环保部门置于社会监控之下，有力地推进了我国环境公共治理进程。

5. 扩大环境信息公开渠道，将环境污染源暴露在公众眼前

增强环境信息公开的效能，其关键在信息公开渠道的畅通与多元。

---

① 彭磊：《英国环境信息公开法律对我国立法的启示》，《中国地质大学学报（社会科学版）》，2013年第S1期，第164-168页。

② 《国家环境保护总局令 第35号》，http://www.gov.cn/flfg/2007-04/20/content_589673.htm，（2007-04-20）[2021-07-14].

③ 《环保举报热线工作管理办法》，http://www.dtdjzx.gov.cn/staticPage/zcfg/bwgz/20170330/2382268.html, (2010-12-15)[2022-08-26].

④ 《12369环保举报微信公众号运行近一年 办结2万余件》，http://news.youth.cn/jsxw/201604/t20160416_7868630.htm, (2016-04-16)[2022-08-26].

我国《环境信息公开办法》中规定，环保部门应当将主动公开的政府环境信息，通过政府网站、公报、新闻发布会以及报刊、广播、电视等便于公众知晓的方式公开。同时规定，公民、法人和其他组织可以向环保部门申请获取政府环境信息。《企业事业单位环境信息公开办法》第十条规定："重点排污单位应当通过其网站、企业事业单位环境信息公开平台或者当地报刊等便于公众知晓的方式公开环境信息，同时可以采取以下一种或者几种方式予以公开：（一）公告或者公开发行的信息专刊；（二）广播、电视等新闻媒体；（三）信息公开服务、监督热线电话；（四）本单位的资料索取点、信息公开栏、信息亭、电子屏幕、电子触摸屏等场所或者设施；（五）其他便于公众及时、准确获得信息的方式。"①最常见的信息公开渠道是各类新闻媒体、政府网站、社区宣传栏、公共图书馆；新媒体的迅速发展也为社会提供了微博、微信等环境信息发布平台。尤其是在应对环境突发事件时，政府如能及时召开新闻发布会通过新闻媒体或政府网站等发布权威的消息，及时回应社会质疑，就能避免使突发事件演变为影响社会稳定的群体性事件。

欧盟 PRTR 制度中也设置了公众获取环境信息的直通途径：如公共电信网络中的电子邮件、邮寄系统、传真、公共图书馆或社区电子查询网络等。欧盟 PRTR 制度甚至要求环境信息管理部门在保证大部分受众信息需求的基础上，针对学者、专业人士和所有关心环境事业的个体提供一对一的环境信息发送服务端。美国环境保护署设计了一个基于网络的应用软件myRTK（myRight-To-Know），以地图的形式展现任何地点相邻地区 TRI 中包含的污染源，以及持有有毒废物许可证的、将产生或排放 TRI 中列出的有毒化学品的大型污染源。这个软件还提供同类企业的排放数据比较，并对单个污染源排放的有毒化学污染物质种类、健康影响及该设施的运行历史进行查询②。通常来说，公众一般会对自己居住地区及周边的环

---

① 《中华人民共和国环境保护部令（第 31 号）企业事业单位环境信息公开办法》，http://www.gov.cn/gongbao/content/2015/content_2838171.htm, (2014-12-19)[2022-08-26].

② 参见：https://nepis.epa.gov/Exe/ZyNET.exe/P100XSMT.TXT?ZyActionD=ZyDocument&Client=EPA&Index=2016+Thru+2020&Docs=&Query=&Time=&EndTime=&SearchMethod=1&TocRestrict=n&Toc=&TocEntry=&QField=&QFieldYear=&QFieldMonth=&QFieldDay=&IntQFieldOp=0&ExtQFieldOp=0&XmlQuery=&File=D%3A%5Czyfiles%5CIndex%20Data%5C16thru20%5CTxt%5C00000015%5CP100XSMT.txt&User=ANONYMOUS&Password=anonymous&SortMethod=h%7C-&MaximumDocuments=1&FuzzyDegree=0&ImageQuality=r75g8/r75g8/x150y150g16/i425&Display=hpfr&DefSeekPage=x&SearchBack=ZyActionL&Back=ZyActionS&BackDesc=Results%20page&MaximumPages=1&ZyEntry=1&SeekPage=x&ZyPURL, [2022-01-20].

境信息更为关注，这就要求相关部门根据地域定位提供更便捷的信息渠道，如面向普通公众定期地公开社区环境常规信息，针对不同社会群体或社区居民的需要，制定个性化的环境信息查询系统；同时，面向环境专家、NGO 和环境风险承担者预先提供本社区环境污染源信息，建构不同层次的社区环境保护网络与环境突发事件防范措施的教育平台，以此打造专业化的社区环境信息渠道。

总之，在风险社会，环境信息公开制度的完善是社会合理规避环境风险、进行有效环境管理的重要手段。从立法层面来看，中国的环境信息公开制度尚不够健全，主体责任的明确、污染物排放清单的建立、信息公开渠道的完善等亟待从制度的角度予以完成。环境信息公开制度一方面要着眼于保障公众的环境知情权，另一方面要从政府职能分工、责任追究、监管手段、权利救济等方面进行综合考量。当然，环境信息公开制度的完善不是政府单方面的事情，随着公众环境权利意识的增强，建立合理、畅通的信息沟通渠道创设公众参与政府环境决策的机会，成为当务之急。

结　　语

　　全球科学家对气候变暖的原因及其给人类带来的未来风险已形成共识：过去一百多年间，人类燃烧化石能源排放的二氧化碳等温室气体是温室效应增强，进而引发全球气候变化的主要原因。①人类砍伐森林，减少了吸收二氧化碳的能力而排放了约 1/5 的温室气体；同时，工业化过程、农业畜牧业也导致了温室气体的过量排放。"世界气象组织发布的《2020年全球气候状况》报告表明，2020 年全球平均温度较工业化前水平高出约 1.2℃，2011 年至 2020 年是有记录以来最暖的 10 年。2021 年政府间气候变化专门委员会发布的第六次评估报告第一工作组报告表明，人类活动已造成气候系统发生了前所未有的变化。1970 年以来的 50 年是过去两千年以来最暖的 50 年。预计到本世纪中期，气候系统的变暖仍将持续。"②气候变暖将导致灾害性气候事件频发，冰川和积雪融化加速，水资源分布失衡；海平面上升使沿海地区遭受洪涝、风暴等自然灾害，加剧疾病传播，威胁社会经济发展和人民群众身体健康。由此看来，全球气候变暖将是人类面临的最大环境风险，它促使世界各国政府做出相应的政策选择，为遏制气候变暖趋势贡献一国之力。

　　2021 年，由生态环境部、国家发展和改革委员会、财政部、自然资源部、住房和城乡建设部、水利部和农业农村部联合印发的《"十四五"土壤、地下水和农村生态环境保护规划》指出，"十四五"时期，土壤、地下水和农业农村生态环境保护形势依然严峻。体现在："安全利用类和严格管控类耕地面积总体较大，受污染耕地精准实施安全利用技术水平不高。污染地块违规开发利用风险依然存在，修复过程中的二次污染防治有待加强。""涉重金属行业企业废气、废水镉排放量较大，历史遗留涉重金属废渣量大面广，一些地区因大气重金属沉降、污水灌溉等导致土壤重金属持续累积。部分企业有毒有害物质跑冒滴漏、事故泄漏等污染土壤和地下水的隐患没有根本消除，污染隐患排查、自行监测等法定义务落实不

---

① 《人与气候和谐相生——写在 2011 年世界气象日到来之际》，http://www.weather.com.cn/guangdong/qxrzt/gdxw/03/1289716.shtml，(2011-03-18)[2022-01-20].

② 《中国应对气候变化的政策与行动》，http://www.gov.cn/zhengce/2021-10-27/content_5646697.htm, (2021-10-27)[2022-05-26].

到位"等等。①为此，"十四五"时期，生态环境保护的原则之一是，"扭住重点区域、重点行业和重点污染物，聚焦突出环境问题，打通地上和地下、城市和农村，协同推进水、气、土、固体废物、农业农村污染治理"。②2021 年 10 月 27 日，国务院新闻办公室发表《中国应对气候变化的政策与行动》白皮书，指出中国言行一致，采取积极有效措施，落实好碳达峰、碳中和战略部署，具体的规划和措施是：

> 将应对气候变化纳入国民经济社会发展规划。自"十二五"开始，中国将单位国内生产总值（GDP）二氧化碳排放（碳排放强度）下降幅度作为约束性指标纳入国民经济和社会发展规划纲要，并明确应对气候变化的重点任务、重要领域和重大工程。中国"十四五"规划和 2035 年远景目标纲要将"2025 年单位 GDP 二氧化碳排放较 2020 年降低 18%"作为约束性指标。中国各省（区、市）均将应对气候变化作为"十四五"规划的重要内容，明确具体目标和工作任务。
>
> 不断强化自主贡献目标。2015 年，中国确定了到 2030 年的自主行动目标：二氧化碳排放 2030 年左右达到峰值并争取尽早达峰。截至 2019 年底，中国已经提前超额完成 2020 年气候行动目标。2020 年，中国宣布国家自主贡献新目标举措：中国二氧化碳排放力争于 2030 年前达到峰值，努力争取 2060 年前实现碳中和；到 2030 年，中国单位 GDP 二氧化碳排放将比 2005 年下降 65%以上，非化石能源占一次能源消费比重将达到 25%左右，森林蓄积量将比 2005 年增加 60 亿立方米，风电、太阳能发电总装机容量将达到 12 亿千瓦以上。③

随着我国政府加强同世界各国深入开展生态文明领域的交流合作，推动成果分享，携手共建生态良好的地区美好家园等"绿色宣言"的传播，我国公共治理体系逐渐改革和开放了管理体系，创新环境公共治理理

---

① 《关于印发"十四五"土壤、地下水和农村生态环境保护规划的通知》，https://www.mee.gov.cn/xxgk2018/xxgk/xxgk03/202112/t20211231_965900.html，(2021-12-31)[2022-08-26].
② 《关于印发"十四五"土壤、地下水和农村生态环境保护规划的通知》，https://www.mee.gov.cn/xxgk2018/xxgk/xxgk03/202112/t20211231_965900.html，(2021-12-31)[2022-08-26].
③ 《中国应对气候变化的政策与行动》，http://www.gov.cn/zhengce/2021-10/27/content_5646697.htm，(2021-10-27)[2022-05-26].

念，为践行"共同解决全球气候问题"的承诺而贡献中国生态文明建设的智慧与实践方案。

一、整治环境公共治理的政治秩序

我国学者认为，"一部改革开放史就是一部绿色发展史，也是一部走向社会主义生态文明新时代的壮阔历史。"[①]环境公共治理体系和治理能力的现代化始于现代政府行政制度的创新，也逐步改变着中国的执政生态："从政府工作报告中包括关停多少淘汰锅炉、改造多少燃煤电厂在内的明确目标，到不少地方开始尝试的'绿色 GDP'，再到空气质量指标成为执政者的考核依据和问责因由，乃至呼吁机制创新的区域联动——一场由雾霾而进一步推动的发展方式、执政思路之变，已经展开。"[②]首先，2011 年，我国政府在"十二五"规划中提出"全面实行资源利用总量控制、供需双向调节、差别化管理"理念，规定产业部门大幅度提高能源资源利用效率，提升各类资源保障程度。要求经济管理部门抑制高耗能产业过快增长，突出抓好工业、建筑、交通、公共机构等领域节能，加强重点用能单位节能管理。强化节能目标责任考核，健全奖惩制度。完善节能法规和标准，制订完善并严格执行主要耗能产品能耗限额和产品能效标准，加强固定资产投资项目节能评估和审查。其次，中央政府将大气污染防治工作纳入各级政府的目标责任考核体系。$PM_{2.5}$ 指标和污染物减排考核与地方官员政绩考核挂钩，2014 年，环境保护部与全国 31个省（区、市）签订了《大气污染防治目标责任书》。除了考核 $PM_{2.5}$ 年均浓度下降的指标外，目标责任书还根据"空气限期达标管理制度"，督察京津冀及周边地区 6 省（区、市）煤炭削减、落后产能淘汰、大气污染综合治理、锅炉综合整治等各项工作的量化目标，并将目标责任书与更具操作性的考核办法和问责制挂钩。国务院颁布考核办法，每年对各省（区、市）环境空气质量改善和任务措施完成情况进行考核。对未通过考核的地区，环境保护部将会同组织部门、监察部门进行通报批评，并约谈有关负责人，提出限期整改意见。[③]同时，建立相应的督察检查机制，对违法行为及时曝光查处，对工作不力、履职缺位者严格考核问责。最后，

---

① 张云飞：《改革开放以来我国生态文明建设的成就和经验》，《国家治理》，2018 年第 48 期，第 24-33 页。
② 李静：《北京治霾：7600 亿元花在哪》，《瞭望东方周刊》，2014 年第 11 期。
③ 《环保部与 31 个省区市签订责任书：大气治污考核办法上半年颁布》，http://www.xinhuanet.com/politics/2014-03/08/c_119667301.htm，(2014-03-08)[2021-09-26].

实行环境信息公开制度，及时发布环境污染信息。如在土壤治理方面，2014 年，环境保护部和国土资源部公开了历时 8 年的《全国土壤污染状况调查公报》，披露全国土壤总的超标率为 16.1%，其中耕地土壤点位超标率为 19.4%，林地土壤点位超标率为 10.0%，草地土壤点位超标率为 10.4%。南方土壤污染重于北方；长江三角洲、珠江三角洲、东北老工业基地等部分区域土壤污染问题较为突出，西南、中南地区土壤重金属超标范围较大。[①]该调查报告以信息公开的态度告诫国人，"在调查的 690 家重污染企业用地及周边的 5846 个土壤点位中，超标点位占 36.3%，主要涉及黑色金属、有色金属、皮革制品、造纸、石油煤炭、化工医药、化纤橡塑、矿物制品、金属制品、电力等行业"[②]。面对治理成本高、治理过程长，加上边治理边污染的严峻事实，政府在 2014 年首度大修环保法，以最严厉的执法手段和政策，规定地方政府主要负责人的环保责任。首次明确了发生重大的环境违法事件时，地方政府分管领导、环保部门等监管领导必须"引咎辞职"。同时，环境保护部以约谈地区和地方政府"一把手"的方式，直接监督各级政府对于环保法的执行过程。如 2015 年 2 月 25 日，针对山东省临沂市部分企业存在未批先建、批建不符、久试不验、偷排漏排、超标排放和在线监测设施运行不规范等环境违法行为，环境保护部华东环保督查中心受环境保护部委托，对山东省临沂市主要领导进行了约谈，提出限期整改的要求。再如，中共中央办公厅、国务院办公厅于 2016 年 12 月印发了《关于全面推行河长制的意见》，2018 年 7 月 17 日，水利部举行全面建立河长制新闻发布会宣布，截至当年 6 月底，全国 31 个省（区、市）已全面建立河长制。河长制是从河流水质改善领导督办制、环保问责制所衍生出来的水污染治理制度，通过河长制，让本来无人愿管、被肆意污染的河流，变成悬在各级党政主要责任人头上的达摩克利斯之剑。要求"根据不同河湖存在的主要问题，实行差异化绩效评价考核，将领导干部自然资源资产离任审计结果及整改情况作为考核的重要参考。县级及以上河长负责组织对相应河湖下一级河长进行考核，考核结果作为地方党政领导干部综合考核评价的重要依据。实行生态环境损害责任终身追究制，对造成生态环境损害的，严格按照有关规定追究责

---

① 《全国土壤污染状况调查公报》，http://www.gov.cn/foot/site1/20140417/782bcb88840814ba158d01.pdf，（2014-04-17）[2021-09-26].

② 《全国土壤污染状况调查公报》，http://www.gov.cn/foot/site1/20140417/782bcb88840814ba158d01.pdf，（2014-04-17）[2021-09-26].

任"。^①河长制在改变河流沿岸企业肆意排放、水资源滥用以及环保执法和问责机制缺失的状况等方面产生了较强的监督作用。

二、构筑环境风险信息公开渠道的"法律保障"

福柯从公共决策的角度将治理定义为"对他人行动的可能范围进行构建"^②，意指"治理"中蕴含了多元主体参与和协商、达成共识基础上的治理秩序和实践行动被多数人所接受而最终形成效果显著的规则体系。鉴于公共治理的成功完全依赖于主体间对相互信任、信息公开透明及其合作精神等的统一价值追求，我国政府于 2007 年公布的《中华人民共和国政府信息公开条例》^③中提出了对环境风险防患于未然的措施，如鼓励公众对正在建设的经济项目中的污染问题进行信访和投诉。该条例除了规定要公开重大建设项目的批准和实施情况，制定突发公共事件的应急预案、预警信息及应对情况，公告对环境保护和安全生产等监督检查情况外，第五十五条还包括了对公众信访、投诉处理结果进行公布的规定：

> 教育、卫生健康、供水、供电、供气、供热、环境保护、公共交通等与人民群众利益密切相关的公共企事业单位，公开在提供社会公共服务过程中制作、获取的信息，依照相关法律、法规和国务院有关主管部门或者机构的规定执行。全国政府信息公开工作主管部门根据实际需要可以制定专门的规定。
>
> 前款规定的公共企事业单位未依照相关法律、法规和国务院有关主管部门或者机构的规定公开在提供社会公共服务过程中制作、获取的信息，公民、法人或者其他组织可以向有关主管部门或者机构申诉，接受申诉的部门或者机构应当及时调查处理并将处理结果告知申诉人。^④

以上条例对公开的内容规定虽然还是比较笼统，却为《环境信息公

---

① 《中共中央办公厅 国务院办公厅印发〈关于全面推行河长制的意见〉》，http://www.gov.cn/
zhengce/2016-12/11/content_5146628.htm，(2016-12-11)[2022-01-20].

② Michel Foucault."The Subject and Power", *Critical Inquiry*, 1982, 8(4):777-795.

③ 2019 年 5 月 15 日起我国施行《中华人民共和国政府信息公开条例》修订版。

④ 《中华人民共和国国务院令第 711 号》，http://www.gov.cn/zhengce/content/2019-04/15/content_
5382991.htm，(2019-04-15)[2021-09-26].

开办法》的出台奠定了基础。《环境信息公开办法》最终确定了政府防治环境风险责任的范围和内容，建立了一个目标一致的环境风险防治责任体系。例如，第六条指出由环保部门负责政府环境信息的公开工作，其具体职责是：组织、协调、维护、监督本部门各业务机构及本辖区企业的环境信息公开工作。排污信息包括了主要污染物及特征污染物的名称、排放方式、排放口数量和分布情况、排放浓度和总量、超标情况，以及执行的污染物排放标准、核定的排放总量等。2011 年 4 月，政府又在《突发环境事件信息报告办法》中规定了政府对突发环境事件信息的报告职责和违反突发事件报告制度将要承担的法律责任：

> 在突发环境事件信息报告工作中迟报、谎报、瞒报、漏报有关突发环境事件信息的，给予通报批评；造成后果的，对直接负责的主管人员和其他直接责任人员依法依纪给予处分；构成犯罪的，移送司法机关依法追究刑事责任。①

另外，针对我国危化品爆炸事件频发、化工围城之困境，政府在《危险化学品环境管理登记办法（试行）》（2012 年 10 月 10 日公布）中也细化了企业对危险化学品生产使用的登记程序以及监督管理方法，其中，第二十、二十二条规定：

> 重点环境管理危险化学品释放与转移报告表应当包括重点环境管理危险化学品及其特征污染物向环境排放、处置和回收利用的情况，以及相关的核算数据等内容。
> 环境风险防控管理计划应当包括减少重点环境管理危险化学品及其特征污染物排放的重大工艺调整措施、污染防治计划、环境风险防控措施、能力建设方案等内容。
> 危险化学品生产使用企业应当于每年 1 月发布危险化学品环境管理年度报告，向公众公布上一年度生产使用的危险化学品品种、危害特性、相关污染物排放及事故信息、污染防控措施等情况；重点环境管理危险化学品生产使用企业还应当公布

---

① 《中华人民共和国环境保护部令（第 17 号）》，http://www.gov.cn/gongbao/content/2011/content_1977835.htm，（2011-04-18）[2021-09-26].

重点环境管理危险化学品及其特征污染物的释放与转移信息和
监测结果。[①]

　　不过，在现实中，政府设置的环评政策和规定时常被某些单位"束之
高阁"。2015 年 8 月发生大爆炸的天津东疆保税港区瑞海国际物流有限公
司在其环评报告中显示，环评期间共向周边企业及居民发放 130 份调查
表，回收有效调查表 128 份，"基本支持和赞同该项目的建设，没有反对
意见"，而在记者采访中，受访的居民表示，根本就不知道周边这么近的
距离就有危化品仓库。[②]这份经过粉饰的虚假报告透露出，环评部门如果
沦为权力寻租的重灾区，将成为违规企业环境隐患的"庇护所"。正因为
如此，环境保护部于 2015 年 12 月对其直属 8 个环评机构实现"脱钩"，
结束了环评机制"属于"审批者、审批部门给下属单位审批建设项目的
"自我"监督模式，并指令各地环评机构"切断"环境监管部门实现自
身灰色利益的组织链条[③]，对于某些以"内部信息"为借口、对不利企业
生产的环境信息进行隐瞒或包装、妨碍公众获知真实环境信息、阻碍环境
监督工作顺利进行的违法者起到真正的"剥离其保护伞"的作用。本书第
五章对茂名 PX 项目事件和乡村血铅事件中的公民心理分析亦证明，环境
突发事件和环境信息渠道的封闭是严重影响政府环境公共治理形象、损毁
公众政治信任系统的两大"病灶"。

三、"扼住"环境负外部效应的"喉咙"

　　过去很长一段时间，排污费征收标准远远低于治理成本，低成本的
排污成为"鼓励"企业用环境负外部效应换来高利润的"奖励"。修订后
的环保法出台后，国家发改委、财政部和环境保护部联合下发《关于调整
排污费征收标准等有关问题的通知》（2014 年 9 月 1 日），以经济杠杆
倒逼企业减排行动。同年底，环保法展示了它最严厉的"手段"，泰州 6
家化工企业，在明知相关公司无危险废物处理资质的情况下，仍以每吨
20～100 元不等的价格，将 2.5 万余吨废盐酸、废硫酸交由它们处理。

---

① 《危险化学品环境管理登记办法（试行）》，http://www.gov.cn/gongbao/content/2013/content_23070
58.htm（2012-10-10）[2020-08-31].
② 《瑞海公司环评报告称周边无反对意见　居民称不知情》，http://www.chinanews.com/gn/2015/
08-18/7473022.shtml，（2015-08-18）[2021-09-26].
③ 万梅：《论信息公开制度中的司法救济问题》，《岳阳职业技术学院学报》，2004 年第 4 期，
第 85-86, 71 页。

泰州市环保联合会将这 6 家化工企业告上法庭之后，这些公司偷偷将污染废物排进了当地两条河流中，结果导致水体严重污染，造成重大环境损失。受到起诉后，6 家化工企业提出被污染的河水已经恢复为 III 类，不需要修复。对于这个说法，泰州市环保联合会和支持起诉的检方，"明确了危险化学品和化工产品生产企业在生产经营过程中应具有较高的注意义务，应承担更多的社会责任。对于河水这种具有流动性和自净能力的环境介质，确立了水污染环境修复责任的处理原则，即污染行为一旦发生，不因水环境的自净改善而影响污染者承担修复义务"。12 月 29 日，这起备受关注的一审被判赔 1.6 亿元的非法处理废酸公益诉讼案终审宣判维持一审判决，6 家化工企业仍需赔偿 1.6 亿余元，成为当时全国环保公益诉讼中赔付额最高的案件。①这起具有"示范意义"的环境公益诉讼案标志着我国实行法治化环境治理的决心，任何以破坏或损坏自然环境、让公众承担企业经济利润负外部效应的不负责任行为都将受到最严厉的经济制裁，自此，环保法的重典治污模式将"摧毁"污染型企业的侥幸心理。

《关于调整排污费征收标准等有关问题的通知》还要求各省（区、市）在 2015 年 6 月底前将废气中的二氧化硫和氮氧化物排污费征收标准调整至不低于每污染当量 1.2 元，将污水中的化学需氧量、氨氮和 5 项主要重金属（铅、汞、铬、镉、类金属砷）污染物排污费征收标准调整至不低于每污染当量 1.4 元。随后，全国大部分省市如河北省、福建省、安徽省、上海市、南京市等开始着手研究调整排污企业排污费征收标准，新收费标准较旧标准均大幅提高。②如河北省在 2015～2020 年分 3 步调整河北省排污费收费标准，自 2015 年 1 月 1 日起，废气、污水中几项污染物收费标准提高到当时标准的 2 倍。提高排污费，"迫使"企业转型升级，例如，钢铁企业烧结机脱硫，去除 1 千克二氧化硫运行费用约为 5～8 元，而当时每千克二氧化硫排污收费仅为 1.26 元，使得企业宁可交排污费也不愿运行治污设施。福建省 2015 年的新收费标准比过去提高了一倍，同时也开始实行差别收费政策，企业污染物排放浓度值高于国家或该省规定的污染物排放限值，或者企业污染物排放量高于规定的排放总量指标的，按照规定的征收标准加一倍征收排污费；如同时存在上述两种情况，加两倍征收排污费，对污染物排放浓度值低于国家或福建省规定的污

① 《江苏省泰州市环保联合会诉泰兴锦汇化工有限公司等水污染民事公益诉讼案》，https://www.chinacourt.org/article/detail/2017/03/id/2574322.shtml，(2017-03-08)[2021-09-26].
② 《国家发改委等部门：调整排污费征收标准》，《中国能源报》，2014 年 8 月 9 日。

染物排放限值 50% 的企业，则减半征收排污费。^①

四、对外传播中国"向污染宣战"的坚定信念

近年来，我国举行的各种国际峰会亦成为展示中国领导层总揽全局、践行绿色发展理念和为解决全球气候变化问题而努力贡献中国方案的"传播窗口"。2008 年召开的"绿色奥运会"根据《奥林匹克宪章》对举办城市的自然环境和生态环境要求，采用一整套与自然发展规律相协调的建设理念与运用方式。如"数十家工业企业迁出中心城区，不计其数的污染排放未达标企业依法停产，数百亿元投资的污染项目被砍掉"^②；奥运会的运动场所均根据节水、节能原则设计自然通风装置、反光板和用于汇集雨水的顶棚及雨水汇集水箱；大多数分场馆内也使用绿色建筑材料和天然气发电机等设施。奥运会期间的生态治理方案彰显中国政府生态公共治理的显著效果："2007 年与 1998 年相比，北京大气环境中二氧化硫、一氧化碳、二氧化氮和可吸入颗粒物年均浓度分别下降了 60.8%、39.4%、10.8% 和 17.8%"^③，让世界看到了中国与世界生态治理保持同步的能力，更让国内公众感知到生态治理意识成为国家意志所达成的政府与社会的齐心协力和政令畅通所取得的巨大成效。绿色奥运的理念昭示着国际峰会的"低碳未来"，2016 年，杭州市再次上演政治传播与环境传播的"联袂大戏"。借着筹备 G20 峰会的契机，杭州市将环境整治和民生改善相结合，重点实施了市政交通、城市道路、城市门户、环境秩序等 6 大类 605个环境整治提升项目。^④省级媒体积极参与城市环境整治的舆论支持行动，如浙江日报从 2016 年 3 月 28 日开始在在头版重要位置和内版整版推出《全情投入服务保障工作迎接 G20，杭州"动"起来》《G20，改善杭城交通出行》《缩短阵痛期，杭州城市建设大提速》《电力通信设施大升级》等多篇系列观察报道；浙江卫视在 2016 年 3 月 29 日、30 日的《浙江新闻联播》中播出《迎接 G20 峰会：缩短阵痛期 全力打造"美丽杭州"》《迎接 G20 克难攻坚，改善杭城交通出行》，并配发短评《补齐

① 李良、熊敏桢：《福建实施新的排污费征收标准》，《中国环境报》，2015 年 5 月 26 日.
② 《曾经的污染大户表示"绿色奥运"是历史的选择》，http://www.goootech.com/news/detail-10145296.html，（2008-07-14）[2021-07-15].
③ 《曾经的污染大户表示"绿色奥运"是历史的选择》，http://www.goootech.com/news/detail-10145296.html，（2008-07-14）[2021-07-15].
④ 《G20 机遇，给杭州带来了什么？》，http://www.xinhuanet.com/world/2016-05/26/c_129017810.htm，（2016-05-26）[2022-08-26].

城市建设的短板，呈现给世界一份别样的精彩》。^①上述新闻报道将 G20
峰会作为促进城市高质量发展的一次机遇，引导公共治理机构更新决策理
念、提升办事效率和管理水平。通过城市整体环境质量提升工程，杭州市
成功创建了"国家级生态市"。2016 年优良天数 260 天，优良率首次超
过 70%；市区 $PM_{2.5}$ 平均浓度 $48.8\mu g/m^3$，提前一年完成"大气十条"改
善任务。^②显然，G20 峰会既是推动杭州产业界实现低碳经济发展的一次
"政治契机"，增强了地方政府遏制企业生产负外部性的话语权，更是政
府为社会提供优质生态公共产品、切实改善民生福祉、落实"生态惠民、
生态利民、生态为民"等生态文明建设目标的一场政治"战役"。值得一
提的是，绿色奥运理念一直延伸至 2022 年我国举办的北京冬奥会。从申
办到筹办整个过程，建设者们都始终坚持绿色、生态、低碳、可持续发展
的核心理念。例如，北京冬奥会延庆赛区是一个 100%使用风电、太阳能
电力的绿色清洁能源赛区，也是一个水资源全部实现自我收集利用，全部
净化再利用的"海绵型赛区"。不仅如此，赛区建筑施工表面的原生土全
部收集，建设完工后全部原土覆盖，所有珍贵树木全部就地、迁地保护。
再如，张家口赛区按照"海绵型赛区"理念，对地表水、雨水、人工造雪
的融雪水等进行整体化设计，实现水资源全收集、全处理和再利用，大大
改善了赛场的蓄水兼具生态涵养功能，改善了当地水资源。^③

总而言之，我国政府正在建立一个执政理念与公共价值管理理念统
一、执法严明、具有多元主体参与的环境公共治理体系，引领我国生态文
明建设迈入尊重公民环境管理参与权和决策权、强化生产部门环保责任和
义务、并对其破坏行为进行严厉法律制裁、对地方行政领导的资源消耗和
环境损害责任进行终身追究以及对其生态文明建设绩效实行评价考核的环
境公共治理的崭新阶段。正如生态马克思主义学者福斯特预期的那样，当
生态和社会革命开启"广泛联盟的生态民主阶段"之时，未来将"建立一
个实质性平等、生态可持续性和集体民主的'生态社会主义阶段'"。^④

① 李扬：《直面痛点主动回应 融合传播成效显著 省级媒体为杭州迎接 G20 峰会进行环境整治提供舆论支持》，《传媒评论》，2016 年第 4 期，第 15-16 页。
② 《以 G20 峰会环境质量保障为契机 健全大气治理多元协同机制》，http://kpb.hangzhou.gov.cn/cxglj2016cxcy/5434.jhtml，(2017-05-01)[2022-08-26].
③ 《北京冬奥的"绿色密码"》，《经济日报》，2021 年 12 月 12 日。
④ 转引自：董玉宽、张思皎、赵云煜：《福斯特生态马克思主义思想的新发展——"资本主义更年期"思想评析》，《沈阳建筑大学学报(社会科学版)》，2017 年第 6 期，第 598-603 页。